Mindful Mobility

Christian Butz

Mindful Mobility

Ein neuer Ansatz zur Gestaltung des zukünftigen Personenverkehrs in urbanen Räumen

Christian Butz
Berliner Hochschule für Technik (BHT)
Berlin, Deutschland

ISBN 978-3-658-41428-3   ISBN 978-3-658-41429-0 (eBook)
https://doi.org/10.1007/978-3-658-41429-0

Die Deutsche Nationalbibliothek verzeichnet diese Publikation in der Deutschen Nationalbibliografie; detaillierte bibliografische Daten sind im Internet über https://portal.dnb.de abrufbar.

Planung/Lektorat: Susanne Kramer
Springer Gabler ist ein Imprint der eingetragenen Gesellschaft Springer Fachmedien Wiesbaden GmbH und ist
ein Teil von Springer Nature.
Die Anschrift der Gesellschaft ist: Abraham-Lincoln-Str. 46, 65189 Wiesbaden, Germany

Vorwort

Seit nunmehr rund 25 Jahren beschäftige ich mich in Lehre, Forschung und Praxis mit den unterschiedlichsten Fragestellungen der Logistik. Mein besonderes Interesse galt von Anfang an der Entwicklung urbaner Regionen – angefangen mit der Baustellenlogistik am Potsdamer Platz in Berlin, später mit den aufkommenden Ansätzen der City-Logistik bis hin zu den aktuellen Fragestellungen der nachhaltigen Mobilität in Großstädten. Während meiner Zeit in der Unternehmensberatung konnte ich einen großen Erfahrungsschatz auf dem Gebiet der Transportoptimierung sammeln und habe mich früh mit der Frage auseinandergesetzt inwiefern diese, vor allem auf den Güterverkehr ausgerichteten Konzepte eventuell auch eine Bedeutung für den Personenverkehr haben könnten.

Mit der zunehmenden Diskussion über CO_2-Belastungen durch den Verkehr und dem Ruf nach nachhaltigen Konzepten wuchs die Entscheidung, mich genau mit diesem Spannungsdreieck auseinanderzusetzen – Mobilität, Stadt und Nachhaltigkeit. Ergebnis sollte eine verständliche, einfache und vor allem interessante Anleitung für neue Gedanken zur Planung und Gestaltung urbaner Räume sein – mit dem Fokus auf den Personenverkehr.

Neben den persönlichen, tagtäglichen Erlebnissen im Berliner Stadtverkehr konnte ich während meiner Städtereisen in den letzten Jahren weitere interessante Anregungen und Erfahrungen sammeln. Insbesondere in Tokio (Kei-Cars), London (City-Maut) und Amsterdam (Fahrradverkehr) ist der Gedanke gereift, weitere Lösungen zu entwickeln und die Frage nach dem Methodentransfer aus der Güterlogistik zu stellen.

Beschleunigt wurden diese Überlegungen in den letzten Jahren durch die Corona-Pandemie. Insbesondere die Einführung verschiedener Homeoffice-Regelungen hatte unmittelbare, spürbare Effekte auf den Verkehr. Dabei entstand die Frage, inwieweit eine Weiterführung dieser Regelungen dauerhaft positiven Einfluss auf den urbanen Verkehr haben kann.

Viele dieser aufkommenden Fragen wollte ich mir selbst und letzlich auch anderen versuchen zu beantworten. Dieses Buch soll also mehr als logistisches Grundwissen zu den Themen Netzwerk-, Transport- und Tourenplanung darstellen – es soll zum Nachdenken anregen und die Ideen hinter Lösungen und Konzepten zeigen. Dabei spielt der viel zitierte Blick über den Tellerrand eine wesentliche Rolle – der Gedanke des Wissens- und Methodentransfers soll vermittelt und auch bei den Leser*innen angestoßen werden.

Der Fokus liegt dabei auf einer einfachen und verständlichen Darstellung von Ideen. Durch zahlreiche Anwendungsfälle und anhand kleiner Beispiele soll zum einen die Wirkung auf den Güterverkehr verdeutlicht und zum anderen die mögliche Übertragbarkeit auf den Personenverkehr veranschaulicht werden. Wenn es zudem gelingt, beim Lesen das eigene Mobilitätsverhalten zu hinterfragen und zu überdenken, dann ist ein wesentliches Ziel dieses Buchs erreicht.

Dennoch ist dieses Buch als Fachbuch konzipiert und richtet sich dabei an alle interessierten Leser*innen aus Wirtschaft, Wissenschaft und Politik, die mit beschriebenen Situationen und Auswirkungen tagtäglich umgehen müssen oder an Lösungen auf diesem Gebiet arbeiten.

Neben der fachlichen Ausbildung und den Erfahrungen, die ich sammeln konnte, war aber vor allem mein privates Umfeld eine wichtige Unterstützung bei der hinter mir liegenden Zeit des Schreibens und Denkens.

Besonderer Dank gilt meinen Freunden Prof. Dr.-Ing. Jörg Risse und Prof. Dr.-Ing. Marc Rothländer, die in zahlreichen fachlichen Diskussionen und vor allem privaten Gesprächen mit ihren persönlichen Meinungen – die ich immer sehr zu schätzen weiß – wesentlich zum Gelingen dieses Buches beigetragen haben.

Für das sprachliche und textliche Gelingen möchte ich mich bei Bettina Ergün bedanken, die entscheidend zum guten Textverständnis beigetragen und gerade in den letzten Wochen vor Abgabe unter großem Druck Korrektur gelesen hat.

Für die Übernahme des finalen Lektorats und die stets hilfsbereite Unterstützung und auch Motivation zur Erstellung dieses Buchs möchte ich Frau Susanne Kramer vom Springer Gabler-Verlag danken.

Mein größter Dank gilt jedoch meiner geliebten Familie, meiner Frau Burcu und meinen beiden Kindern Philipp und Sophie, die während der Zeit des Schreibens des Buches viel Geduld und Rücksicht aufbringen mussten und stets ein offenes Ohr für mich hatten. Ihnen ist dieses Buch gewidmet.

Ich wünsche Ihnen viel Freude und interessante Erkenntnisse beim Lesen und freue mich über Ihre Anregungen, Wünsche und kontroverse Diskussionen zu allen Facetten der Thematik „Mindful Mobility".

Berlin, Deutschland   Christian Butz

Inhaltsverzeichnis

Abbildungsverzeichnis

Einleitung

Die gegenwärtige Situation und die zu erwartende Entwicklung der Mobilität in urbanen Räumen stellt alle Beteiligten vor große Herausforderungen. Gesellschaft, Politik und Unternehmen sind allesamt gleichermaßen gefordert, Lösungen zu entwickeln und umzusetzen, um Städte für ihre eigentliche Kernfunktion zu gestalten – als attraktiven Lebensraum.

Was aber macht einen urbanen Raum attraktiv? Zunächst einmal vorrangig das attraktive Arbeitsplatzangebot und darüber hinaus die vielfältigen Möglichkeiten zur Gestaltung der Freizeit, wie Sport, Kultur und Unterhaltung. Gleichzeitig aber auch sowohl die bessere medizinische Versorgung als auch die umfangreiche Verkehrsinfrastruktur, die aus ihrem Mix aus Öffentlichem Personennahverkehr (ÖPNV), motorisiertem Individualverkehr (MIV) und den vielfältigen nicht motorisierten Optionen – u. a. dem Fahrrad – eigentlich eine Vielfalt an Möglichkeiten zur Verfügung stellt.

Diese Attraktivität urbaner Räume sorgt jedoch für enorme Bevölkerungszuwächse, was dazu führt, dass die dafür notwendigen, zunehmenden Versorgungströme (u. a. zur Belieferung der Filialen im Lebensmittelhandel) als auch der Wunsch nach individueller Mobilität die Verkehrsinfrastruktur an ihre Grenzen, und darüber hinaus, führt. Wir erleben zunehmend keine Mobilität, sondern Stillstand – mit all seinen vielfältigen Nachteilen: Parkplatzknappheit, Staus, Luft- und Lärmbelastung sowie zunehmend Schäden an Verkehrsflächen, deren Erhaltung enorme Kosten verursacht und im täglichen Betrieb des urbanen Lebens einen hohen Aufwand und vielfältige Einschränkungen bedeutet.

Die zunehmende Verkehrsstärke in urbanen Regionen ist dabei eine zentrale Herausforderung – die allerdings nicht nur durch Güter- und Dienstleistungsverkehre verursacht wird, sondern auch durch Berufs- und Pendlerverkehre und dabei vor allem durch die ineffiziente Nutzung des Verkehrsmittels Pkw. Die Kombination der verschiedenen Verkehrs- und Mobilitätslösungen führt in Summe zu einer Überlastung der Städte. Urbane

Räume zeigen vermehrt Symptome einer nicht funktionierenden Mobilität. Aus einem angestrebten Verkehrsfluss entwickelt sich zunehmend das genaue Gegenteil: urbaner Stillstand.

Es gilt also sowohl den urbanen Raum als auch die Mobilität darin so zu gestalten, dass dessen Nutzung seiner eigentlichen Bestimmung wieder gerechter werden kann: als Lebens- und nicht als Stauraum. Dabei müssen Konzepte und Lösungen entwickelt werden, die zum einen vermutlich radikal und zum anderen vor allem ausgewogen sein müssen. Diese Ausgewogenheit muss sich insbesondere auf einen anderen zentralen Begriff fokussieren: Nachhaltigkeit. Der Begriff Nachhaltigkeit wird jedoch vielfach auf seine ökologische Bedeutung reduziert, wobei die Säulen „Ökonomie" und „Sozial" nicht minderbedeutend sind und im Rahmen eines ausgewogenen Mobilitätskonzepts für urbane Räume zusätzlich an Bedeutung gewinnen.

Ein zukünftiges Mobilitätskonzept muss also die Aspekte der Nachhaltigkeit aus einem besonderen Blickwinkel und einer neuen Interpretation ausgewogen berücksichtigen und gegeneinander ausbalancieren. Es müssen dabei sowohl ökologische Zielsetzungen (Reduzierung von Luft- und Lärmemissionen), als auch ökonomische Themen (Kosten der Mobilität) und vor allem soziale Gedanken (Kann jeder in gleichem Umfang an der Mobilität im urbanen Raum partizipieren) gleichrangig berücksichtigt werden und in einem harmonischen, ausgewogenen Zusammenspiel wirken.

All dies ist im Titel dieses Buches unter der Kernidee zusammengefasst: „Mindful Mobility". „Mindful" bzw. „Mindfulness" ist dabei ein der Psychologie bzw. dem Bhuddismus entlehnter Begriff, der hier zunächst u. a. die Orientierung auf das gegenwärtige Erleben, welche durch Neugier, Offenheit und Akzeptanz gekennzeichnet ist, fokussiert (Bishop et al. 2004, S. 231).

Übertragen auf die Idee dieses Buches bedeutet dies: Die vorgeschlagenen Lösungen und Ansätze sind geprägt durch Offenheit gegenüber allen Ideen, um am Ende ein für alle Beteiligten ausgewogenes Mobilitätskonzept zu gestalten, welches achtsam mit den Bedürfnissen aller Beteiligten umgeht.

Bisherige Lösungsansätze können jedoch nur als partielle Eingriffe in die urbane Mobilität verstanden werden. Ein mehrere Ansätze integrierendes Gesamtkonzept ist bislang nicht entstanden – vielmehr stehen Einzellösungen in Konkurrenz zueinander und führen nicht selten zu keiner Verbesserung der Situation. Ansätze, wie „SUV raus aus der Stadt" oder „Pop-up Fahrradwege" sind Ideen, die allein nicht vielmehr sind als der Tropfen auf dem überhitzten Asphalt der Innenstadt.

Bei der Entwicklung eines harmonischen Gesamtkonzepts im Sinne einer Mindful Mobility lohnt es sich immer, über den Tellerrand der etablierten Wege hinauszublicken und sich Gedanken über einen möglichen Wissenstransfer aus anderen, angrenzenden oder sogar weiter entfernten Disziplinen zu machen, um daraus ein aufeinander abgestimmtes Portfolio aus Ideen und Lösungen zusammenzustellen.

Dazu zählt auch der Gedanke, sich zunächst mit den zentralen Begriffen, wie Mobilität, Urbanisierung oder Lean Management detailliert auseinanderzusetzen, um diese im Kern zu verstehen, daraus die richtigen Ableitungen zu treffen oder gänzlich neue Erkenntnisse zu gewinnen. Ein Kernansatz ist die detaillierte Betrachtung japanischer Philosophien, die unter anderem die Produktion in den 90er-Jahren revolutioniert haben. Was würde es zum Beispiel bedeuten, Ideen und Methoden dieses Ansatzes, wie „kontinuierlicher Materialfluss" oder „Vermeidung von Verschwendung" auf die Mobilität urbaner Räume zu übertragen?

Könnte so ein verbesserter Verkehrsfluss (kontinuierlicher Materialfluss) oder die Verschwendung von knappen (Park)flächen (Vermeidung von Verschwendung) zu einer Verbesserung des Gesamtsystems beitragen? Wäre es nicht eine Idealvorstellung, wenn wir ein Mobilitätssystem im urbanen Raum durch die Konzepte des Lean Management schlank (lean) gestalten und so moderne, zukunftsfähige und ausgewogenen Mobilität realisieren können? Diesem Gedanken folgend, blickt dieses Buch auf weitere Disziplinen abseits der Mobilität und Verkehrsplanung, um diese Ideen und Konzepte hinsichtlich ihrer Transfermöglichkeiten und Effekte auf den urbanen Raum und seine Herausforderungen prüfen und beurteilen zu können.

Ausgangspunkt der Überlegungen sind dabei zunächst statistische Analysen von Daten und Fakten, um die Ursachen und das Ausmaß des derzeitigen Stillstands genauer beleuchten und verstehen zu können. Dazu zählt u. a. die Analyse der Bevölkerungsentwicklung in einem ausgewählten Ballungsraum (Berlin), die Anzahl der zugelassenen Pkw oder die Entwicklung der Pkw-Größen ausgewählter Fahrzeugmodelle. Die daraus abgeleiteten Erkenntnisse werden erste Ansatzpunkte für die Ableitung von Handlungsempfehlungen sein.

Dieses Buch wird sich also zunächst mit den zentralen Begriffen auseinandersetzen, die Ideen dahinter beleuchten, um dann durch einen innovativen Wissenstransfer ein ausgewogenes Konzept entstehen zu lassen. Mittels der Szenariotechnik wird so ein Szenario „Berlin 2050" skizziert und beschrieben, das alle wesentlichen Schritte auf dem Weg zum Ziel der Mindful Mobility in urbanen Räumen analysiert, in eine zeitliche Reihenfolge bringt und abschließend Wirkungsgrad und Effekte abschätzen wird. Im Ergebnis wird ein auf einem Reifegradmodell basierender Leitfaden zur Transformation urbaner Räume in „Metropolregionen der Mindful Mobility" entstehen. Der Reifegrad dient dabei als Kennzahl, die Auskunft darüber gibt, in welcher Ausgangssituation sich eine Region befindet und inwieweit sie auf mögliche Entwicklungsoptionen bzw. Handlungsempfehlungen vorbereitet ist.

Das ist insofern von besonderer Bedeutung, da dieser Leitfaden Ansatzpunkte zur Übertragung auf verschiedenste urbane Regionen beinhaltet – und entsprechend auf die vielfältigen Unterschiede und Entwicklungsphasen, in denen sich urbane Regionen befinden, Rücksicht nehmen muss. Urbaner Raum ist dabei nicht gleich urbaner Raum – sie unterscheiden sich hinsichtlich Alter, Größe, Einwohner*innenanzahl, Infrastruktur und zahlreichen weiteren Faktoren, die individuell berücksichtigt werden müssen. Darüber hinaus sind vielleicht erste Maßnahmen für eine zukunftsfähige Mobilität bereits umgesetzt und es kann von einem anderen Entwicklungsstand aus mit der Planung und Umsetzung begonnen werden. Dieser Leitfaden wird auf all diese Aspekte und Faktoren Rücksicht

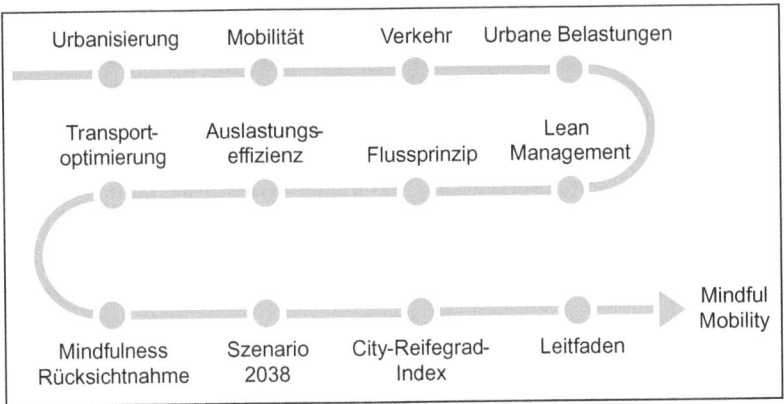

Abb. 1.1 Der Weg zur Mindful Mobility

nehmen und es so ermöglichen, geeignete Ansatzpunkte und Maßnahmen für die jeweilige Region auszuwählen und zu realisieren (s. Abb. 1.1).

Es werden teils radikale Ideen entwickelt, deren Umsetzung auf den ersten Blick zunächst unmöglich erscheinen. Aber wer hat sich vor Ausbruch der Corona-Pandemie vorstellen können, dass Unternehmen ihre Mitarbeiter über einen sehr langen Zeitraum ins Homeoffice schicken – und diesen Gedanken sogar noch bei Abklingen der Pandemie als dauerhaft gangbaren Weg einschätzen?

Vor fünf Jahren war all das nicht vorstellbar – genau so wird es sich mit einigen Ideen dieses Buchs verhalten. Zunächst unvorstellbar, aber im Kontext eines ausgewogenen Gesamtkonzepts sicher klarer erkennbar als zunächst vermutet. Genau das ist das Ziel der Mindful Mobility für urbane Räume: radikal, ausgewogen, umsetzbar.

Literatur

Bishop SR, Lau M, Shapiro S, Carlson L, Anderson ND, Carmody J, Segal ZV, Abbey S, Speca M, Velting D, Devins G (2004) Mindfulness: a proposed operational definition. Clin Psychol Sci Pract 11(3):230–241

Urbanisierung und Mobilität

2

Zusammenfassung

Das zweite Kapitel beschäftigt sich zunächst mit den Grundlagen der Entwicklung urbaner Räume. Dabei wird vor allem ein Überblick über die zunehmende Verstädterung bzw. Urbanisierung und deren Ursachen gegeben. Neben dem Verständnis für die damit in Zusammenhang stehenden, unterschiedlichen Entwicklungsphasen und deren anhaltender Dynamik geht es vor allem darum zu erkennen, welche Herausforderungen und auch Chancen diese Entwicklungen mit sich bringen. Im Wesentlichen hat die Urbanisierung Konsequenzen für Mobilitätsbedürfnisse und Verkehr, was im Anschluss betrachtet wird. In diesem Rahmen wird auf die Begriffe Mobilität und Verkehr und deren Zusammenhänge und Bedeutung in urbanen Räumen näher eingegangen. Die Analyse sowohl der demografischen Entwicklung als auch der Mobilitäts- und Verkehrssituation Berlins ist die Grundlage für die abschließende Bewertung der wesentlichen Herausforderungen. Dazu zählen u. a. die Luft- und Lärmbelastung, Staus und die grundsätzliche Überlastung der Verkehrsflächen.

Die zunehmende Verstädterung bzw. Urbanisierung ist ein zentraler, globaler Trend mit weitreichenden Folgen für Wirtschaft, Gesellschaft und vor allem auch Verkehr und Mobilität. Um Lösungen für die sich verändernden Rahmenbedingungen zu finden, geht es zunächst darum, den Prozess der Urbanisierung besser zu verstehen und die entstehenden Herausforderungen zu analysieren. Dabei liegt der Fokus auf den Wirkungen und Herausforderungen für die Mobilität und den Verkehr. In Abschn. 2.3 wird abschließend exemplarisch die Situation im Ballungsraum Berlin-Brandenburg analysiert – als Basis für Entwicklung von Lösungen und Handlungsempfehlungen.

© Der/die Autor(en), exklusiv lizenziert an Springer Fachmedien Wiesbaden
GmbH, ein Teil von Springer Nature 2023
C. Butz, *Mindful Mobility*, https://doi.org/10.1007/978-3-658-41429-0_2

2.1   Urbanisierung und ihre Herausforderungen

Um ein besseres Verständnis für die entstandenen und zukünftigen Herausforderungen zu schaffen, wird zunächst der Begriff der Urbanisierung erläutert. Das 4-Phasen-Modell nach Heinze/Kill bildet dabei die Grundlage sowohl für die Beschreibung der Entwicklung der Urbanisierung als auch die Ableitung der daraus resultierenden Herausforderungen und auch Gelegenheiten.

2.1.1   Verstädterung und Urbanisierung

Die Begriffe Verstädterung und Urbanisierung werden vielfach synonym verwendet – es gibt jedoch einige Unterschiede, die zunächst erläutert werden, um im Anschluss die daraus resultierenden Konsequenzen für Verkehr und Mobilität richtig ableiten und verstehen zu können. Der ursprünglich aus der Stadtgeografie stammende Begriff „Verstädterung" beschreibt sowohl die Ausdehnung als auch die Vermehrung und Vergrößerung von urbanen Räumen im Vergleich zu ländlichen Räumen und kann in mehrere Formen unterteilt werden (Heineberg 2017, S. 31 ff.). Die folgenden Unterscheidungen sind nur eine Auswahl der im Rahmen der stadtgeografischen Forschung herausgearbeiteten Ansätze, welche insbesondere eine begriffliche Nähe zur Urbanisierung aufzeigen (s. Abb. 2.1).

Die demografische Verstädterung beschreibt vor allem die steigenden Anteile der in einer Stadt lebenden Bevölkerung. Da diese Verstädterung sowohl einen Zustand als auch einen Prozess bedeuten, wird hier zwischen Verstädterungsgrad (Zustand) und Verstädterungsrate (Prozess) unterschieden. Die Verstädterungsrate wird mit einer Kennzahl zur Beschreibung des Zuwachses der städtischen Bevölkerung bzw. des Verstädterungsgrades abgebildet – dazu zählen u. a. Daten, wie Geburten, Sterbefälle sowie Ein- und Auswanderungen (Heineberg 2017, S. 31 f.).

Unter Städteverdichtung wird die Verdichtung einer ländlichen Siedlung oder einer Stadt verstanden. Wird dabei eine bestimmte Einwohner*innenzahl überschritten, ist es möglich eine Siedlung, die zuvor als ländlich eingestuft wurde, in eine Stadt umzuwandeln (Heineberg 2017, S. 31 f.).

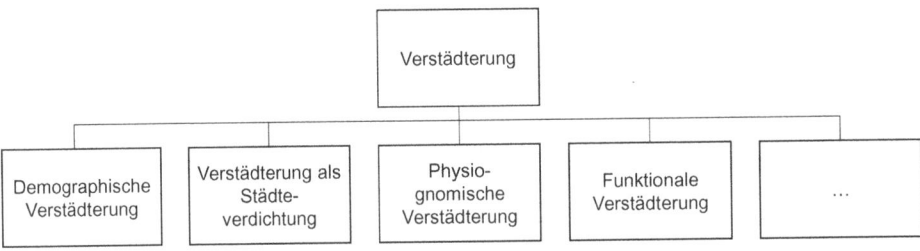

Abb. 2.1 Auswahl von Formen der Verstädterung aus der Stadtgeografie. (In Anlehnung an Heineberg 2017, S. 31 ff.)

Die physiognomische Verstädterung beschreibt die areal-bauliche Erweiterung und/ oder Umstrukturierung städtischer Siedlungsformen, d. h., dass zum Beispiel ländliche bzw. dörfliche Siedlungen nicht nur höher, sondern auch dichter bebaut werden (Heineberg 2017, S. 31 f.).

Die Urbanisierung wird hingegen in der Literatur im Wesentlichen hinsichtlich dreier Aspekte unterschieden (Infineon 2019):

- Physische Urbanisierung: das reine Wachstum von Städten
- Funktionale Urbanisierung: die infrastrukturelle Besiedelung ländlicher Regionen, so-dass diese mit den städtischen Standards verglichen werden können
- Soziale Urbanisierung: das sich verändernde Sozialverhalten der Bewohner*innen in ländlichen Gebieten.

Insbesondere die ersten beiden Kategorien verdeutlichen die Überschneidung der Begriffe Verstädterung und Urbanisierung. Heineberg weist zusätzlich darauf hin, dass diese Unterscheidung(en) im englischsprachigen Raum nicht existier(t)en. Hier wird vor allem der Begriff der Urbanisierung (urbanization) verwendet – weshalb im Folgenden die vorangegangenen Erläuterungen unter dem Begriff der Urbanisierung subsumiert und gleichgesetzt werden.

Die Definition der Vereinten Nationen (UN) verdeutlicht und unterstützt dies (UN 2019, S. 10): „Urbanization is a complex socio-economic process that transforms the built environment, converting formerly rural into urban settlements, while also shifting the spatial distribution of a population from rural to urban areas. It includes changes in dominant occupations, lifestyle, culture and behaviour, and thus alters the demographic and social structure of both urban and rural areas. A major consequence of urbanization is a rise in the number, land area and population size of urban settlements and in the number and share of urban residents compared to rural dwellers. (…)"

Dieser beschriebene Prozess wird vor allem durch eine Kombination verschiedener Faktoren, die die Attraktivität und damit Anziehungskraft erhöhen, begünstigt, was zu einem weiteren Anstieg der Anzahl und Größe von urbanen Regionen führt. Zu diesen Faktoren zählen vor allem (UN 2019, S. 10 und Lerch 2017, S. 1–5 und Bähr 2008 und Rösch 2015):

- die Migration aus ländlichen Regionen und dem Ausland in die Stadt (Wanderungsgewinne)
- das natürliche Wachstum der Stadtbevölkerung (Geburtenüberschüsse)
- Verstädterung ehemals ländlicher Gebiete
- die Neugründung von Städten und die Umklassifizierung bisher als ländlich eingestufter Siedlungen
- das umfangreichere Arbeitsplatzangebot
- besserer Zugang zu Bildungsangeboten
- eine bessere Gesundheitsversorgung
- ein umfangreicheres kulturelles Angebot

Wobei diese Faktoren nicht ausschließlich eine Entwicklungsrichtung der Urbanisierung zur Folge haben, sondern dazu führen, dass sich der Urbanisierungsprozess in mehreren Phasen und Richtungen sehr dynamisch und gleichzeitig wechselweise entwickelt – mit komplexen Veränderungen und Folgen für den urbanen Raum.

2.1.2   Phasen der Urbanisierung

Phase 1 – Urbanisierung durch Zuzug
Urbanisierung als Prozess ist vor allem in städtischen Regionen zu erkennen, in denen sich große Wirtschaftszweige und deren Unternehmen immer weiter ausdehnen. Die Chancen auf einen Arbeitsplatz im ländlichen Raum schwinden zunehmend – was zu einer verstärkten Wanderungsbewegung in die Städte führt. Die oben genannten Attraktivitätsfaktoren einer urbanen Region verstärken diesen Trend zusätzlich (bmz 2022).

Die so expandierende Stadt saugt also förmlich, u. a. mit ihren neuen Arbeitsplätzen, die Bevölkerungsreserven aus dem Umland an und wächst (s. Abb. 2.2) (Heinze und Kill 1992, S. 178).

Phase 2 – Suburbanisierung durch Verdrängung
Aus dem starken Zuzug entsteht eine hohe Nachfrage nach Wohnraum, die nur selten bis gar nicht durch das Angebot erfüllt werden kann. Konsequenz: die Preise für Wohnungen steigen so stark, dass der oder die Durchschnittsverdiener*in sich diese in Städten wie London, Paris, Berlin oder New York kaum noch leisten können (Dech 2015 und BMUV 2016). Es entsteht ein Streben in das Umland, d. h. in der Suburbanisierung wächst also das Umland, da der Kern zum Engpass geworden ist. Die klassische Großstadt mit einem Liniennetz aus Öffentlichem Personennahverkehr (ÖPNV) und motorisiertem Individualverkehr (MIV) entsteht (Heinze und Kill 1992, S. 178).

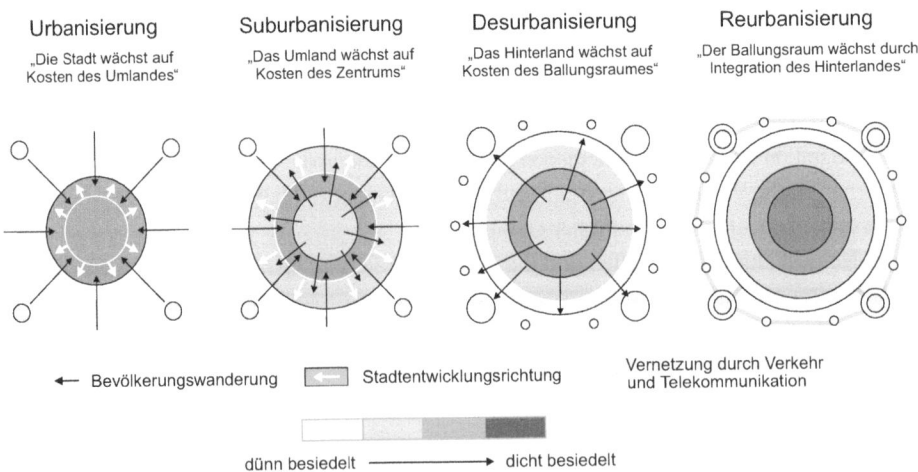

Abb. 2.2 Vier Phasen der Urbanisierung. (In Anlehnung an Heinze und Kill 1992, S. 179)

Phase 3 – Desurbanisierung durch Ausdehnung

In der Desurbanisierung wächst das Hinterland auf Kosten des Ballungsraumes. Bedingt ist dies vor allem durch dessen Agglomerationsnachteile wie die bereits erwähnten Belastungen durch hohe Immobilienpreise und Mieten sowie eine überlastete Infrastruktur durch Verkehrsstaus und daraus resultierende Umweltbelastungen. Die Desurbanisierung wird vor allem durch das Flächenverkehrsmittel Pkw begünstigt und beschleunigt die negativen Effekte zusätzlich (Heinze und Kill 1992, S. 178).

Die größte Herausforderung liegt also u. a. darin, dass je mehr Menschen in die Stadt kommen, desto mehr Platz für diese geschaffen werden muss. Dadurch werden die Städte größer und die ländlichen Regionen im Umland immer kleiner. Lebensräume werden durch die Ausdehnung der urbanen Räume und den Wegfall von Grünflächen durch den Bau neuer Wohnräume signifikant reduziert (Zukunftsinstitut 2022).

Phase 4 – Reurbanisierung durch Integration

In der Reurbanisierung schließlich revitalisiert der Ballungsraum seine Innenstadt, integriert das Hinterland und führt über Maßstabsvergrößerung zum nächsten Zyklus. Die Entwicklung eines mehrstufigen, aber integrierten Verkehrssystems mit spezialisierten, jedoch kompatiblen Fahrzeugen ermöglicht die Funktionsfähigkeit der entstehenden „Stadtlandschaften" (Heinze und Kill 1992, S. 178).

Die 4. Phase bildet nicht den Abschluss der Entwicklung – es ergeben sich permanent dynamische weitere Bewegungen zwischen dem Kern, Umland und Hinterland (s. Abb. 2.3). Ein urbaner Raum ist quasi ein pulsierendes Herz mit Strömen von außen nach innen und umgekehrt sowie innerhalb der Bereiche.

Heute trägt das natürliche Wachstum (Geburtenüberschuss der urbanen Bevölkerung) ebenso zu diesen dynamischen mehrdimensionalen Entwicklungen bei, wie die weiter anhaltende Abwanderung aus ländlichen Regionen.

2.1.3 Entwicklung der Urbanisierung

2007 war ein entscheidender Wendepunkt in der strukturellen Entwicklung urbaner Räume – die Zahl der in Städten lebenden Menschen überstieg zum ersten Mal den Anteil der in ländlichen Räumen wohnenden Menschen. Rückblickend beschreibt vor allem das

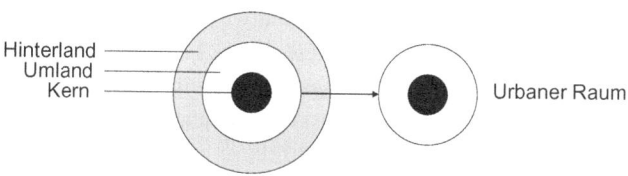

Abb. 2.3 Abgrenzung Kern, Umland, Hinterland und urbaner Raum

Jahr 1950 eine erste weltweite Trendwende der Urbanisierung: Während damals etwa 30 % der Weltbevölkerung in Städten lebten (746 Mio.), ist die Zahl kontinuierlich bis zum Jahr 2014 auf mehr als 54 % angestiegen (3,9 Mrd.). Laut verschiedener Prognosen werden bis zum Jahr 2050 schätzungsweise zwei Drittel der Menschheit (6,4 Mrd.) ihren Wohnsitz in urbane Räume verlegen – das Verhältnis von Stadt- und Landbevölkerung hat sich damit innerhalb von 100 Jahren umgekehrt (BMUV 2016).

Die Gründe und Ursachen für die Intensität des Wachstums sind abhängig vom jeweiligen zeitlichen Ausgangspunkt und Entwicklungsstand von Stadt und Region. Vor allem in Entwicklungsländern hat das natürliche Wachstum mit 60 % einen wesentlichen Anteil am Zuwachs der Städte (BMUV 2016). Noch vor ein paar Jahrzehnten waren in Industrieländern die größten städtischen Siedlungen vorzufinden. Heute befinden sich diese in den Entwicklungs- und Schwellenländern Asiens und Afrikas – mit rund 500.000 bis zu fünf Millionen Einwohner*innen – und zählen zu den am schnellsten wachsenden Regionen (Bpb 2021).

Diese besondere Dynamik in Schwellen- und Entwicklungsländern spielt jedoch für die Thematik dieses Buches keine weitere Rolle. Der Fokus liegt vielmehr auf den Herausforderungen urbaner Räume mit bereits hohem Urbanisierungsgrad. Perspektivisch kann die Entwicklung diese Länder aber vor ähnliche Herausforderungen stellen.

Zahlreiche Prognosen sehen ein weiteres künftiges Wachstum der menschlichen Bevölkerung vor allem in einer steigenden Anzahl von Stadtbewohnern – die Vereinten Nationen erwarten, dass die Zahl der Megastädte – sogenannte Megacities – bis 2030 auf 43 steigen wird (UN 2019, S. 22 f.).

Der Anteil an Megacities – einer Stadt mit mehr als 10 Mio. Einwohner*innen – lag 1950 bei zwei Städten und stieg bis 1990 auf zehn Megacities an, die zusammen eine Einwohner*innenzahl von 153 Mio. Menschen umfassten. Fast 20 Jahre später, im Jahr 2018, gab es bereits weltweit 33 Megacities, in denen 13 % der Stadtbevölkerung und 7 % der Weltbevölkerung lebten. Bis 2030 ist ein Anstieg auf 43 Städte zu erwarten, in welchen 15 % der Weltbevölkerung leben werden (Bpb 2021).

Deutlich wird dabei, dass der Stadtbevölkerungsanteil in einkommensstarken Industrieländern in den letzten Jahrzehnten schwächer gewachsen ist als in einkommensschwachen Ländern. Erklären lässt sich dies dadurch, dass Industrienationen starke Wachstumsraten im Laufe der letzten 150 Jahre erlebten, wohingegen die restliche Welt erst seit der 2. Hälfte des letzten Jahrhunderts ähnliche Entwicklungen durchläuft (UN 2019, S. 22 f. und Bähr 2008). Dennoch wächst die Stadtbevölkerung in Industrienationen weiter an – wenn auch mit geringeren Raten.

In der Bundesrepublik Deutschland haben viele Städte und urbane Räume die 4. Phase erreicht – aktuell (Stand 2021) lässt sich ein Urbanisierungsgrad von 77,5 % verzeichnen. Seit 2015 steigt dieser lediglich um 0,1 % pro Jahr (s. Abb. 2.4) (UN DESA 2022 und IBIS World 2021). Die nicht signifikant ansteigende Entwicklung des Urbanisierungsgrades in Deutschland seit 2016 lässt sich auf zwei wesentliche Faktoren zurückführen: steigende Wohnungskosten und zunehmende Wohnungsknappheit in Großstädten sowie die Verteilung der Menschen, die durch die Flüchtlingskrise im Jahr 2015 in Deutschland vor allem auf ländliche Regionen verteilt wurden (Bpb 2021).

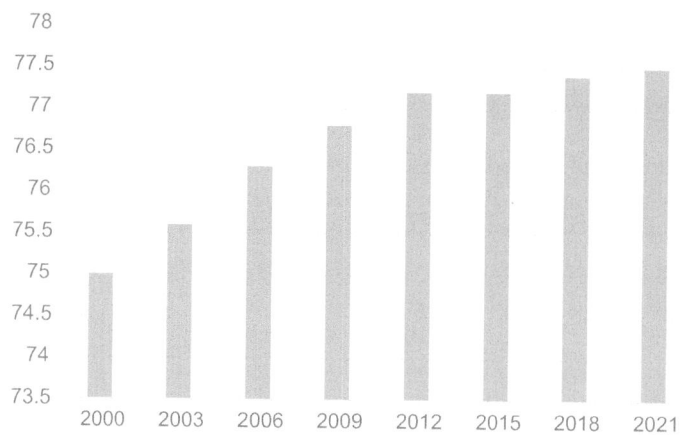

Abb. 2.4 Entwicklung des Urbanisierungsgrades in % in Deutschland von 2000 bis 2021. (UN DESA 2022)

2.1.4 Herausforderungen und Gelegenheiten der Urbanisierung

Neben zahlreichen Herausforderungen gehen auch Chancen bzw. Gelegenheiten mit der Entwicklung der Urbanisierung einher, was vor allem davon abhängig ist, wie das Wachstum geplant, gesteuert und letztendlich auch umgesetzt wird.

So ermöglicht der Zuwachs in Städten der gesamten Bevölkerung einen besseren Zugang zu öffentlichen Dienstleistungen und einer besseren Versorgung. Der Zugang zu Bildung oder bestimmten Gesundheitsversorgungen ist ebenso für viele effizienter und einfacher zu erreichen. Hinzu kommt, dass der öffentliche Nahverkehr, der Wohnraum sowie die Energie- und Wasserversorgung in dicht besiedelten Regionen oftmals kostengünstiger und umweltverträglicher angeboten und organisiert werden kann. Die Chancen auf dem Arbeitsmarkt sind in urbanen Räumen größer und es existiert ein vielfältigeres Angebot (BMUV 2016). Zudem bietet der gute Zugang zu Infrastruktur, Arbeitskräften oder unterschiedlichen Institutionen, gerade für Unternehmen, gute Rahmenbedingungen, um ein nachhaltiges Wachstum zu erreichen.

Das führt auf der anderen Seite jedoch dazu, dass der Flächenverbrauch in urbanen Räumen das Wachstum der Bevölkerung um etwa das doppelte überschreitet. Dies ist vor allem in Regionen problematisch, wo verschiedene Nutzungsbedürfnisse und Anforderungen in Konkurrenz zueinander-stehen (BMUV 2016). Wohnen, Verkehr, Wirtschaft, Naherholung und auch Landwirtschaft stehen im Wettbewerb um knapper werdende Flächen. Der erhöhte Flächenbedarf durch den Bereich Wohnung, verursacht durch die im Rahmen der Urbanisierung entstehenden, stadttypischen Lebensstile und neuen Wohnweisen sowie Haushaltsstrukturen, verschärft diese Entwicklungen zusätzlich.

Ziel muss es also sein, Lösungen zu entwickeln, die eine effizientere Nutzung der vorhandenen Flächen für ihren eigentlichen Verwendungszweck ermöglichen – ohne eine überproportionale Ausdehnung einzelner Flächen (z. B. Verkehr) zum Nachteil anderer

(z. B. Wohnen) vorauszusetzen. Nur so ist es möglich eine nachhaltige Urbanisierung zu gestalten und zu realisieren, die den Menschen in Summe in allen Bereichen verbesserte Bedingungen bieten kann (BMUV 2016).

▶ Die Urbanisierung ist ein dynamischer, fortschreitender Prozess, der zu einem zunehmenden Wettbewerb um Flächen und deren Nutzung führt. Die Lösung kann nur in innovativen Konzepten liegen, die eine effizientere Nutzung vorhandener Flächen zu ihrem eigentlichen Zweck (z. B. Verkehr) ermöglichen, da eine unbegrenzte Erweiterung einzelner Flächen nicht möglich ist.

2.2   Nachhaltige Mobilität und Verkehr

Die Urbanisierung hat zahlreiche Veränderungen in Gesellschaft und Wirtschaft zur Folge – betrachtet werden in diesem Buch aber vor allem die Einflüsse auf Mobilität und Verkehr. Dabei muss vor allem beachtet werden, dass mit einem hohen Grad an Mobilität auch ein hohes Maß an gesellschaftlicher und wirtschaftlicher Entwicklung einhergeht (Buhl 2021, S. 104 f.). Bedeutet dies im Umkehrschluss, dass eine schlechte Verkehrsinfrastruktur mit geringer Mobilität diese Entwicklung hemmt oder gar verhindert?

Neue Methoden und Möglichkeiten der Fortbewegung beeinflussen auch andere Bereiche wie die Stadtplanung und die Struktur des Alltags. Durch die Massenmotorisierung in den 50er-Jahren konnten Menschen größere individuelle Strecken zurücklegen und weiter entfernt von ihrer Tätigkeitsstelle wohnen. Dies beeinflusste u. a. stark die entstandene Infrastruktur, wodurch sich Städte immer stärker zu „autofreundlichen Städten" entwickelten (Buhl 2021, S. 104 f.) Aus Gründen einer nachhaltigen Mobilität ist diese Entwicklung zu hinterfragen und neu zu denken.

2.2.1   Mobilitätsbedürfnis

Der Begriff der Mobilität wird in der Literatur unterschiedlich beschrieben – im Kern bedeutet es jedoch so viel wie „in Bewegung sein". Menschen haben das Grundbedürfnis nach sozialen Verbindungen, Orten, Gütern oder Dienstleistungen – sie wünschen und benötigen einen Zugang dazu. „Die Möglichkeit bzw. Fähigkeit, die gewünschten Ziele mittels einer zeitlich-räumlichen Ortsveränderung erreichen zu können, beschreibt der Begriff Mobilität. Mobilität ist notwendig, um Lebenstätigkeiten wie Wohnen, Arbeiten, Ausbilden, Versorgen und Erholen zu ermöglichen bzw. miteinander zu verknüpfen (Bertram und Bongard 2014, S. 6)." Dabei bleibt aber zunächst völlig offen, auf welche Weise die unterschiedlichen Gruppen der Bevölkerung (Kinder, Jugendliche, Erwachsene, ältere oder beeinträchtigte Menschen) ihr Ziel erreichen (Bertram und Bongard 2014, S. 6). Mobilität bedeutet daher also die Beweglichkeit und die Befriedigung der Bedürfnisse realisiert durch eine Ortsveränderung.

So kann ein Bedürfnis z. B. nach Nahrung oder Bildung zu einer Ortsveränderung und damit einem Bedürfnis nach Mobilität führen, um ein Restaurant oder eine Schule zu erreichen (Zukunft Mobilität 2011). Ein Primärbedürfnis (Nahrung) führt also über das Mobilitätsbedürfnis zur Verkehrsnachfrage. Letztlich kann eine Vielzahl von Kombinationen von Bedürfnissen mit Ortsveränderungen einhergehen. Die Art und Weise der Zielerreichung, ist dabei jedoch jedem Individuum selbst überlassen und bildet sich letztlich im Verkehr ab.

Die Möglichkeit mobil zu sein lässt sich somit als Basis für die freie individuelle Entfaltung und für die ökonomische Leistungsfähigkeit der Gesellschaft beschreiben. Das Mobilitätsverhalten von Einzelnen und Gruppen ist geprägt von Lebensstilen, emotionalen Gegebenheiten, Gewohnheiten und dem vorherrschenden örtlichen Mobilitätsangebot. „In besonderem Maße spiegelt Mobilität die Dynamik und Flexibilität einer Gesellschaft wider (Bertram und Bongard 2014, S. 6)."

2.2.2 Verkehr als Ergebnis des Mobilitätsbedürfnisses

Im Gegenzug zur Mobilität ist der Verkehr Mittel zum Zweck bzw. das Ergebnis der Realisierung des Mobilitätsbedürfnisses. Der Verkehr ist somit ein Instrument, um die Mobilitätsbedürfnisse der Menschen zu befriedigen. Ein Mobilitätsbedürfnis „A" führt jedoch nicht zwingend zur gleichen Lösung Verkehr „A". Ebenso lässt sich aus den Bedürfnissen nicht automatisch ableiten wie viel Verkehr bei der Umsetzung erzeugt oder benötigt wird. Jedes Individuum hat in der Regel eine Auswahl an Optionen und entscheidet letztlich eigenständig.

Das System Verkehr kann dabei in verschiedene Komponenten unterteilt werden. Verkehr wird grundsätzlich unterschieden in Güterverkehr und Personenverkehr, wobei hier der Fokus auf dem Personenverkehr in urbanen Räumen liegt (s. Abb. 2.5). In Kap. 3 werden dennoch Methoden und Konzepte des Güterverkehrs beleuchtet, um zu klären, ob sich Konzepte und Ideen auf den Personenverkehr übertragen lassen.

Beide Verkehrsarten werden in Verkehrsaufkommen (Anzahl Fahrten pro Person) sowie Verkehrsleistung erfasst. Die Verkehrsleistung (VL) ist eine Maßzahl, die die Leistung beschreibt, die ein Verkehrsträger am Verkehrsmarkt bzw. im Transportwesen erbringt. Sie ist das Produkt aus einer zurückgelegten Strecke und der Menge der transportierten Güter bzw. der beförderten Personen und wird in Tonnenkilometer (tkm) bzw. Personenkilometer (Pkm) angegeben. Ihre Höhe ist abhängig vom Verhalten der Personen in Bezug auf die gewünschte Ortsänderung und Häufigkeit (APS 2023).

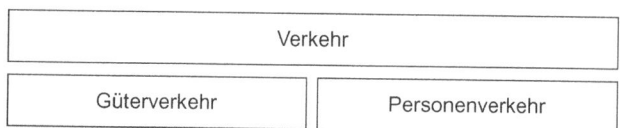

Abb. 2.5 Personen- und Güterverkehr

Personenverkehr wird zudem unterteilt in Individualverkehr (Mobilität des Einzelnen) und öffentlicher Personenverkehr (ÖPV) bzw. öffentlicher Personennahverkehr (ÖPNV). Der Teilnehmer im Individualverkehr entscheidet frei über die Fortbewegungsvariante, Strecke und Fahrtantritt, wohingegen er im öffentlichen Verkehr auf vorgegebene Verkehrsmittel, Zeiten und Punkt-zu-Punkt-Verbindungen beschränkt ist (s. Abb. 2.6).

Für beide Verkehrsarten (Güter und Personen) sind jeweils Verkehrsträger und Verkehrsmittel erforderlich, um das Mobilitätsbedürfnis realisieren zu können. Verkehrsträger (Straße, Schiene, Luft, Wasser) und Verkehrsmittel sind also Instrumente zur Erfüllung dieses Bedürfnisses (Bertram und Bongard 2014, S. 6). Verkehrsmittel sind Fortbewegungsmittel, die sich auf den erbauten Verkehrsträgern bewegen (s. Abb. 2.7). Hierzu zählen Kraftfahrzeuge wie PKW, Krafträder (hier wird dann auch von motorisiertem Individualverkehr (MIV) gesprochen), das Fahrrad, aber auch das Fortbewegen zu Fuß.

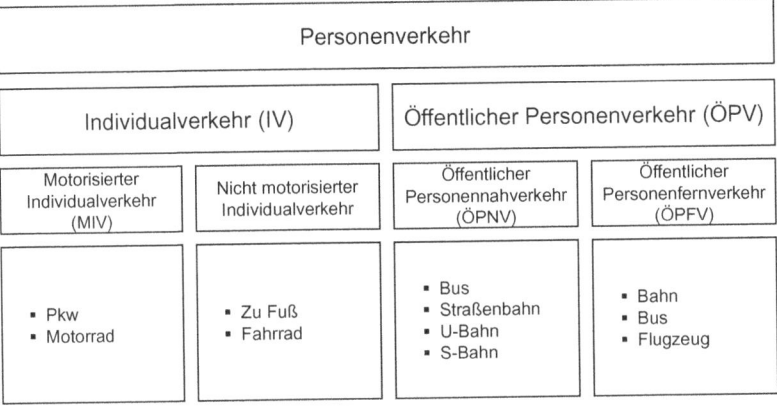

Abb. 2.6 Bestandteile des Personenverkehrs

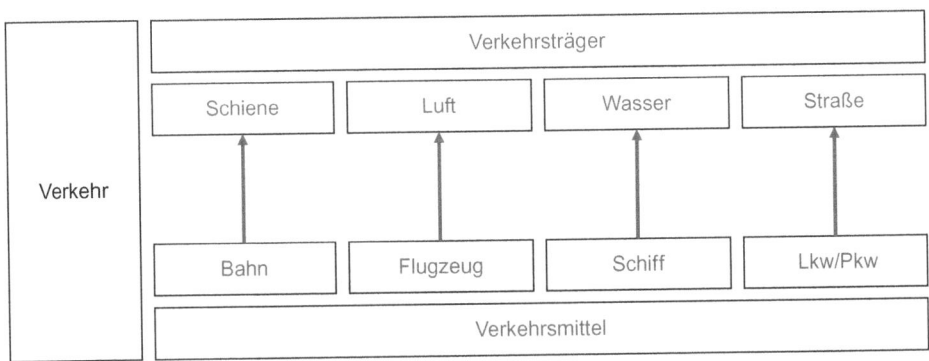

Abb. 2.7 Unterschied Verkehrsträger und Verkehrsmittel

Unter dem Verkehrsmodus wird die Zusammenfassung einzelner Verkehrsmittel zu einer Gruppe verstanden – so umfasst der Personenverkehr den Fuß- und Fahrradverkehr, den motorisierten Individualverkehr sowie den öffentlichen Verkehr (ÖPNV und öffentlicher Personenfernverkehr) (Forschungsgesellschaft für Straßen- und Verkehrswesen 2017, S. 3 f.), der ÖPNV umfasst wiederum die Verkehrsmittel Tram, Bus, U-Bahn und S-Bahn (Bertram und Bongard 2014, S. 7).

2.2.3 Leistungsfaktoren eines Verkehrssystems

Um Bedürfnisse zu befriedigen, ist die Produktion von Gütern notwendig, was durch Kombination von verschiedenen Faktoren in Produktionsstätten der Unternehmen geschieht. Aus wirtschaftstheoretischer Sicht wird zwischen den Produktionsfaktoren Arbeit, Boden und Kapital unterschieden. Der Faktor Boden kann dabei durch den Faktor Umwelt oder natürliche Ressourcen ersetzt werden, während zum Faktor Kapital neben Sachkapital auch Humankapital gerechnet wird (Wirtschaftslexikon 2019).

In der Betriebswirtschaftslehre werden diese Produktionsfaktoren als alle notwendigen materiellen und immateriellen Voraussetzungen definiert, die für die Herstellung von Gütern und Waren verwendet werden müssen. Dabei werden direkt an der Produktion beteiligte Elementarfaktoren und dispositive Faktoren unterschieden. Elementarfaktoren sind die objektbezogene menschliche Arbeitskraft, Betriebsmittel und Werkstoffe, der dispositive Faktor umfasst die Unternehmensführung und administrativen Aufgaben wie Planung, Leitung, Organisation und Kontrolle (Suchanek 2018).

Welche Produktionsfaktoren kommen jedoch in einem Verkehrssystem zum Einsatz, um die gewünschte Leistung, z. B. die Bedürfnisbefriedigung durch Mobilität, zu erzielen?

Grundsätzlich ist der Produktionsfaktor Arbeit der persönliche Beitrag des Menschen zur Herstellung von Gütern. In einem Verkehrssystem sind das im Wesentlichen die Fahrer*innen, sowohl im MIV als auch um ÖPNV, die durch ihre körperliche und geistige Beschäftigung zur Herstellung der Leistung „Mobilität" bzw. „Verkehr" beitragen.

Bei der zu wirtschaftlichen Zwecken genutzten Natur handelt es sich um den Produktionsfaktor Boden. Als Produktionsfaktor dient der Boden neben der land- und forstwirtschaftlichen Produktion als Standortfaktor. Sein charakteristisches Merkmal ist, dass der Boden nicht vermehrbar, d. h. als ein knappes Gut angesehen werden kann (Wirtschaftslexikon 2019). In einem Verkehrssystem sind das im Wesentlichen die Verkehrswege und -flächen sowie die benötigte und eingesetzte Energie.

Der dritte Produktionsfaktor – das Kapital – kann als Bestand an Produktionsausrüstung verstanden werden, der zur Güter- und Dienstleistungsproduktion eingesetzt wird (Wirtschaftslexikon 2019). Kapital entsteht aus dem Zusammenwirken der beiden ursprünglichen Produktionsfaktoren Arbeit und Boden. Das entstandene Kapital oder Einkommen wird zu Konsumzwecken (privat) verwendet oder investiert (Unternehmen), z. B. in neue Maschinen oder Infrastruktur. Im Verkehrssystem sind das vor allem Verkehrsknoten und dazugehörige Gebäude (Stationen, Bahnhöfe) und die dafür notwendigen Fahrzeuge sowohl im MIV als auch im ÖPNV, in die im Rahmen der Anschaffung investiert wird.

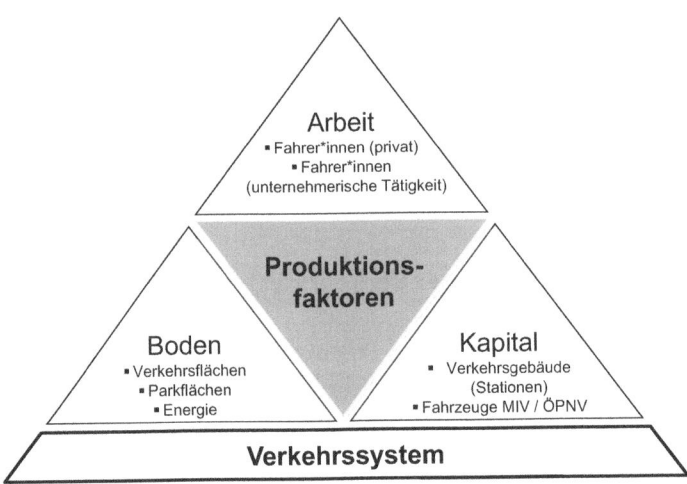

Abb. 2.8 Produktionsfaktoren zur Leistungserstellung in einem Verkehrssystem

Ein Verkehrssystem benötigt also ebenso die identischen Produktionsfaktoren Arbeit, Boden und Kapital, wobei diese aufgrund der zu erbringenden Leistung spezifischer ausgestaltet sind (s. Abb. 2.8).

Der wesentliche Unterschied zwischen dem Einsatz der Produktionsfaktoren in einem Unternehmen und in einem Verkehrssystem ist der Umgang mit knappen Gütern. Das Unternehmen ist darauf ausgerichtet Kapazitäten (z. B. der Maschinen) sinnvoll auszulasten, Ressourcen (z. B. Energie und Arbeitskraft bzw. -zeit) effizient einzusetzen, um Verschwendung zu vermeiden und damit die im Rahmen der Leistungserstellung entstehenden Kosten zu minimieren.

In einem Verkehrssystem, das ein Mix aus privater (MIV) und unternehmerischer (ÖPNV) Nutzung ist, existiert dieser auf Effizienz ausgelegte Gedanke nicht. Vor allem die individuelle Nutzung ist nicht von unternehmerischem Denken der Effizienz und Auslastung geprägt – nur die Wenigsten machen sich Gedanken darüber, ob die Kapazität des Pkw (mit 4 Sitzplätzen) durch die Alleinnutzung sinnvoll ausgelastet ist. Genauso wenig ist im Fokus des Einzelnen die Flächenbeanspruchung des genutzten Pkw an der zur Verfügung stehenden, knappen Verkehrsfläche. Das menschliche, individuelle Handeln ist nicht geprägt durch Effizienzgedanken – sondern vielmehr beeinflusst von Komfort, (vermeintlicher) Geschwindigkeit und Prestige des gewählten Verkehrsmittels.

Lediglich in einem Bereich ist eine Veränderung der Sichtweise erkennbar. Durch die steigenden Umweltbelastungen und die zunehmenden Diskussionen darüber, ist eine Bewusstseinsveränderung für den Ressourcenverbrauch (Energie) und dessen Auswirkungen (Emissionen) feststellbar. Neben dem Umweltbewusstsein spielen dabei aber auch die steigenden Kosten für den Einsatz von Energie wie Benzin, Diesel oder Strom in der Mobilität eine wesentliche Rolle.

Dieser fehlende Effizienzgedanke bei der Nutzung des Systems Verkehr führt zu den wesentlichen Herausforderungen – überlastete Infrastruktur, schlecht ausgelastete Pkw und enormer Ressourcenverbrauch bei gleichzeitiger Umweltbelastung. Ziel muss es also sein, dieses Bewusstsein mit geeigneten Maßnahmen zu fördern und zu verinnerlichen (siehe Kap. 3 und 4).

2.2.4 Nachhaltige Mobilität

Der Begriff Nachhaltigkeit spielt eine Rolle auf verschiedenen Ebenen. Er ist in vielen Bereichen anwendbar und wird vielfältig interpretiert. Bereits seit dem 18. Jahrhundert drückt der Begriff Nachhaltigkeit die Nutzung des natürlichen Systems aus. Die natürliche Nutzung soll durch das System so praktiziert werden, dass die Eigenschaften erhalten bleiben und sich eine natürliche Wiederherstellung des Bestandes ergeben kann. Die heutige Definition des Begriffes „Nachhaltigkeit" im gesellschaftlichen Kontext findet sich bereits seit 1987 im veröffentlichten Brundtland-Bericht der Vereinten Nationen: „Nachhaltige Entwicklung ist eine Entwicklung, die die Bedürfnisse der Gegenwart befriedigt, ohne die Bedürfnisbefriedigung zukünftiger Generationen zu gefährden" (Lexikon der Nachhaltigkeit 2015).

Vielfach wird jedoch im Zusammenhang mit Nachhaltigkeit ausschließlich oder vorrangig von der Reduzierung der Umweltbelastung gesprochen. Der Begriff beinhaltet jedoch weitere, zentrale Gedanken, die im Rahmen einer nachhaltigen Mobilität gleichrangig betrachtet werden müssen. Neben der Ökologie sind die weiteren Säulen der Nachhaltigkeit die ökonomischen und sozialen Aspekte (Hauff und Kleine 2009, S. 16). Die Differenzierung und Zielbestimmung einer nachhaltigen Entwicklung wird anhand der benannten drei Säulen bestimmt.

Die Fokussierung auf die Elemente Ökologie, Ökonomie und Soziales hat sich seitdem auf internationaler Ebene durchgesetzt. Dabei wird unter anderem auch von der „Tripple Bottom Line" oder den 3 Säulen der Nachhaltigkeit gesprochen (Elkington (2004), S. 4). Das Dach „Nachhaltigkeit" wird dabei, wie bereits erwähnt, von den drei Säulen Ökonomie, Ökologie und Soziales getragen und diese müssen stets gleichberechtigt nebeneinanderstehen (s. Abb. 2.9).

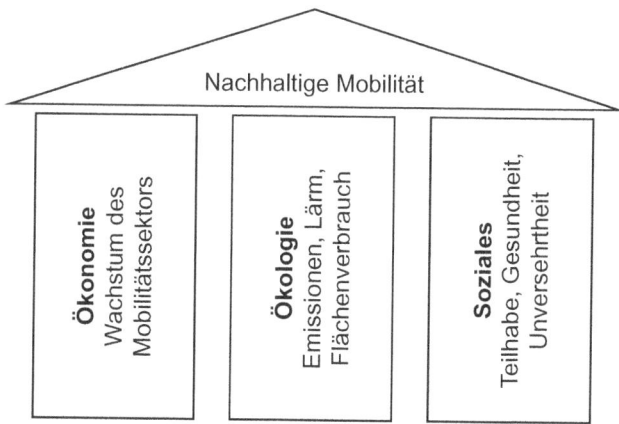

Abb. 2.9 Säulen der nachhaltigen Mobilität

Um einen Einklang in allen Dimensionen der Nachhaltigkeit zu schaffen bzw. einen Nachweis dafür zu erbringen, werden die Aspekte so berücksichtigt, dass sie nicht zu Lasten eines anderen Faktors fallen. Dieser Einklang wird auch als Tripple-Bottom-Line bezeichnet. Des Weiteren sind hierbei die zeitliche Entwicklung der Maßnahmen und deren Auswirkungen zu berücksichtigen. Das bedeutet, dass die ergriffenen Maßnahmen auch zu einem späteren Zeitpunkt bei Bedarf negiert oder angepasst werden können und eine potenzielle Handlungsfähigkeit bereitgestellt wird (Suchanek et al. 2018, S. 1).

Einer der wichtigsten Erkenntnisfortschritte, welcher im Zusammenhang mit der Debatte über eine nachhaltige Entwicklung steht, ist die Einsicht, dass mitunter Zielkonflikte entstehen können. Die Frage ist, welche Zielkonflikte bei der nachhaltigen Entwicklung und Planung der Mobilität entstehen können und wie diese Mobilität von Menschen langfristig erhalten und gewährleistet werden kann, indem sie den Verkehr, die Menschen und die Umwelt nicht überfordert (Umweltbundesamt 2020, S. 7)?

Eine wesentliche Herausforderung bei der Gestaltung einer nachhaltigen Mobilität von morgen ist, wie mögliche Zielkonflikte vermieden werden können. Frage ist: Inwieweit ist dies vor dem Hintergrund der drei Nachhaltigkeitsstrategien überhaupt denkbar und möglich? Für den Menschen ist die Möglichkeit zur Teilhabe am Verkehr eine der sieben Grundfunktionen des Überlebens, neben dem Leben, dem Arbeiten, der Selbstversorgung, der Bildung, der Erholung und dem Leben in der Gemeinschaft. Ohne eine Teilhabe am Verkehr wäre es nicht möglich, die anderen Grundfunktionen zu erreichen oder miteinander erfolgreich zu kombinieren (Dallmer 2020, S. 76).

Soziale Nachhaltigkeit in der Mobilität
Im Zentrum der Sozialen Nachhaltigkeit steht die Frage, wie weltweiter Wohlstand und Frieden erzielt werden können – heute und zukünftig (Kropp 2018, S. 11)? Soziale Nachhaltigkeit – bestehend aus sozialer Gerechtigkeit und sozialter Verträglichkeit – stand lange Zeit nicht im Fokus des Interesses, ist jedoch eine zentrale Voraussetzung und Säule des Konzepts. Vom Zugang zu Ressourcen, Gesundheit, Bildung und Wohlstand von Individuen bis hin zur sozialen Stabilität, sozialen Akzeptanz und natürlich dem sozialen Frieden. Bei der sozialen Dimension der Nachhaltigkeit geht es also darum, mit welchen Prinzipien gesellschaftliche Verhältnisse gerecht gestaltet werden können – innerhalb oder über Generationen hinweg.

Im Rahmen der Mobilität ist das Wechseln des Standorts eine Möglichkeit, bestimmte Ziele zu erreichen, z. B. Arbeit, Schule oder Geschäfte. Dabei ist die aktive Teilhabe an allen und verschiedenen Formen der Mobilität nur durch das abgestimmte Zusammenspiel von Verkehrsangeboten möglich. Mobilität und Erreichbarkeit sind dabei wichtige Grundlagen der Lebensqualität und bestimmen unter anderem Selbstwertgefühl, Unabhängigkeit, Selbstverwirklichung und Teilhabe am gesellschaftlichen Leben – und damit den sozialen Aspekt der Mobilität.

Die Mobilitätsbedürfnisse der Menschen sind dabei sehr unterschiedlich und insbesondere die Auswirkungen gesellschaftlicher Entwicklungen wie Alterung auf die Mobilität vielfältig. Mobilität ist gerade für ältere Menschen der Schlüssel zur Teilhabe am gesellschaftlichen Leben und wichtig für die subjektive Gesundheit und Existenz. Bessere Zugänglichkeit und langsamere Geschwindigkeiten erfordern eine Anpassung der Mobilitätssysteme an die Bedürfnisse älterer Menschen.

Jugendmobilität wird durch eine Vielzahl von Faktoren bestimmt, darunter Alter, Bildung, Erwerbstätigkeit, Personalisierung, Urbanisierung und Digitalisierung. Junge Menschen nutzen vermehrt andere Mobilitätsangebote als ältere Menschen, darunter zum Beispiel Sharingangebote. Die Nutzung internetfähiger Smartphones und die Vernetzung über Online-Plattformen spielen dabei für die Mobilitätsbedürfnisse junger Menschen eine immer wichtigere Rolle, denn mehr als die Hälfte der Jugendlichen können sich etwas Sinnvolleres als den Besitz eines Autos vorstellen.

Diese unterschiedlichen Anforderungen verschiedener Bedürfnisse an die Mobilitätsangebote müssen in zukünftigen Konzepten Berücksichtigung finden, damit ein uneingeschränkter Zugang zu allen Mobilitätsangeboten für jeden möglich ist. Unterstützt wird dies durch die Einigung der Vereinten Nationen 2020: bis zum Jahr 2030 muss der einfache Zugang zu sicheren Verkehrssystemen für alle Verkehrsteilnehmer*innen ermöglicht werden – egal ob jung oder alt und unter Berücksichtigung der individuellen Bedürfnisse, ohne Benachteiligung der Anderen.

Ökologische Nachhaltigkeit in der Mobilität

Der ökologische Aspekt ist, wie bereits erwähnt, häufig Kern der Betrachtung, wenn von Nachhaltigkeit im Allgemeinen gesprochen wird. Daher sind die Anforderungen an eine nachhaltige Mobilität in erster Linie die Reduzierung der Emissionen und des Lärms sowie ein geringerer Ressourcenverbrauch. Dieser Gedanke ist natürlich nicht falsch – muss aber, gerade im Kontext eines nachhaltigen Konzepts, mit den anderen Säulen Ökonomie und Soziales in Einklang gebracht werden können.

Vorrangige Ziele einer ökologischen nachhaltigen Entwicklung – zum Schutz der jetzigen und nachfolgenden Generationen – sind dabei drei Aspekte:

- Reduzierung der Luftverschmutzung
- Reduzierung des Lärms
- Schutz der Lebensräume

Der Erhalt bzw. die Verbesserung der Lebensqualität – basierend auf diesen drei Zielen – muss vorrangiger Aspekt einer nachhaltigen Mobilität sein. Dadurch, dass die negativen Effekte im urbanen Raum vor allem, aber nicht ausschließlich, durch den motorisierten Individualverkehr verursacht werden, liegt hier der Schlüssel für eine nachhaltige urbane Zukunft.

Ökonomische Nachhaltigkeit in der Mobilität

Gerade bei der Betrachtung und Berücksichtigung der nachhaltigen Mobilität treten die bereits erwähnten Zielkonflikte wieder in den Vordergrund. Eine dauerhafte und erfolgreiche wirtschaftliche Entwicklung zur Befriedigung menschlicher Bedürfnisse ist nur mit Berücksichtigung einer intakten Umwelt und sozialer Ausgewogenheit möglich. Die Mobilität ist dabei Bestandteil des gesamtwirtschaftlichen Geschehens. Jeder Lösungsansatz kann erhebliche Auswirkungen sowohl auf die Ökonomie an sich als auch auf die beiden anderen Bereiche haben.

Zum einen wird die ökonomische Nachhaltigkeit über die Preise für Verkehr und Transport realisiert – was zum Wachstum der beteiligten Unternehmen beiträgt. Mittlerweile haben hochmobile Bevölkerungsgruppen Zugang zu einem größeren Angebot, was den Wettbewerb zwischen den Anbietern intensiviert und den Verbraucher*innen hohe Qualität und niedrige Preise bietet. Zudem sorgen die Anforderungen der modernen, nachhaltigen Mobilität für eine gesteigerte Wettbewerbsfähigkeit im Bereich der Automobilindustrie. Insbesondere im Bereich der Elektromobilität werden enorme Summen für Innovation in Forschung und Entwicklung investiert.

Die Automobilindustrie ist aufgrund der Beliebtheit des Verkehrsmittels Auto – trotz eines verstärkten Aufkommens neuer Mobilitätskonzepte – ein wesentlicher ökonomischer Faktor der Mobilität und urbane Räume nach wie vor ein bedeutender Markt für die Automobilindustrie. Zudem sind urbane Räume wie Berlin Testfelder für neue, intelligente Mobilitätslösungen der Automobilindustrie. Die aufgrund der Mobilitätswende zunehmenden Kooperationen zwischen großen Konzernen und Start-ups sind ein wesentlicher Wirtschaftsfaktor, um neue Ideen zum Thema Elektromobilität zu entwickeln und umzusetzen. Technologien wie die künstliche Intelligenz, Virtual sowie Augmented Reality und autonomes Fahren spielen dabei eine wesentliche Rolle. Gleichzeitig können eine gute Vernetzung, eine zunehmende Automatisierung und verstärkte Elektrifizierung zur ökonomischen Nachhaltigkeit beitragen (Berlin Partner 2022).

Die Idee der Begrenzung der Mobilität auf ein gesamtwirtschaftlich sinnvolles und umweltverträgliches Maß führt letztlich zu dem Versuch externe Kosten wie Umweltschäden verursachergerecht anzulasten. Dies darf sich aber nicht darauf beschränken, Verkehr zu verteuern, sondern muss dazu führen mit Maßnahmen gezielt Verkehr zu vermeiden, auf umweltverträglichere Verkehrsmittel zu verlagern und bestehende Kapazitäten, wie Verkehrswege bzw. Flächen und Fahrzeuge, besser zu nutzen (Umweltbundesamt 2022e).

2.2.5   Multimodale und Intermodale Mobilität

Neben der nachhaltigen Mobilität müssen die Begriffe der multimodalen und intermodalen Mobilität erläutert und unterschieden werden. Fälschlicherweise werden die beiden Begriffe häufig synonym verwendet. Multimodale Mobilität lässt sich allgemein als die Nutzung verschiedener Verkehrsmittel für die Erfüllung von unterschiedlichen Wegezwecken innerhalb eines bestimmten Zeitraumes definieren – häufig wird eine Woche als Zeitraum betrachtet (Viergutz und Scheier 2018, S. 68 und VDE 2020). Multimodale Fortbewegung bedeutet also, dass eine Person unterschiedliche Verkehrsmittel je Tag und Wegezweck verwendet – jedoch nur eines und nicht verschiedene miteinander kombiniert (s. Abb. 2.10) (Viergutz und Scheier 2018, S. 68 f. und Nobis 2013, S. 20).

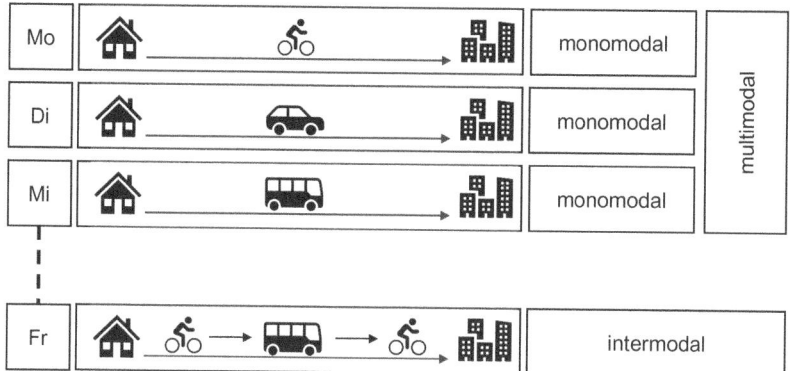

Abb. 2.10 Mono-, Multi- und Intermodalität

Eine Person verhält sich also multimodal, sofern sie mindestens einmal neben ihrem Hauptverkehrsmittel (z. B. Auto) ein anderes Verkehrsmittel (z. B. Fahrrad) nutzt. Fußwege werden dabei häufig nur eingeschränkt betrachtet, da die meisten Personen im Verlauf einer Woche mindestens einmal, in der Regel jedoch öfter, einen Weg zu Fuß zurücklegten, was für die Gesamtverkehrsleistung der jeweiligen Person jedoch meist von untergeordneter Bedeutung ist (Forschungsgesellschaft für Straßen- und Verkehrswesen 2017, S. 5). Wird nur ein einzelner Tag innerhalb einer Woche betrachtet, kann von Monomodalität gesprochen werden, da nur ein Verkehrsmittel für die Fahrt genutzt wird.

Intermodale Mobilität beschreibt hingegen verkehrsmittelübergreifende Nutzung, also die Verkettung mehrerer Verkehrsmittel während eines Weges. Fährt eine Person auf dem täglichen Weg zur Arbeit mit dem Fahrrad zur Regionalbahn, mit dieser zu einer anderen Bahnstation und geht von dort zu Fuß bis zur Arbeitsstätte, handelt es sich um intermodale Mobilität (s. Abb. 2.10).

Die Realisierung von Intermodalität erfordert:

- Verkehrsdienstleistungen, die eine solche Kombination verschiedener Verkehrsmittel auf einem Weg ermöglichen oder erleichtern,
- eine intermodale Verkehrsinfrastruktur, die diese Kombination ermöglicht sowie
- ein intermodales Verhalten im Sinne der Bereitschaft, für einen Weg verschiedene Verkehrsmodi zu nutzen (Forschungsgesellschaft für Straßen- und Verkehrswesen 2017, S. 7).

Im Güterverkehr wird die intermodale Nutzung von Verkehrsmitteln „Kombinierter Verkehr" (s. Kap. 3) genannt, weil hier verschiedene Verkehrsmittel aufgrund ihrer jeweiligen Vorteile für einen spezifischen Abschnitt der Strecke eingesetzt werden und so miteinander kombiniert werden, dass der gesamte Transport möglichst effizient ablaufen kann. Im Sinne der Mobilität des Menschen wäre es auch hier sinnvoller und eingänglicher von einem kombinierten Verkehrsverhalten oder einer kombinierten Mobilität zu sprechen.

2.2.6 Verkehrsmittelwahl und Verkehrsverhalten

Inter- und multimodales Verkehrsverhalten kann sich aus verschiedenen Gründen ergeben und unterliegt verschiedenen Einflussfaktoren. Eine Person kann sich aus subjektiven, sozioökonomischen, demografischen oder räumlichen Überlegungen heraus inter- oder multimodal fortbewegen. Die Entscheidung wird maßgeblich von zwei Faktoren bestimmt:

- Zwang zu multimodalem Verhalten: Auf dem Weg steht das favorisierte Verkehrsmittel nicht zur Verfügung
- Chance des multimodalen Verhaltens: Erreichen des Ziels auf optimale Weise

Individuelle, mitunter täglich wechselnde Präferenzen und Gründe können zudem zu einer für die jeweiligen Umstände entsprechenden Verkehrsmittelwahl und Routenplanung führen, um den Wegezweck zu erfüllen (von der Ruhren et al. 2004, S. 93 f.).

Zusätzlichen Einfluss auf das Verhalten hat die grundsätzliche Verfügbarkeit von Verkehrsmitteln bzw. Fahrzeugen. Dabei spielen jedoch auch Alter und sozioökonomische Faktoren wie das Einkommen eine wesentliche Rolle. Ältere Menschen bewegen sich anders multimodal als junge Menschen und zeigen ein anderes Nutzungsverhalten. Unter den jungen Menschen (18–24 Jahren), besonders den Studierenden, besitzen aufgrund ihrer finanziellen Situation eher wenige ein Auto und sind daher multimodaler unterwegs. Beide Gruppen – sowohl die älteren Menschen als auch die jungen Menschen – bestimmen, bedingt durch die demografischen Entwicklungen, das Verkehrsbild (Axhausen 2011, S. 15–17).

Ein höheres Bruttoeinkommen erhöht die Wahrscheinlichkeit des Fahrzeugbesitzes. Geringere Einkommen führen eher dazu, sich günstige Alternativen der Fortbewegung zu suchen (s. Abb. 2.11). So wirkt sich die finanzielle Situation entweder positiv oder negativ auf ein multimodales Verkehrsverhalten aus. Außerdem ist die Struktur des eigenen Haus-

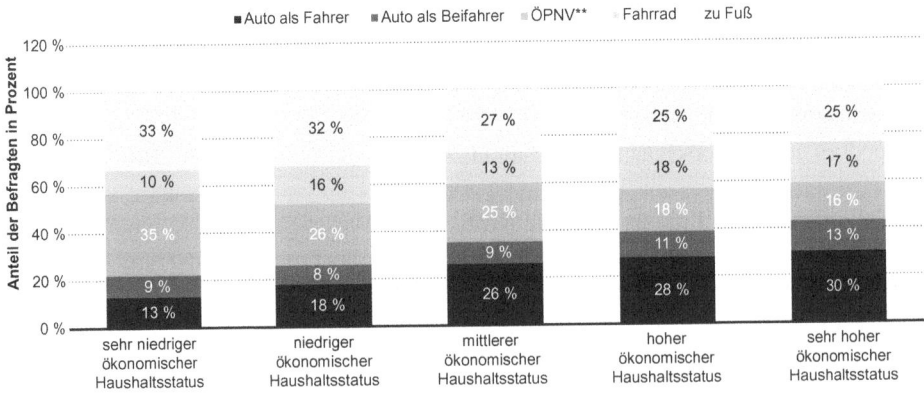

Abb. 2.11 Verkehrsmittelwahl nach Einkommensgruppen am Beispiel Hamburgs. (zeit.de 2019)

halts maßgeblich: wie viele Personen zu einem Haushalt gehören, in welchem Alter sich die einzelnen Personen befinden und welche Wege sie täglich zurücklegen müssen. Mit kleineren Kindern wird z. B. eher das Auto zur Zielerreichung genutzt als der öffentliche Personennahverkehr (Axhausen 2011, S. 16).

Ist ein bestimmtes Verkehrsmittel hingegen im Haushalt nicht vorhanden, so bewegen sich Menschen eher mit alternativen Verkehrsmitteln inter-/multimodal fort (Axhausen 2011, S. 15–17). Ebenso bestimmen die Fahrttaktung, Fahrtdauer, der Komfort des Verkehrsmittels und die Zuverlässigkeit der Verbindung die Wahl. Grundsätzlich gilt, je leichter der Zugang zum Verkehrsmittel ist, desto eher wird es genutzt. Außerdem beeinflussen die Wetterlage, die Tageszeit und die Erreichbarkeit des Ziels mit den gewählten Mitteln, die Verkehrsgewohnheiten der Individuen.

Multi- und Intermodalität besteht also aus zwei Facetten (Kagerbauer 2021, S. 9):

- der Verfügbarkeit von Mobilitätsdienstleistungen, die die Nutzung der verschiedenen Verkehrsangebote ermöglichen oder erleichtern und
- der Nachfrage danach, die sich in multimodalem Verhalten niederschlägt.

Durch die Verkehrsinfrastruktur und die verfügbaren Mobilitätsdienstleistungen müssen im Rahmen eines Konzepts somit die Voraussetzungen dafür geschaffen werden, dass multimodales oder noch besser intermodales Verhalten sinnvoll, attraktiv und möglich ist. Um die Zielstellung eines klimaneutralen Verkehrs in die Praxis umzusetzen, sind geteilte Verkehrsmittel sowie der Fuß- und Radverkehr von besonderer Bedeutung. Die Studie „Mobilität in Deutschland" (MiD) zeigt, dass die Verkehrspraxis in Deutschland 2017 noch weit von Multimodalität oder Intermodalität entfernt ist – der Anteil monomodaler Personengruppen lag im Untersuchungszeitraum bei 58 %, 45 % waren reine Autofahrer (s. Abb. 2.12) (MiD 2018, S. 57).

Es muss also gelingen, dass ein nachhaltiges Konzept entweder den Verkehr auf unterschiedliche Art und Weise effizienter gestalten oder das generelle Verkehrsaufkommen nachhaltig verringern kann (s. Kap. 4 Effizienz und Alteration)

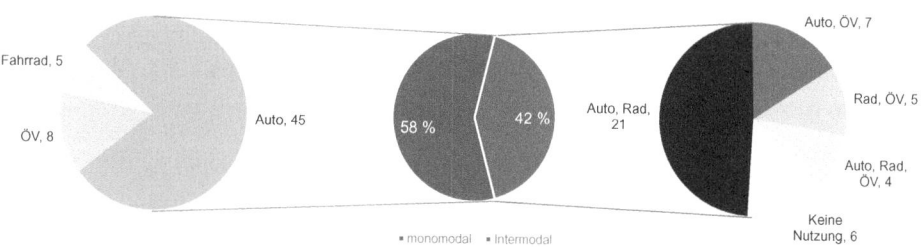

Abb. 2.12 Anteil monomodaler und multimodaler Personengruppen im Jahr 2017. (Eigene Darstellung in Anlehnung an MiD 2018, S. 57)

▶ Der nicht verinnerlichte bzw. vorhandene Effizienzgedanke des Individuums bei der Verkehrsmittelwahl führt zu überlasteten Infrastrukturen, schlecht ausgelasteten Pkw und in der Konsequenz zu Umweltbelastungen.

▶ Nachhaltige Mobilitätskonzepte müssen den Zugang für jeden ermöglichen, die Umwelt entlasten und gleichzeitig wirtschaftlich tragbar sein.

▶ Intermodales Verhalten bei multimodalem Angebot muss gefördert werden. Ziel ist ein kombiniertes Mobilitätsverhalten.

2.3 Herausforderungen und Konsequenzen urbaner Mobilität

Treffen die Urbanisierung und ihre Folgen auf das fehlende Effizienzverständnis der Verkehrsteilnehmer*innen, hat das weitreichende Folgen für Verkehr und Mobilität in Städten – und in besonderer Weise für Umwelt und Menschen. In diesem Abschnitt wird ein genereller Überblick über ausgewählte, spezifische Veränderungen und Herausforderungen gegeben, wobei der Fokus dabei auf der Region Berlin-Brandenburg liegt – der größten Metropole in Deutschland. Dort, wo es sich anbietet und interessante Erkenntnisse deutlich werden, werden punktuell auch Entwicklungen in anderen urbanen Räumen herangezogen, um Aspekte zu verdeutlichen oder zu vertiefen. Mögliche Übereinstimmungen oder Unterschiede können dabei gegebenenfalls interessante Rückschlüsse auf Handlungsoptionen ermöglichen.

2.3.1 Verkehrs- und Mobilitätsentwicklungen in Deutschland

Zwischen 2002 und 2017 ist die Verkehrsleistung (die Summe der bewältigten Personenkilometer) in Deutschland konstant angestiegen, wofür vor allem Arbeitswege und private Erledigungen von überproportional hoher Bedeutung sind. Einen großen Anteil an der Zunahme der Verkehrsleistung haben dabei vor allem die mittleren Altersgruppen der Geburtsjahrgänge 1960 bis 1979 (Alter 44–63) (MiD 2018, S. 11). Zudem ist die Mobilität von Senior*innen stark angestiegen.

Dabei hat die für Mobilität benötigte Zeit und die Länge der zurückgelegten Wege zugenommen. Das lässt vermuten, dass die beschriebenen Urbanisierungstendenzen und -entwicklungen erste Auswirkungen zeigen: in der Phase der Suburbanisierung (Phase 2 – s. Abschn. 2.3) muss durch den zunehmenden Wegzug ins Umland mit längeren Berufswegen bei gleichzeitiger Zunahme der Stauzeiten im Berufsverkehr gerechnet werden – in Summe ein massiver Anstieg benötigter Zeit für die Erfüllung des Mobilitätsbedarfs (MiD 2018, S. 11 f.).

Obwohl die Anzahl der mit dem Fahrrad oder mit öffentlichen Verkehrsmitteln zurückgelegten Wege zugenommen hat, ist die Zunahme der Verkehrsleistung vor allem auf Pkw und den öffentlichen Personenverkehr zurückzuführen – was aufgrund der größeren Flächeninanspruchnahme, z. B. von Pkw und Bussen, zur Verschärfung der Verkehrssituation und Belastung des urbanen Raums in deutlich höherem Maß beiträgt.

Insbesondere in Großstädten – deren Bevölkerung in den letzten 10 Jahren im Schnitt um rund 10 % gewachsen ist – ist die Verkehrsleistung überdurchschnittlich stark angestiegen (MiD 2018, S. 11). Und obwohl gleichzeitig die zur Verfügung stehenden Mobilitätsoptionen zugenommen haben, bleibt der Pkw das meistgenutzte Verkehrsmittel für den Individualverkehr. Die zusätzlichen Optionen haben in Metropolen zwar zu einer leicht rückläufigen Entwicklung beim Pkw-Besitz geführt – auf dem Land ist er jedoch deutlich angestiegen.

In einem urbanen Raum mit einer Verknüpfung von Kern, Umland und Hinterland – also ländlichen und städtischen Strukturen – ist dadurch in Summe keine Entlastung eingetreten. Im Gegenteil – durch die zusätzlich anwachsenden Pendlerverkehre verschärft sich die Mobilitätssituation weiter. Teilweise wird davon ausgegangen, dass sich die mit dem Pkw zurückgelegten Strecken in den nächsten 10 Jahren von derzeit rund 26,7 auf 32,9 km – und damit um etwa 20 % nochmal deutlich erhöhen (Deloitte 2019, S. 22).

Zwar verzichten vor allem junge Erwachsene in Großstädten zunehmend auf ein eigenes Auto – zwischen 2002 und 2017 ist der Anteil der Haushalte mit eigenem Pkw in dieser Gruppe um 13 % zurückgegangen – für eine deutliche Entlastung reicht diese Entwicklung jedoch nicht, da im Gegenzug in Haushalten mit älteren Personen der Pkw-Besitz zunimmt (MiD 2018, S. 11).

Vom vor allem in den Großstädten gegebenen Verzicht auf einen privaten Pkw profitiert insbesondere der Fahrradverkehr, wobei der Anteil der Haushalte, die mindestens ein Fahrrad besitzen, zugenommen hat. Allerdings betrifft der Trend zur Anschaffung und Nutzung von Fahrrädern auch hier wieder fast ausschließlich die Metropolen – die Zahl der Fahrradbesitzer hat demgegenüber in ländlichen Regionen deutlich abgenommen (MiD 2018, S. 11 f.). Wobei sich die Frage stellt, warum im ländlichen Raum auf ein Fahrrad zunehmend verzichtet wird – wäre es doch eine ideale Option zur Nutzung in einer intermodalen Verkehrsmittelwahl. Eventuell ist dies ein erster Hinweis auf eine fehlende mögliche Vernetzungsoption verschiedener Verkehrsmittel – z. B. durch fehlende Park- and Ride-Stationen am Übergang zur Bahn am Stadtrand.

Die Mobilität in urbanen Räumen unterscheidet sich in einem Punkt wesentlich von der Mobilität in ländlichen Regionen: durch die zu Fuß zurückgelegten Strecken. Mit einem Anteil von 33 % fast auf einem Niveau mit der Nutzung des ÖPNV, wobei hier zu berücksichtigen ist, dass mit steigendem ökonomischen Haushaltsstatus dieser Anteil zurückgeht und der Einsatz eines Pkw deutlich zunimmt (s. Abschn. 2.2, Abb. 2.11).

Der Verkehrs- und Mobilitätssektor befindet sich also vor gravierenden Herausforderungen, die u. a. gekennzeichnet sind durch eine zunehmende Verkehrsleistung (die weitgehend durch den motorisierten Individualverkehr dominiert wird) und die Bereitschaft vor allem jüngerer Menschen auf den Besitz eines Pkw zu verzichten – was aber allein nicht ausreicht, um die Situation zu entspannen. Betroffen davon sind – aufgrund der dichten Besiedlung – vor allem urbane Räume. Am Beispiel Berlins wird die aktuelle Situation detaillierter betrachtet und beschrieben. Dabei werden auch die angrenzenden Regionen Brandenburgs einbezogen, die u. a. bei den Pendler- und Freizeitverkehren einen erheblichen Einfluss auf die Gesamtsituation haben.

2.3.2 Mobilitätssituation Berlin

Berlin ist mit einer Einwohner*innenzahl von rund 3,7 Mio. Menschen die derzeit größte Metropole in Deutschland. Dabei ist die Stadt in den letzten 10 Jahren von rund 3,27 Mio. Einwohner*innen 2011 auf das heutige Niveau um gut 10 % gestiegen (Berlin 2022a). Dieser Zuwachs stellt vor allem die Flächensituation – insbesondere bei Wohn- und Verkehrsflächen vor zentrale Herausforderungen. Obwohl Berlin mit rund 335 Pkw pro 1000 Einwohner*innen Berlin (Statistisches Bundesamt 2020) den bundesweiten Durchschnitt von 580 Pkw pro 1000 Einwohner*innen (Umweltbundesamt 2022a) deutlich unterschreitet, nimmt die Anzahl zugelassener Pkw in den letzten Jahren kontinuierlich zu.

Trotz der verhältnismäßig geringen Pkw-Besitzquote und dem deutschlandweit höchsten Anteil des öffentlichen Personennahverkehrs (ÖPNV) mit 26 % an allen zurückgelegten Wegen (Agora Verkehrswende 2020, S. 32) war Berlin im Jahr 2020 auch die „Stauhauptstadt" Deutschlands (s. Abschn. „Geschwindigkeiten und Stau"). Dabei spielt die begrenzte Anzahl an Verkehrs- (Straßen) und Parkflächen – die zudem nicht beliebig erweitert oder ergänzt werden können – eine wesentliche Rolle.

Demografische Entwicklung

Neben der oben bereits erwähnten Zunahme der Bevölkerungszahl auf rund 3,7 Mio. Menschen – bis Ende 2030 wird sogar von einem Zuwachs auf bis zu 3,925 Mio. Menschen ausgegangen – hat vor allem die Entwicklung der Haushaltsstruktur und die sich positiv verändernde Zahl an Erwerbs-tätigen eine erhebliche Wirkung auf den Mobilitätsbedarf und das daraus entstehende Verkehrsaufkommen.

Berlin weist eine Bevölkerungsdichte von 4127 Einwohner*innen pro m^2 auf und ist nach München die am dichtesten besiedelte deutsche Großstadt (Statistik Berlin Brandenburg 2022a). Der Stadtstaat Berlin hat eine Fläche von 892 km^2, wovon 55,3 % bebaut sind (Statistik Berlin Brandenburg 2022b). Die privaten Haushalte verfügen über ein Durchschnittseinkommen von 21.745 € pro Einwohner*in, was unter dem bundesweiten Durchschnittseinkommen von 23.752 € und dem brandenburgischen Durchschnittseinkommen von 22.252 € liegt (Liedke und Buske 2022).

Der grundsätzliche Trend des Rückgangs der durchschnittlichen Anzahl an Personen pro Haushalt spiegelt sich auch in Berlin wider. Von den rund 2 Mio. Haushalten sind derzeit etwas mehr als die Hälfte Ein- oder Zweipersonenhaushalte (s. Abb. 2.13).

Haushalte mit fünf oder mehr Personen sind zum aktuellen Zeitpunkt nur noch mit weniger als einem Zehntel vertreten. Haushalte werden damit seit Beginn der 50er-Jahre immer kleiner. Als Ursachen für die Veränderungen benennt das statistische Bundesamt drei wesentliche Faktoren (Statistisches Bundesamt 2021):

- Rückgang der Geburtenrate
- Zunahme der Lebenserwartung
- Späteres Heiratsverhalten und die damit verbundene spätere Familiengründung

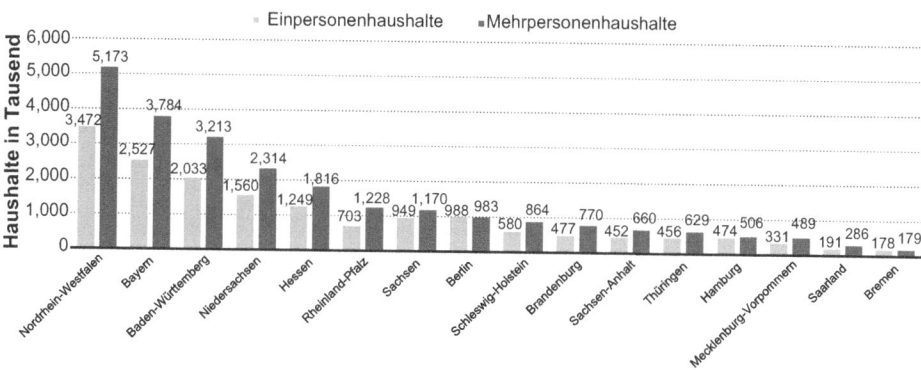

Abb. 2.13 Anzahl der Einpersonen- und Mehrpersonenhaushalte in Deutschland im Jahr 2021 nach Bundesländern (in 1000). (Statistisches Bundesamt 2022a, S. 23, nach Statista)

Berlin hat aktuell rund 2,1 Mio. Erwerbstätige (Statistik Berlin Brandenburg 2022c, S. 5) deren Wohnort aber u. a. in den Randgebieten in Brandenburg liegt. In Berlin direkt leben rund 1,4 Mio. sozialversicherungspflichtige Beschäftigte, von denen 197.188 Auspendler sind, d. h. in den angrenzenden Bezirken Brandenburgs berufstätig sind. Zugleich pendeln 363.685 Beschäftigte nach Berlin, die Ihren Wohnsitz in einem anderen Kreis haben. Daraus ergibt ein Pendlersaldo von + 166.497,51 (Bundesagentur für Arbeit 2021).

Positiven Einfluss auf die Zahl der Erwerbstätigen hat dabei die Entwicklung der Stadt als wichtiger Wirtschaftsstandort Deutschlands, vor allem im Hinblick auf die Gründung von Unternehmen und Tech-Start-ups. Neben London, Paris und Tel Aviv gehört Berlin zu den wichtigsten Gründungsorten für Start-ups in Europa (Hub:agency 2022). Zudem ist Berlin eine der größten und vielfältigsten Wissenschaftsregionen Europas. An elf staatlichen, zwei konfessionellen und rund 30 staatlich anerkannten privaten Hochschulen studieren 203.869 Menschen, die einen Teil zum niedrigen Durchschnittsalter von 42,6 Jahren beitragen (Statistisches Bundesamt 2022b, S. 11).

Die spezifische demografische Situation in Berlin ist damit ein besonderer Faktor bei der Entwicklung neuer Mobilitätslösungen.

Modal Split Berlin

Die Nutzung der einzelnen Verkehrsmittel durch die Bevölkerung wird als Modal Split bezeichnet und ist im Wesentlichen durch die unmittelbare Verfügbarkeit der unterschiedlichen Verkehrsmittel beeinflusst. Ohne einen einfachen und uneingeschränkten Zugang zum jeweiligen Verkehrsmittel ist dessen Nutzung nur mit einem erhöhten Aufwand oder gar nicht möglich.

Besonders nachteilig ist dies, wenn es sich dabei um ökologisch vorteilhafte Verkehrsmittel wie das Fahrrad oder den ÖPNV handelt. Wenn hingegen das Fahrzeug mit hoher Verfügbarkeit und einfacher Nutzung gewählt wird – dies ist nicht selten der Pkw – dann entstehen vielfach die bereits erwähnten, negativen Effekte. In Berlin ist jedoch seit einiger Zeit eine Trendumkehr bei der Nutzung der Verkehrsmittel erkennbar – wobei die daraus resultierenden Effekte bei weitem nicht ausreichen, um Umwelt- und Effizienzziele zu erreichen. Berliner*innen verbringen am Tag durchschnittlich 83,7 min im Verkehr. Die mittlere Länge eines zurückgelegten Weges beträgt dabei pro Person im Mittel etwa 5,9 km, während die Dauer eines Weges etwa 24 min beträgt – was bei durchschnittlich 3,5 Wegen am Tag zu einer Gesamtlänge von immerhin rund 20,6 km täglich führt (SenUVK 2018). Dabei werden mit zunehmender Länge eines Weges häufiger ÖPNV und MIV und weniger das Fahrrad oder der Fußweg genutzt. Bereits bei Wegen zwischen 3 und 5 km nutzen 33 % der Personen den ÖPNV und 38 % den MIV (SenUVK 2018).

Von diesen Wegen gehen Personen etwa 30 % zu Fuß, 18 % nutzen ein Fahrrad, 27 % den ÖPNV und 26 % aller Wege werden mit einem motorisierten Individualverkehrsmittel zurückgelegt (s. Abb. 2.14) (SenUVK 2018). Die meisten zurückgelegten Wege (28 %), werden aufgrund von Einkäufen, Dienstleistungen oder Freizeit zurückgelegt. 21 % der zurückgelegten Wege in Berlin werden absolviert, um zum Arbeitsplatz zu gelangen und 17 % führen zu Bildungsinstitutionen. Die längste Weglänge, mit durchschnittlich 10,5 km, stellt der Arbeitsweg dar. Der höchste Anstieg ist bei der mittleren Entfernung pro Fahrt mit dem Pkw (+ 3,4 %) bzw. der Dauer pro Weg (+ 3 %) zu beobachten.

Dabei werden Verkehrsmittel in Berlin sowohl intermodal als auch monomodal genutzt. Bei der monomodalen Fortbewegung werden ÖPNV und MIV gleichrangig genutzt. Bei der intermodalen Nutzung dominiert die Kombination von Fahrrad und ÖPNV (s. Abb. 2.15).

57 % der Haushalte in Berlin besitzen einen oder mehrere Pkw, was in etwa 0,7 Pkw pro Haushalt entspricht. Davon parken 51 % der Fahrzeuge im öffentlichen Parkraum. Ein Fahrrad ist etwa für dreiviertel der Personen in Berlin verfügbar. Rund 50 % der Berliner*innen besitzen eine ÖPNV-Zeitkarte – hierbei sind Einzelfahrscheine nicht miteingerechnet.

Abb. 2.14 Modal Split Berlin. (Nach Daten von SenUVK 2018)

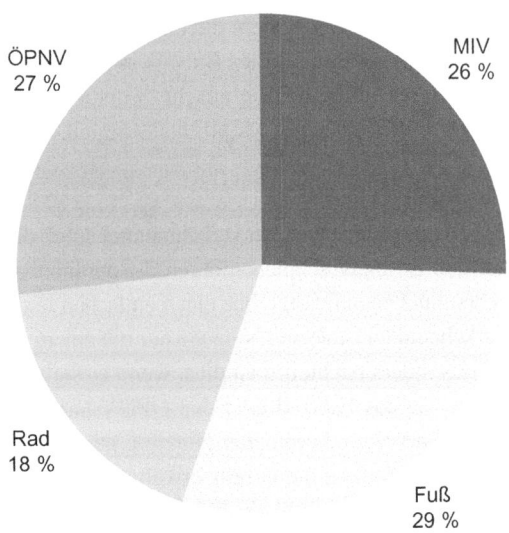

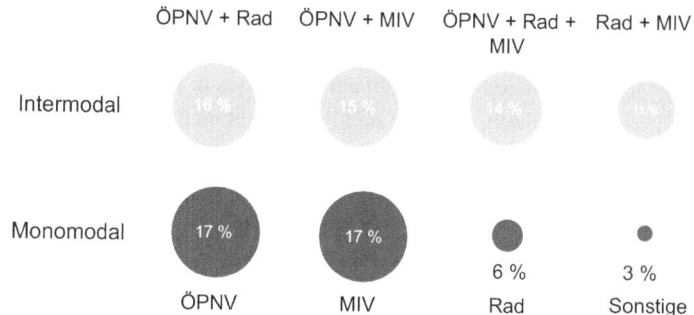

Abb. 2.15 Mono- und intermodale Verkehrsmittelnutzung in Berlin. (Nach SenUVK 2018)

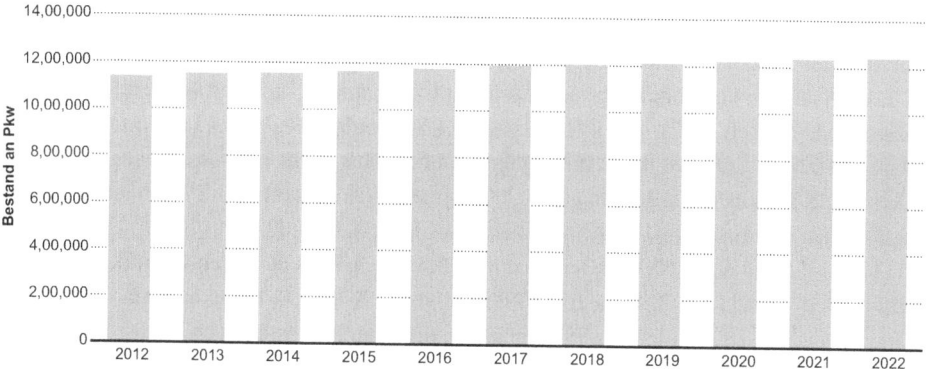

Abb. 2.16 Pkw-Bestand in Berlin von 2012 bis 2022. (KBA 2022, nach Statista)

Insgesamt ist grundsätzlich eine erste Verschiebung der Verfügbarkeit und Nutzung der Verkehrsmittel vom motorisierten Individualverkehr hin zu umweltfreundlicheren Alternativen wie dem Fahrrad oder den öffentlichen Verkehrsmitteln wie Bahn und Bus zu erkennen.

Entwicklung des motorisierten Individualverkehrs

Obwohl die Tendenz zeigt, dass sich der Anteil des motorisierten Individualverkehrs (MIV) am gesamten Verkehrsaufkommen in den letzten Jahren reduziert hat, ist er mit Abstand auch heute noch das am meisten genutzte Verkehrsmittel in Deutschland. Auch in Berlin hat der MIV mit einem Anteil von über 40 % immer noch mit Abstand den größten Anteil am Verkehrsaufkommen. Dabei hat sich die Zahl der in Berlin registrierten Pkw im Zeitraum von 2011 bis zum Jahr 2022 nicht verringert – im Gegenteil, der Bestand ist sogar leicht angestiegen. Während es im Jahr 2011 etwas über 1,12 Mio. Pkw waren, sind es im Jahr 2022 über 1,24 Mio. gewesen, was einem Anstieg von etwa 9 % entspricht (s. Abb. 2.16) (KBA 2022).

Diese Zahlen machen deutlich, dass die Zahl der Pkw pro Haushalt, die Entwicklung der Zulassungen und die Entwicklungen der Haushaltszahlen in Berlin genauer und gesondert betrachtet werden müssen. Wenn die Anzahl der Haushalte bei gleichzeitigem Zuwachs der Pkw-Zulassungen steigt, ist die Kennzahl Pkw pro Haushalt vermutlich nicht aussagekräftig genug. Genau genommen müsste die Anzahl der Fahrzeuge in Berlin ins Verhältnis zur vorhandenen Fläche gesetzt werden, um eine mögliche zunehmende Überlastung bewerten zu können. Da die (Verkehrs)fläche nicht beliebig erweitert werden kann bzw. zu Gunsten von Lebensräumen und Wohnflächen eher verringert werden muss, ist die Auswertung von Pkw je km^2 deutlich interessanter. Gerade wenn berücksichtigt wird, dass Fahrzeuge zunehmend größer werden und so zusätzlich die zur Verfügung stehende Fläche an die Grenzen führen (s. Abschn. „Flächen- und Gewichtsbelastung").

Entwicklung des öffentlichen Personenverkehrs

Berlin verfügt über eine ausgeprägte und vielfältige ÖPNV-Infrastruktur, die das Rückgrat für die Fortbewegung der Menschen in der Stadt bildet. Diese umfangreichen Optionen des ÖPNV, eine Ortsveränderung sicher und zuverlässig zu ermöglichen, erleichtert den Verzicht auf ein eigenes Fahrzeug und den Umstieg auf diese nachhaltige Mobilitätsform.

Das öffentliche Verkehrsnetz besteht aus neun U-Bahnlinien – mit den meisten Stationen in Deutschland (s. Abb. 2.17) – 16 S-Bahnlinien, 24 Straßenbahnlinien und rund 200 Buslinien. Dieses Netzwerk – ergänzt durch die Regionalbahnen – hat dabei eine Gesamtlänge von rund 3000 km. 2021 nutzten insgesamt 1.024.200 Fahrgäste den öffentlichen Personennahverkehr inklusive der Regionalbahn in Berlin (Statistisches Bundesamt 2022c).

Die Auslastung des ÖPNV in Berlin ist mit 25,5 % höher als die durchschnittliche Auslastung in Deutschland (22,2 %) liegt. Die Bahnsysteme S- und U-Bahn sind mit 41,5 % am stärksten ausgelastet, gefolgt von Straßenbahnen mit einer Auslastung von 18,8 % und Omnibussen mit 17,5 % (AWB 2019). Die Fahrgastzahlen der Berliner Verkehrsbetriebe, der S-Bahn und des Regionalverkehrs sind in den vergangenen 15 Jahren fortlaufend gestiegen. Lediglich besondere Rahmenbedingungen, wie der BVG Streik 2008 oder die sich abzeichnende Corona-Pandemie 2020, führte kurzfristig zu rückläufigen Fahrgastzahlen (s. Abb. 2.18) (Center Nahverkehr Berlin 2021).

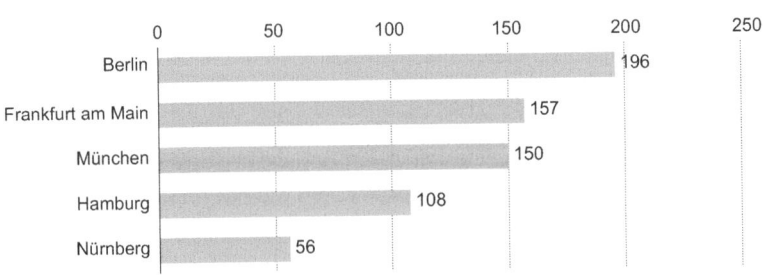

Abb. 2.17 U-Bahnhaltestellen im Vergleich. (Netzsieger 2018, nach Statista)

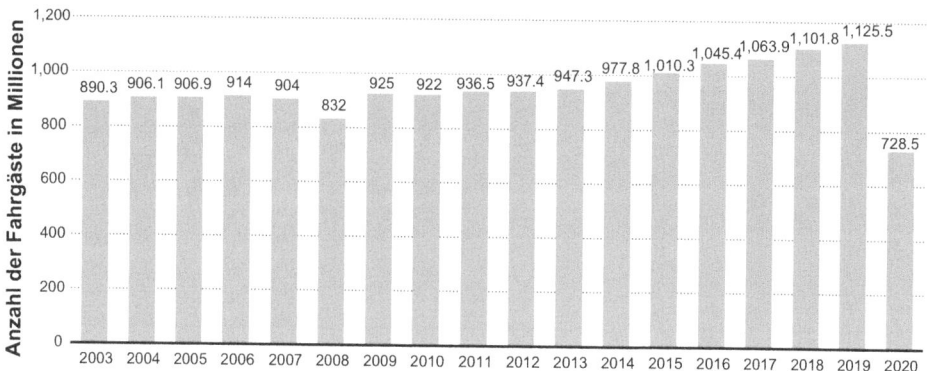

Abb. 2.18 Fahrgäste BVG. (BVG 2020, S. 17, nach Statista)

Ab 2011 ist ein deutlich steigender und fortlaufend anhaltender Aufwärtstrend zu erkennen. Wenn noch die Fahrgastzahlen für den Regionalverkehr der Deutschen Bahn im Raum Berlin hingezogen werden, wird der positive Trend noch besser sichtbar. Während im Jahr 2005 in Berlin jährliche Fahrgastzahlen in Höhe von insgesamt 1,307 Mrd. Personen verzeichnet wurden, waren es im Jahr 2019 schon über 1,65 Mrd. Fahrgäste, was einer Steigerung von über 25 % und einer prozentualen jährlichen Wachstumsrate von fast 1,7 % entspricht (Center Nahverkehr Berlin 2021).

Dies zeigt deutlich, dass der ÖPNV einen in den vergangenen Jahren immer wichtiger werdenden Teil der Mobilität für die in Berlin und im Umland lebenden Menschen darstellt. Gerade bei den Wegen zur Arbeit bzw. Ausbildung stellen die öffentlichen Verkehrsmittel mit einem Anteil von 40 bzw. 26 % einen wichtigen Mobilitätsfaktor dar (Center Nahverkehr Berlin 2021).

Entwicklung der Mikro-Mobilität – Fahrrad, E-Scooter, Fußwege
Die Mikro-Mobilität – das heißt die Mobilität, umgesetzt mit kleinen Verkehrsmitteln wie Fahrrädern, Rollern oder Wegen zu Fuß – gewinnt in urbanen Räumen zunehmend an Bedeutung. Der Anteil der Radfahrer*innen am gesamten Verkehrsaufkommen hat sich im Zeitraum von 2002 bis 2017 in Berlin fast verdoppelt (Anstieg von 8 % im Jahr 2002 auf rund 15 % im Jahr 2017). Dabei legten die Berliner*innen fast die Hälfte (44 %) aller Wege entweder mit dem Fahrrad oder zu Fuß zurück. Der Anteil der Wege, welche mit dem Fahrrad zurückgelegt werden, betrug im Jahr 2018 etwa 18 % (MiD 2018; Entwicklungsstadt 2021).

Zudem ist ein klarer Trend zu erkennen, dass die Menschen das Fahrrad nicht nur für Kurzstrecken, sondern vermehrt auch für längere Wege nutzen. So stieg die Zahl der pro Tag mit dem Fahrrad zurückgelegten Personenkilometer um über 35 % von 82 Mio. im Jahr 2002 auf 112 Mio. im Jahr 2018 (MiD 2018). Dieser Trend wird sich – unterstützt durch den Ausbau der Infrastruktur – vermutlich in den nächsten Jahren noch weiter verstärken. Dabei wird das Fahrrad vorrangig für Arbeitswege oder zur Ausbildungsstätte, für Einkäufe und für Freizeitzwecke genutzt (s. Abb. 2.19).

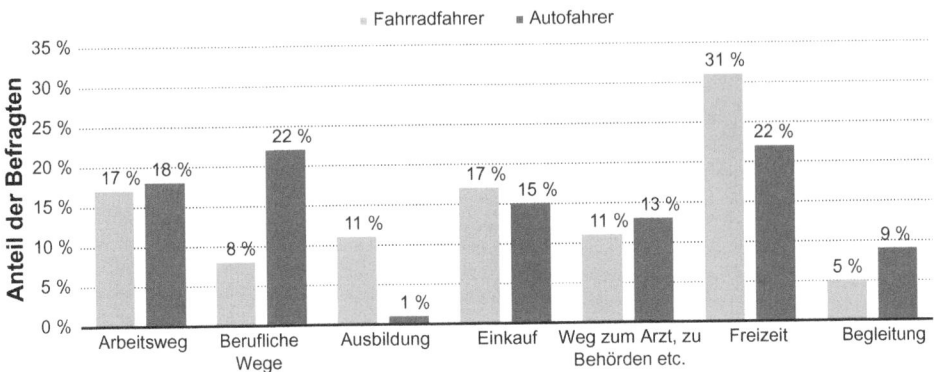

Abb. 2.19 Nutzung von Fahrrad und Pkw nach Verwendungszweck am Beispiel Hamburgs. (MiD 2018, S. 65, nach Statista)

Berlin verfügt heute über ein Radverkehrsnetz von 2376 km Länge, das sich über das gesamte Berliner Stadtgebiet erstreckt. Innenstadt und Außenbezirke sind gleichermaßen berücksichtigt. Das Vorrangnetz ist das Herzstück und hat eine Länge von rund 871 km (Berlin 2022b). Hierfür hat die Regierung Berlins 2020 neue Standards für den Bau von Fahrradwegen verabschiedet und einen Plan für den Ausbau des Fahrradnetzwerkes entwickelt – dessen Umsetzung zeigt erste Wirkungen. Gerade in der Berliner Innenstadt ist das Fahrrad ein essenzielles Verkehrsmittel geworden, denn von den hier lebenden Menschen werden mehr Wege mit dem Fahrrad oder zu Fuß zurückgelegt als mit dem Auto. Je weiter außerhalb der Innenstadt, desto seltener werden Wege mit dem Fahrrad oder zu Fuß zurückgelegt – Ziele wie Supermärkte, Schulen und anderen Geschäfte sind hier deutlich weiter entfernt und führen zur Auswahl anderer Verkehrsmittel. Zudem kann die in Teilen Berlins angespannte Verkehrs- und Parkplatzsituation für Pkw dazu geführt haben, dass viele Menschen auf das Fahrrad umgestiegen sind (Entwicklungsstadt 2021).

Die meisten Nutzer*innen befinden sich erwartungsgemäß in der Altersgruppe 10–19, was vor allem durch Schulwege und einen fehlenden Pkw-Führerschein begründet ist. In den anderen Altersgruppen ist die Verteilung nahezu auf gleichem Niveau, um die 20 % in Großstädten. In ländlichen Regionen ist die Nutzung aufgrund der größeren Entfernung der möglichen Ziele deutlich geringer (s. Abb. 2.20).

Sharing-Konzepte in Berlin

Das Teilen von Besitz und Eigentum ist kein neuer Gedanke – seit Jahrzehnten gibt es beispielsweise landwirtschaftliche Genossenschaften, die Maschinen teilen. Es gibt seit Jahrhunderten Bibliotheken, in denen Bücher und andere Medien entliehen werden können. Auch die Hilfe unter Nachbarn, etwa beim Hausbau, ist ein weiteres Beispiel für eine Kooperation, die ebenfalls seit langem eingegangen wird (Demary 2015, S. 95).

Die Idee, eigene Güter oder Fähigkeiten zu teilen oder zu vermieten, hat jedoch in den letzten Jahren starken Zulauf gefunden. Entsprechende Geschäftsmodelle werden inzwischen vor allem unter dem Begriff „Sharing Economy" zusammengefasst (Demary 2015, S. 95).

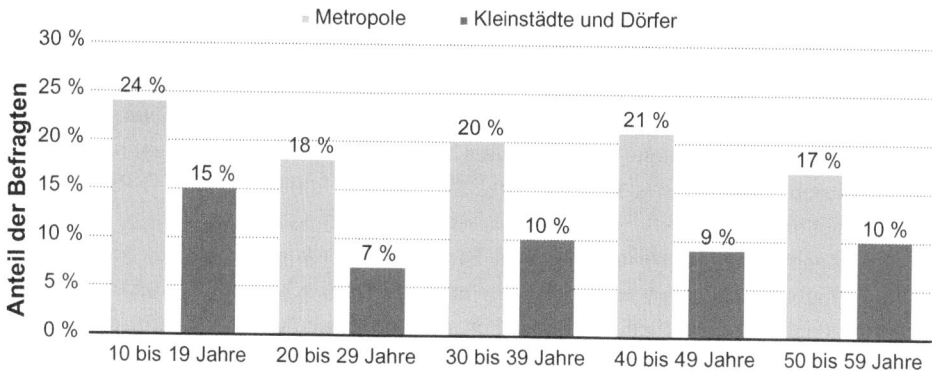

Abb. 2.20 Altersstruktur Fahrradnutzung. (BMDV 2019, S. 28, nach Statista)

Es sind also Dienstleistungen und Geschäftsmodelle entstanden, in deren Fokus steht, die Nutzung von Fahrzeugen zwischen den Nutzer*innen zu teilen. Im Unterschied zum Mietwagen kann die Nutzung für registrierte Kund*innen auch spontan und für kürzere Zeiträume erfolgen, was aber eine gewisse Ähnlichkeit mit einer Taxi-Dienstleistung aufweist (Krauss et al. 2020, S. 3). Der wesentliche Unterschied dabei ist, dass die Taxi-Dienstleistung zusätzlich von einer/m Fahrerin*in erbracht wird.

Lange Zeit schien Carsharing ein wirksames Mittel gegen die Auswüchse des Individualverkehrs zu sein (Becker 2019). Anbieter und diverse Studien gingen davon aus, ein geteiltes Fahrzeug könne bis zu zehn Privatautos ersetzen (Becker 2019).

Die Realität ist jedoch eine andere – in urbanen Räumen entsteht ein Wettbewerb um knappe Parkflächen. Das Ersetzen der ursprünglichen Idee vom Teilen vorhandener Ressourcen durch ein Dienstleistungsangebot mit zusätzlichen Fahrzeugen führt nicht zur Reduktion von Fahrzeugen im urbanen Raum, wie in Berlin (s. Abschn. 2.3) oder in Studien wie „The Demystification of Carsharing" („Entmythisierung des Autoteilens") deutlich zu erkennen ist. Der Substitutionseffekt zwischen Carsharing und privater Pkw-Nutzung ist begrenzt. Es wird in erster Linie als ergänzender Service gesehen, der bestenfalls den öffentlichen Verkehr ersetzt (Stolle et al. 2019, S. 2).

Ganz anders in den Achtzigerjahren, als die sogenannten Mietklubs aus der autokritischen Umweltbewegung entstanden. Damals wollten die Carsharing-Pioniere bewusst auf ein eigenes Auto verzichten. Auf dem Weg zur Massenbewegung wird die Mobilitätsalternative jedoch in ihr Gegenteil verkehrt: Die Blechlawinen auf und neben der Straße in Berlin werden immer größer. Und die Taxifahrer könnten zu den ersten „Opfern" des Autoteilens werden (Becker 2019).

Dennoch sind in den vergangenen Jahren zahlreiche Mobilitätsdienste in Form von Sharing-Konzepten entstanden: Carsharing, Bikesharing, E-Tretrollersharing oder Mopedsharing. Der Anteil der aktiven Nutzer von Carsharing-Diensten hat sich im Zeitraum von 2013 bis 2018 mehr als verdoppelt. Bis zum Jahr 2022 ist die Zahl der Carsharing-Fahrzeuge in ganz Deutschland noch deutlich weiter angestiegen, was die steigende Nachfrage und Bedeutung des Angebots unterstreichen (bcs 2022a, S. 6).

Der Gedanke, ein Fahrzeug mit anderen Personen zu teilen, wurde bereits 1988 mit dem ersten Carsharing-Projekt und der Gründung der ersten deutschen Carsharing-Organisation „StattAuto GmbH" 1990 in Berlin aufgegriffen (bcs 2022b). Inzwischen werden insgesamt rund 7700 Carsharing-Fahrzeuge von fünf Carsharing-Anbietern zur Vermietung in Berlin bereitgestellt. Einige Anbieter verfügen dabei auch über Fahrzeuge mit einem rein elektrischen Antrieb, was zumindest keinen zusätzlich negativen Einfluss auf die CO_2-Emissionen in der Stadt hat.

Die Zunahme der Carsharing-Fahrzeuge ist vor allem erforderlich, um den Nutzern eine hohe Verfügbarkeit gewährleisten zu können und der steigenden Nachfrage und dem Kriterium der dauerhaft einfachen Zugänglichkeit gerecht zu werden (bcs 2022b). Im Schnitt liegt die Sharing-Flotte in Berlin – gemessen an den zur Verfügung stehenden Fahrzeugen pro 1000 Einwohner*innen – allerdings noch weit hinter den Angeboten anderer deutscher Großstädte zurück (s. Abb. 2.21).

Neben den etablierten Sharing-Angeboten wie Carsharing und Bikesharing haben sich zwei weitere Mobilitätsarten in Form von E-Tretrollersharing und Mopedsharing auf dem deutschen Markt und in Berlin als alternative Mobilitätsangebote etabliert. Diese beiden Mobilitätsformen werden dabei vor allem im öffentlichen Raum zur Vermietung bereitgestellt. Sharing-Mikromobilitätslösungen wie E-Tretroller werden dabei häufig zur Überwindung von kurzen Strecken oder auch der ersten und letzten Meter zum ÖPNV verwendet. Sie können somit das eigene Auto für kurze Wege ersetzen und als Ergänzung zum ÖPNV dienen, um Wegeketten zuverlässig und attraktiver zu gestalten.

Das Sharing-Prinzip kommt ebenfalls bei diversen Fahrdiensten zum Tragen, die auf Abruf Fahrgäste abholen und die Fahrt mit anderen Personen teilen. Das Teilen der Fahrt kommt erst dann zustande, wenn die Fahrgäste ein ähnliches oder gemeinsames Ziel haben. Diese Form des Sharings wird als Ridepooling oder Ridesharing bezeichnet. Dazu zählen u. a. die On-Demand-Angebote der Berliner Verkehrsbetriebe „BVG Rufbus" und die „Alternative Barrierefreie Beförderung (ABB)". Der Rufbus kann dabei die Fahrgäste in den östlichen Außenbezirken zu den ÖPNV-Haltestellen bringen oder sie dort abholen – und bildet damit eine weitere Vernetzungsfunktion im Rahmen des öffentlichen Mobilitätsangebots. Die Al-

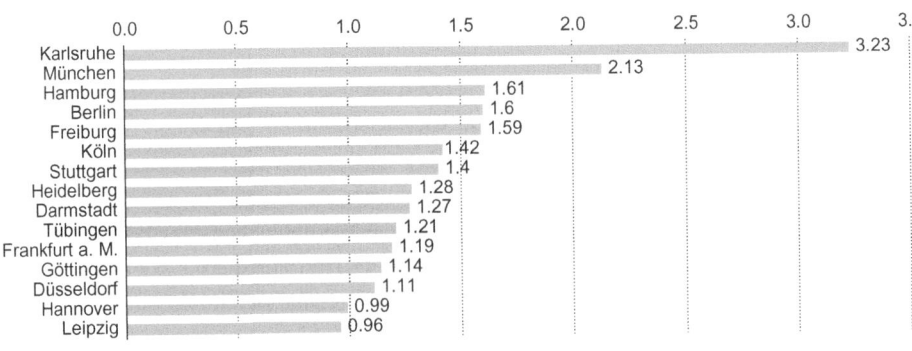

Abb. 2.21 Sharing-Fahrzeuge je 1000 Einwohner*innen. (bcs 2019, nach Statista)

ternative Barrierefreie Beförderung (ABB) unterstützt vor allem Fahrgäste, die auf barrierefreie Bahnhöfe angewiesen sind und kommt vorrangig dort zum Einsatz, wo die Barrierefrei-
heit noch nicht gewährleistet werden kann. Beide Fahrdienste werden mit einem zunehmend
hohen Anteil an Elektrofahrzeugen umgesetzt (BVG 2022).

Hier muss jedoch kritisch angemerkt werden, dass sich alle genannten Dienstleistungen
von der eigentlichen Idee des Sharings – gemeinsames Nutzen vorhandener Kapazitäten und
Ressourcen – weit entfernt haben. Aus heutigem Begriffsverständnis wäre jedes herkömmliche Taxi- oder ÖPNV-Angebot Sharing. Jedes neue, zusätzliche Dienstleistungsangebot be-
lastet den urbanen Raum jedoch und ersetzt nicht, wie erhofft, den privaten Pkw-Besitz.

Mobilitätshubs und -plattformen

Die Verknüpfung verschiedener Verkehrsmittel und Mobilitätsdienstleistungen an urbanen
Knoten (Hubs) wird vielfach als zentrales Konzept für die intermodale Nutzung von Mobilitätsangeboten gesehen. Dieses im Güterverkehr etablierte Konzept (s. Kap. 3, Abschn. 3.3)
sieht ein Angebot verschiedener Verkehrsmittel an einem Punkt vor – dabei sind vor allem die
Fragen „Wo" und „Wie viele" dieser Hubs platziert werden müssen, um sowohl ein attraktives
Angebot für die Nutzer*innen als auch eine möglichst große Abdeckung der Bewohner*innen
eines urbanen Raums zu erreichen. Diese infrastrukturellen Knotenpunkte in einer Stadt müssen für eine möglichst einfache und reibungslose Nutzung durch ein intelligentes Softwarean-
gebot zur Buchung und Verknüpfung der jeweiligen Dienste unterstützt werden. Dies wird
üblicherweise als Mobilitätsplattform bezeichnet.

Eine integrierte Mobilitätsplattform stellt den Kund*innen also auf einer geplanten Route
verschiedene Verkehrsmittel durch eine zentrale Buchung bereit und ermöglicht die Bezah-
lung. Den Kund*innen werden anschließend die entsprechenden Tickets oder eine Zugangs-
möglichkeit für die einzelnen Verkehrsmittel zur Verfügung gestellt (Becker und Link 2019,
S. 59 f.).

In Berlin wurde durch Mobilitätsplattform „Jelbi" der Berliner Verkehrsgesellschaft ein
Grundbaustein für ein solches intermodales Verkehrskonzept zur verkehrsmittelbasierten
und informatorischen Verknüpfung gelegt. Die Verbindung verschiedener Verkehrsmittel
und Transportplattformen ist die Grundlage einer möglichst flexiblen und individuellen
Gestaltung der Fortbewegung von einem Ort zum anderem. Jelbi fungiert hierbei als Brü-
cke zwischen privaten Anbieter*innen und Angeboten der stadteigenen Verkehrsgesellschaft
BVG und soll die Mobilität noch flexibler für die Bürger*innen Berlins gestalten (Pickford und Chung 2019, S. 219). So werden in diesem Angebot sowohl Sharingdienste für
elektrische Autos, Roller und Fahrräder als auch das herkömmliche ÖPNV-Angebot in
einer Anwendung und an einem Knotenpunkt miteinander verbunden. Dabei zählen Funktionen wie Routing, Buchung und Zahlung zu den zentralen Angeboten der Jelbi-Plattform
möglich (Pickford und Chung 2019, S. 220 f.).

Die umfassende Nutzung und damit der Erfolg einer integrierten Mobilitätsplattform
hängt von zahlreichen Faktoren ab. Wesentliche Chancen oder Potenziale sehen die Nutzer*innen dabei in folgenden Punkten (Malzahn et al. 2020, S. 76):

- effiziente Zusammenstellung von Informationen wie Preis und Zeit
- eine Anwendung (App) für alles
- vereinfachte Orientierung in der Stadt und über Mobilitätsangebote
- Analyse vergangener Buchung und Berücksichtigung vergangener Präferenzen

Durch die umfassende Zusammenstellung des Angebots entfällt für die Nutzer*innen also u. a. der eigenständige Vergleich einzelner Angebote über unterschiedliche Apps. Zudem kann der Zugang zu neuen Angeboten erleichtert werden, da eine integrierte Mobilitätsplattform die direkte, nahtlose Nutzung der angeschlossenen Mobilitätsdienstleistungen ermöglicht. Durch das Angebot aller Lösungen aus einer Hand und in einer Anwendung kann auch die Anzahl der Mobilitätsapps auf dem Smartphone reduziert werden. Die Zusammenstellung verschiedener Mobilitätslösungen kann sowohl für Ortsunkundige als auch -kundige dazu führen, dass Mobilitätsdienstleistungen kennengelernt und genutzt werden, die ansonsten nicht im Fokus der Anwender gewesen wären (Malzahn et al. 2020, S. 76).

Ein weiterer Nutzen kann darin bestehen, dass die integrierte Mobilitätsplattform vergangene Buchungen analysiert und diese zur Ermittlung von Präferenzen verwendet (Nutzung von Big Data zur Optimierung der User Experience). In Summe kann aus den erwähnten Chancen auf eine mögliche Reduktion der Transaktionskosten bei Nutzung einer integrierten Mobilitätsplattform gegenüber der Nutzung einzelner Mobilitätsplattformen geschlossen werden (Malzahn et al. 2020, S. 76).

Auf der anderen Seite existieren auch Gründe, die eine Akzeptanz und dauerhafte Nutzung erschweren – und somit eine kurzfristige Verbesserung der Verkehrssituation zumindest behindern (Malzahn et al. 2020, S. 75):

- Fehlen von Anbietern
- bereits etablierte eigene Präferenzen
- Gewöhnung an eine neue App bzw. Benutzeroberfläche
- Sorge über mögliche Vermittlungsgebühren
- Umgang mit Nutzerdaten

Wenn Anbieter auf der Plattform nicht vollumfänglich enthalten sind, kann bei den Anwender*innen der Plattform der Eindruck entstehen, dass am Ende nicht unbedingt das vorteilhafteste Angebot am Markt für den persönlichen Mobilitätsbedarf gewählt wird. Darüber hinaus scheint die Nutzung nicht unbedingt notwendig, wenn sich in der Vergangenheit bereits eine eindeutige Präferenz (z. B. die Kombination aus Bike-Sharing und ÖPNV) herauskristallisiert hat. Die Sorge vor versteckten Vermittlungsgebühren, die sich über einen erhöhten Preis bei den Anwender*innen niederschlagen, können ebenfalls die Nutzung des Angebots erschweren (Malzahn et al. 2020, S. 76).

2.3.3 Belastungen urbaner Räume durch Verkehr und Mobilität

Eine gut ausgebaute und instand gehaltene Verkehrsinfrastruktur ist einerseits eng mit der Wettbewerbsfähigkeit und der wirtschaftlichen Entwicklung vieler Regionen verbunden.

Andererseits ermöglicht das gute Angebot auch eine umfassende Nutzung vor allem durch den MIV (Holden et al. 2020, S. 2). Durch die zunehmend hohe Konzentration von Menschen in einem Gebiet verstärken sich auch die Verkehrsströme sowohl durch die notwendigen Gütertransporte zur Versorgung und Entsorgung als auch die Verkehrslast durch die Befriedigung der individuellen Mobilitätsbedürfnisse. Diese Zunahme der Verkehrslast mündet in einer Vielzahl von Belastungen für Mensch und Umwelt.

Auch wenn einzelne Fahrzeuge sauberer und leiser werden, hat der motorisierte Verkehr nach wie vor zahlreiche negative Auswirkungen auf die Umwelt durch Emissionen von Treibhausgasen, Luftschadstoffen und Lärm sowie Flächen- und Ressourcenverbrauch. Auch wenn mittlerweile erneuerbare Energieträger ein starkes Wachstum erfahren – die meisten Energiequellen basieren noch auf fossilen Kraftstoffen wie Benzin oder Diesel (Holden et al. 2020, S. 2).

Obwohl die Luftbelastung einen unmittelbaren Einfluss auf das Wohlbefinden und die Gesundheit des Menschen hat – und daher verständlicherweise im Fokus der Betrachtung steht, haben auch andere Belastungen Einfluss auf die Lebensqualität in urbanen Räumen. Die wesentlichen Aspekte, die hierbei berücksichtigt werden müssen, sind:

- Luftbelastung (Kohlenstoffdioxid – CO_2/Stickoxide – NOx/Feinstaub (PM10 und 2,5))
- Lärm
- Unfälle
- Stau
- Flächenverbrauch

In Berlin werden mittels Messstationen Luftschadstoffe wie Stickstoffdioxid, Feinstaub (PM10) und Feinstaub (PM2,5) kontinuierlich kontrolliert (SenUVK 2022a). Dabei werden vielfach Grenzwertüberschreitungen der EU-weiten Emmissionsgrenzwerte verzeichnet (s. Abb. 2.22 und 2.23).

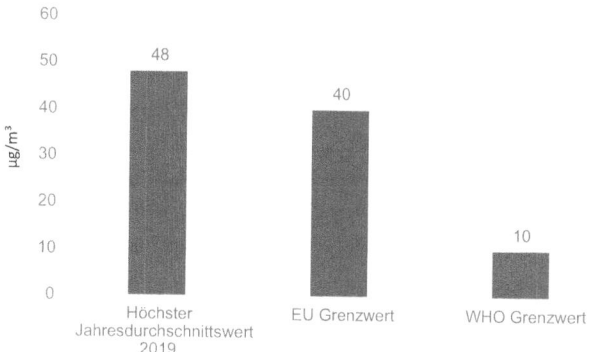

Abb. 2.22 CO_2-Belastung in Berlin 2019 [in µg/m³] im Vergleich mit EU- und WHO-Grenzwerten (SenUVK (2019)

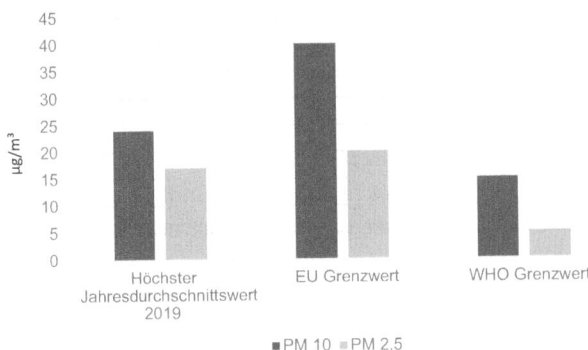

Abb. 2.23 Feinstaubbelastung in Berlin 2019 [in µg/m³] im Vergleich zu EU- und WHO-Grenzwerten. (SenUVK 2019)

Aufgrund der großen, heterogenen Fläche – dicht besiedelter Innenstadtbereich, dünner besiedelte Randgebiete und das Umland – unterscheidet sich die Lebens- und Umweltqualität in den Berliner Bezirken gravierend. Dennoch muss ein Gesamtkonzept für das Gesamtgebiet Berlins mit seinen angrenzenden Länderbereichen Brandenburgs gefunden werden.

Kohlendioxid (CO₂)/Stickoxide (NOx)/Feinstaub

Der größte Teil des anfallenden **Kohlendioxids (CO₂)** wird durch die Verbrennung fossiler Energieträger erzeugt. Hierbei spielt neben industriellen Quellen auch der Verkehr eine nicht unerhebliche Rolle. Der Transportsektor ist für rund 30 % der CO_2-Emissionen in der Europäischen Union (EU) verantwortlich, in urbanen Regionen erhöht sich der Anteil sogar auf 40 % (Navarro et al. 2016, S. 314 f.). Der durch den Individual- und Güterverkehr erzeugte Anteil an der CO_2-Produktion beträgt etwa 72 % der verkehrsinduzierten CO_2-Erzeugung (Europäisches Parlament 2019). Diese beiden Verkehrsflüsse sind die dominierenden Faktoren, da sie durch Fahrzeuge entstehen, deren Antriebssysteme auf Basis der Verbrennung fossiler, CO_2-produzierender Energieträger basieren (Schallaböck et al. 2006, S. 17). Zwar handelt es sich beim Verkehrssektor nicht um den größten Produzenten von Treibhausgasemissionen, allerdings ist dies der einzige Sektor, bei dem in den letzten zehn Jahren eine konstante Steigerung der Emissionen zu erkennen ist (BMUV 2021, S. 36). Die jährlich steigende Anzahl an Personenkilometern mit dem Pkw und die gleichzeitige, permanente Zunahme an Pkw im Straßenverkehr, die immer leistungsstärker, größer und schwerer werden, sind dabei die wesentlichen Herausforderungen (siehe Abschn. „Flächen- und Gewichtsbelastung") (Groneweg 2021, S. 14).

Stickstoffoxide (NOx) haben einen unmittelbaren Einfluss auf die Gesundheit des Menschen und können zu einer schweren Schädigung des Schleimhautgewebes der Atmungsorgane führen. Folgen können Bronchitis, Reizhusten oder Atemnot bis hin zu chronischen Lungen- und Atemwegserkrankungen sein (Groneweg 2021, S. 15). Stickstoffoxide schädigen nicht nur die Menschen, sondern auch Tiere, Pflanzen und Böden. Sie beeinträchtigen das Wachstum und fördern die Übersäuerung des Bodens, der Gewässer und des Grundwassers (Deutsche Umwelthilfe 2022).

Etwa 40 % der Stickstoffoxidemissionen (NOx) in Deutschland sind die Folge des Straßenverkehrs, die ebenfalls als Nebenprodukt von Verbrennungsvorgängen entstehen (Umweltbundesamt 2022b) – der Großteil der im Straßenverkehr entstehenden Stickstoffoxidemissionen ist dabei den Diesel-Pkw zuzuschreiben (Groneweg 2021, S. 14). Stickstoffoxid (NOx) ist ein Sammelbegriff, der mehrere gasförmige Oxide des Stickstoffs zusammenfasst – dazu zählen Stickstoffdioxid (NO_2) und Stickstoffmonoxid (NO).

Zur Kontrolle und Verbesserung der Belastungen durch NO2 wurde durch die EU ein Grenzwert erlassen, der bei 40 µg/m^3 (Mikrogramm pro Kubikmeter) liegt. Der Richtwert der Weltgesundheitsorganisation (WHO) liegt dagegen deutlich niedriger (10 µg/m^3) und wird quasi in allen Bereichen Berlins überschritten (SenUVK 2022b, S. 14). Am Stadtrand von Berlin liegt der jährliche Durchschnittswert von Stickstoffdioxid (NO2) zwischen 11 und 14 µg/m^3, wohingegen der Wert in innerstädtischen Wohngebieten bereits zwischen 21 und 25 µg/m^3 liegt. Im Jahr 2019 lag der Wert an den Hauptverkehrsstraßen bei 46 µg/m^3 und war damit fast doppelt so hoch wie in den innerstädtischen Wohngebieten (SenUVK 2022b, S. 14). Insbesondere zu Berufsverkehrszeiten morgens und nachmittags steigen die registrierten Stickstoffdioxid-Werte am deutlichsten an (SenUVK 2022b, S. 18). Die stark auseinanderliegenden Werte verdeutlichen die räumliche Variabilität und macht auch die notwendige Verschiedenartigkeit der möglichen neuen Konzepte deutlich.

Neben den wichtigen klimarelevanten Effekten der CO_2-Produktion und der gesundheitsschädigenden Wirkung von Stickoxiden, hat auch die Entstehung von **Feinstaub** eine erhebliche Auswirkung auf die menschliche Gesundheit (Lahl und Steven 2005, S. 714). Während Feinstaub PM10 (Durchmesser zehn Mikrometer) beim Menschen in die Nasenhöhlen eindringt, können die kleineren Feinstaubpartikel mit einem Durchmesser unter 0,1µm (PM2,5) sogar bis in das Lungengewebe und den Blutkreislauf eindringen. Feinstaubpartikel können so zu Stress und Entzündungen in den menschlichen Zellen führen. Bei einer längeren Einwirkung können Feinstaubpartikel Erkrankungen im Bereich der Atemwege – wie Asthma oder Bronchitis – und im Bereich des Herz-Kreislaufsystems zum Beispiel Bluthochdruck auslösen (Umweltbundesamt 2021).

In einer Studie konnte zudem der Zusammenhang zwischen dem MIV und der gesundheitsschädlichen Wirkungen aufgezeigt werden. Während eines Streiks des ÖPNV, kam es zu einem Anstieg der MIV-Nutzung um 14 %. Gleichzeitig stiegen im Zeitraum die Krankenhauseinweisungen aufgrund von Atemwegsproblemen um 11 % an. Dies ist insofern bedeutend, da bei sonst gleichbleibenden Parametern hier möglicherweise am ehesten ein Effekt des erhöhten MIV gezeigt werden konnte, was einen kausalen Zusammenhang zwischen MIV-bedingter Schadstoffbelastung und notwendiger ärztlicher Behandlung nahelegt (Bauernschuster et al. 2017).

Im ländlichen Bereich treten deutlich niedrigere Feinstaubwerte auf, was auf die hier niedrige Verkehrsdichte zurückgeführt werden kann. Feinstaub wird nicht nur durch Abgase brennstoffbetriebener Motoren, sondern auch durch Abgase von Heizungen, Reifen- und Bremsenabrieb sowie den Abrieb der Fahrbahn erzeugt (Umweltbundesamt 2021). Zudem erzeugen Pkw, die mit Diesel betrieben werden, wesentlich mehr Feinstaub als Fahrzeuge, die mit Benzin betrieben werden (Groneweg 2021, S. 15).

Die Weltgesundheitsorganisation (WHO) hat aufgrund epidemiologischer Langzeitstudien Grenzwerte auch für Feinstaub festgelegt und diese in den vergangenen Jahren stufenweise nochmal deutlich verschärft. Bei den Feinstaubpartikeln PM10 wurden die Grenzwerte auf 15 µg/m3 und bei PM2,5 sogar auf 5 µg/m3 herabgesetzt. Die Grenzwerte der EU liegen dagegen deutlich höher – PM 10 bei 40 µg/m3 und PM2,5 bei 15 µg/m3 (Umweltbundesamt 2020, S. 8).

Am Stadtrand von Berlin liegt der jährliche Durchschnittswert von Feinstaub (PM2,5) zwischen 11 und 12 µg/m^3. In innerstädtischen Wohngebieten liegt der Wert zwischen 12 und 13 µg/m^3 und an den Hauptverkehrsstraßen zwischen 13 und 15 µg/m^3 (SenUVK 2022b, S. 14). Anders als beim Stickstoff-oxid wird anhand der fast identischen Werte eine minimale räumliche Variabilität deutlich. Das hängt mit der recht starken Beeinflussung des Feinstaubs durch Emissionsursprünge außerhalb der Stadt zusammen. Mehr als die Hälfte der vorhandenen Feinstaub-Belastungen haben ihren Ursprung nicht in Berlin. Die luftgetragene Beförderung der kleinen Partikel ist also erheblich (SenUVK 2022b, S. 8). Allerdings bleibt der Straßenverkehr – und hier insbesondere der MIV – ein wesentlicher Ursprungsort für die feinen Partikel.

Ziel muss es also sein, die Belastungen durch Feinstaub – und die anderen Luftschadstoffe – auf das Niveau der Grenzwerte der WHO zu bringen.

Lärm

Neben den Luftschadstoffen gilt auch Lärm als einer der wichtigsten Umweltschadstoffe, der nicht nur die menschliche Gesundheit, sondern auch die Lebensqualität und die Umwelt erheblich beeinflusst. Lärm ist nicht nur störend, sondern kann auch Krankheiten verursachen. Ab wann ein Geräusch als laut und unangenehm empfunden wird, ist jedoch sehr subjektiv. Studien zeigen deutlich, dass ab einer dauerhaften Lärmbelastung über 65 dB(A) ein erhöhtes Risiko für Herz-Kreislauf-Erkrankungen entsteht (ALD 2010, S. 5). Verkehrslärm kann zudem bei vielen Menschen Konzentrationsstörungen und Kopfschmerzen auslösen. Er mindert die Leistungsfähigkeit und kann dazu führen, dass Menschen sich in ihren Wohnungen nicht mehr erholen oder entspannen können – sie sind zunehmend gereizt und leiden unter Schlafstörungen. Ein ruhiger, erholsamer Schlaf ist jedoch von besonderer Bedeutung für das Wohlbefinden, die Gesundheit und die Leistungsfähigkeit (ALD 2010, S. 6).

Straßenverkehrslärm entsteht vor allem durch die Nutzung von Fahrzeugen auf öffentlichen Straßen und wird dabei im Wesentlichen von vier Komponenten erzeugt:

- Motorengeräusche in Abhängigkeit der Motordrehzahl
- Geschwindigkeit der Fahrzeuge
- Abrollgeräusche von Reifen auf der Fahrbahn
- Nebengeräusche durch Hupen oder starkes Abbremsen

Die Intensität der Geräuschentwicklung ist dabei zusätzlich abhängig von der sich entwickelnden Verkehrsstärke (Umweltbundesamt 2022d).

In Deutschland empfinden rund drei Viertel der Menschen eine Störung oder Belästigung durch Verkehrslärm (Umweltbundesamt 2022c). Rund die Hälfte der Bevölkerung Deutschlands ist tagsüber einem Straßenverkehrslärm von mindestens 55 dB(A) und nachts einem

Pegel von 45 dB(A) ausgesetzt. Etwa 15 % der Bevölkerung werden tagsüber einem Pegel von mindestens 65 dB(A) und nachts von 55 dB(A) ausgesetzt. Ab einem Wert von 75 dB(A) findet eine Minderung der menschlichen Leistungsfähigkeit, z. B. der Konzentration, statt (Umweltbundesamt 2022d).

Der mit wachsender Verkehrsstärke steigende Lärmpegel durch den Automobilverkehr verursacht auch in Berlin zunehmende Belastungen. Besonders Wohngebiete mit geschlossenen Blockrandbebauungen, die sich an Hauptverkehrsstraßen befinden, sind von dieser Problematik betroffen. Rund 340.000 Einwohner*innen in Berlin, die an diesen Hauptverkehrsstraßen leben, werden nachts so einem permanenten Lautstärkepegel von über 55 dB(A) ausgesetzt (SenUVK (2022b). Dabei ist zu berücksichtigen, dass in Deutschland in Wohngebieten tagsüber ein Belastungsgrenzwert von max. 59 dB und von nachts von max. 49 dB gilt. (Umweltbundesamt 2022d).

Unfälle

Verkehrsunfälle zählen zu den schwerwiegendsten urbanen Belastungen mit unmittelbaren Konsequenzen für Leib und Seele. In Berlin kann seit Jahren eine konstant hohe Zahl von Verkehrsunfällen festgestellt werden – lediglich mit Beginn der Corona-Pandemie 2019 ging die Zahl der Verkehrsunfälle zurück (s. Abb. 2.24). Hauptunfallursachen sind dabei (Polizei Berlin 2021, S. 7):

- Nichtbeachtung der Vorfahrt
- Fehler beim Abbiegen
- nicht angepasste Geschwindigkeit
- Alkoholeinfluss

Der Lockdown, Homeoffice-Regelungen und u. a. geschlossene Geschäfte, Schulen und Hochschulen führten zu einem Rückgang des Mobilitätsbedarfs und der Verkehrsbelastung in der Stadt. Eine positive Konsequenz daraus sind u. a. die daraus resultierenden

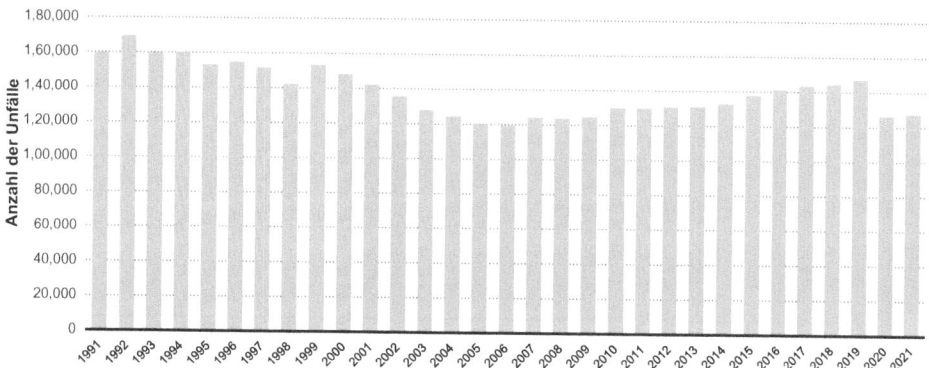

Abb. 2.24 Verkehrsunfälle in Berlin 1991–2021. (Statistisches Bundesamt 2021, S. 30, zitiert nach Statista)

rückläufigen Unfallzahlen – was einen unmittelbaren Zusammenhang zwischen geringem Verkehrsaufkommen und steigender Sicherheit der Bewohner*innen in urbanen Räumen aufzeigt.

Die durch einen Unfall zu Schaden gekommenen Personen sind in Berlin auf konstant hohem Niveau – auch hier hat die Pandemie durch ein geringeres Verkehrsaufkommen zu einem Rückgang beigetragen (s. Abb. 2.25).

Trotz der rückläufigen Zahlen in den letzten (Corona)Jahren haben 2020 in Berlin 45 Menschen ihr Leben durch einen Verkehrsunfall verloren. Damit liegt Berlin nach wie vor mit Abstand auf dem ersten Platz unter den acht bevölkerungsreichsten Städten Deutschlands – München (18) und Leipzig (16) folgen auf den Plätzen zwei und drei. Besonders vulnerabel ist dabei die Gruppe der Fahrradfahrer*innen. Besonders hervorzuheben sind die Kennzahlen aus anderen Städten Europas, die mitunter einen deutlichen höheren Anteil an Fahrradverkehr aufweisen und dennoch ein deutlich niedrigeres Unfallrisiko haben (s. Abb. 2.26).

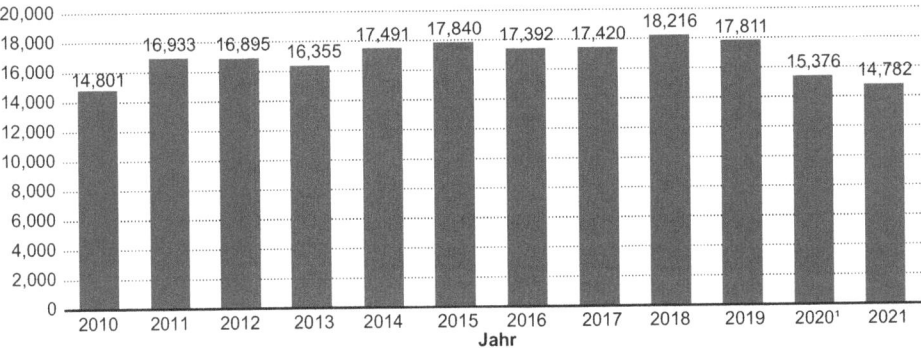

Abb. 2.25 Anzahl der Verunglückten bei Straßenverkehrsunfällen in Berlin von 2010 bis 2021. (Statistisches Bundesamt 2021, S. 38 und 40, zitiert nach Statista)

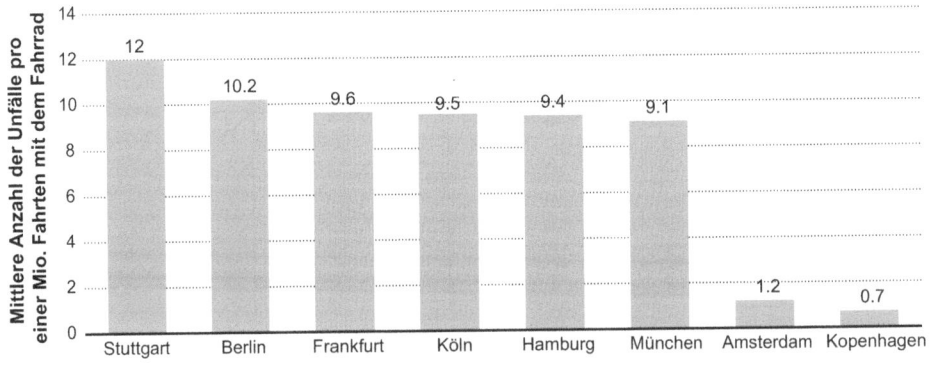

Abb. 2.26 Unfallrisiko für Radfahrer (Unfälle pro einer Millionen Fahrten). (Tiemann et al. 2018, S. 10, zitiert nach Statista)

Dabei muss jedoch berücksichtigt werden, dass die vergleichsweise hohe Anzahl verschiedenartiger Fahrzeuge (Geschwindigkeit, Sicherheit) in Berlin zu höheren Unfallzahlen und somit auch zu mehr Verletzten oder in schlimmsten Fall Toten führen. So haben u. a. Amsterdam und Kopenhagen z. B. keinen zusätzlichen Straßenbahnverkehr. In vielen Städten der Welt ist der Verkehr der primäre Grund für unnatürliche Todesfälle (bmz 2016, S. 11).

Geschwindigkeiten und Stau

Zu einem weiteren negativen Effekt zählt die im Verkehr verbrachte Zeit, vor allem dann, wenn die Verkehrsteilnehmer*innen ihre Zeit im Stau verbringen. Durch den nicht entstehenden konstanten Fluss der Verkehrsmittel – verursacht u. a. durch Baustellen, Unfälle und Ampelstopps – liegt die tatsächliche Geschwindigkeit eines Pkw im Schnitt deutlich unter den eigentlich möglichen 50km/h (s. Abb. 2.27).

Getreu dem Motto „Zeit ist Geld" muss diese Zeit auch mit Kosten in Verbindung gebracht werden. Jede Stunde, die im Stau verbracht wird, müsste mit einem Stundensatz verrechnet werden, um den entstehenden Schaden bzw. die Kosten bestimmen zu können. Typischerweise kann hier der eigene durchschnittliche Stundenlohn – im folgenden Beispiel wird von 18 € ausgegangen – herangezogen werden. Täglich rund eine Stunde zusätzlich stehend im Stau, verursacht – zusätzlich zu den eigentlichen Kosten der Fahrt z. B. für Benzin, Versicherung und Verschleiß (die üblicherweise im Privaten nicht bilanziert werden) – weitere 18 € Kosten pro Tag.

In einer 2018 erstellten Studie wurden die am dichtesten befahrenen Straßenabschnitte Deutschlands und die daraus resultierenden Stauzeiten ermittelt. Hierbei wurde festgestellt, dass in Berlin drei der zehn am höchsten frequentiertesten Streckenabschnitte liegen. Auf Platz drei im Ranking befindet sich die Beusselstraße (Bezirk Moabit), bei deren Nutzung es zu einem jährlichen Zeitverlust von 28 h kommt. Den zweiten Platz belegt die Straße B96 zum Tempelhofer Ufer (Bezirk Tempelhof) mit jährlich 32 h Stauzeit. Die B2, von der Seeburger Chaussee zur Hofjägerallee (Bezirk Tiergarten), belegt mit 36 h jährlichem verkehrsinduziertem Zeitverlust den ersten Platz des INRIX-Rankings der staureichsten Streckenabschnitte Deutschlands (Inrix 2018).

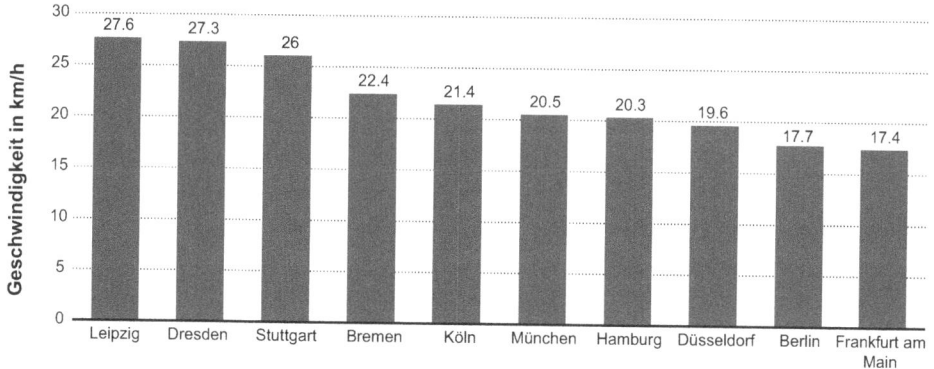

Abb. 2.27 Durchschnittliche Geschwindigkeiten auf Hauptverkehrsstraßen. (Here Technologies 2019, zitiert nach Statista)

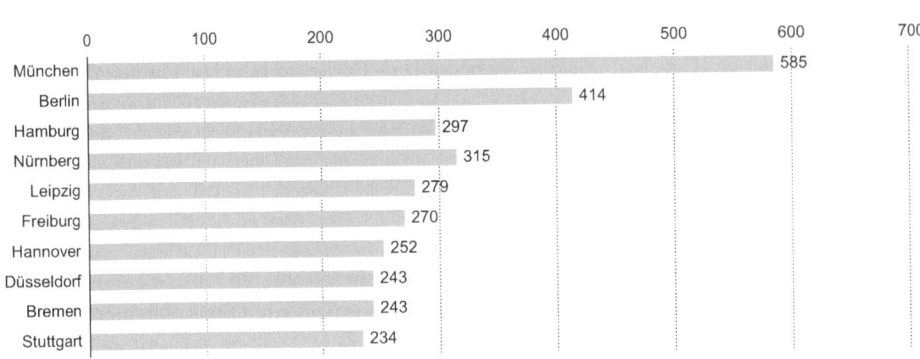

Abb. 2.28 Staukosten pro Fahrer im Jahr in ausgewählten Städten in Deutschland. (Inrix 2020, S. 19, zitiert nach Statista)

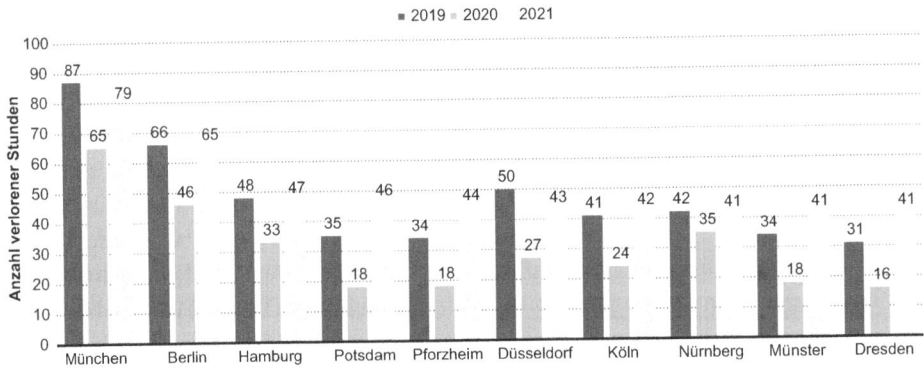

Abb. 2.29 Anzahl der verlorenen Stunden im Stau in deutschen Städten. (Inrix 2021, zitiert nach Statista)

Im Rahmen der Studie wurden außerdem Staukosten verschiedener Städte ermittelt. So entstehen durch den Stau in München z. B. Staukosten im Jahr rund 585 € pro Fahrer, in Berlin 414 € (s. Abb. 2.28).

Die Verbindung der Zeit im Stau mit den daraus resultierenden Kosten verdeutlicht einen wesentlichen Zusammenhang: im urbanen Verkehr wird eine wesentliche Ressource des Menschen verschwendet: Zeit (s. Abb. 2.29).

Flächen- und Gewichtsbelastung

Die Fläche eines urbanen Raums ist eine wichtige und vor allem knappe Ressource (s. Abschn. 2.2.3), deren Nutzung effizienter gestaltet werden muss. Aktuell sind unsere Städte jedoch für den Autoverkehr ausgelegt. Eines der Hauptprobleme dabei ist der enorme Flächenverbrauch der Verkehrsmittel – allen voran des Pkw.

Die Lebensqualität beziehungsweise die räumliche Einschränkung der Bewegungsfreiheit bei Bewohner*innen wird vor allem an Straßen mit intensiver Verkehrsdichte am

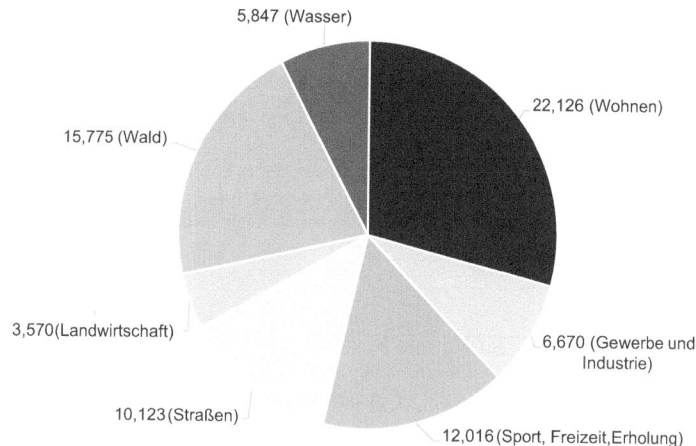

Abb. 2.30 Ausgewählte Flächen Berlins in ha. (Eigene Darstellung nach Berlin 2022c)

schlechtesten bewertet. Insbesondere drückt sich dies darin aus, dass die Bewohner*innen von verkehrsbelasteten Straßen die unmittelbare Umgebung des Hauses nicht als ihre Umwelt ansehen, anders als die Bewohner von weniger verkehrsbelasteten Gegenden (Appleyard und Lintell 1972, S. 84 f.).

Berlin hat eine Gesamtfläche von 89.112 ha, was 891.120.000 qm entspricht. Die Siedlungsfläche hat dabei einen Umfang von 49.335 ha, die sich aus der vorhandenen Wohnfläche (22.126 ha), Gewerbe- und Industriefläche (6670 ha) sowie Sport-, Freizeit- und Erholungsfläche (12.016 ha) zusammensetzt. Die Verkehrsfläche hat eine Größe von 13.549 ha, wobei Straßen mit knapp 75 % (10.123 ha) den größten Anteil haben. Plätze, Wege und Bahn- oder Flugplatzgelände spielen nur eine untergeordnete Rolle. Berlin verfügt zudem über eine Landwirtschaftsfläche i. H. v. 3570 ha, eine Waldfläche von immerhin 15.775 ha und eine Wasserfläche von 5847 ha (s. Abb. 2.30) (Berlin 2022c).

Im Fokus der Betrachtung steht vor allem die zur Verfügung stehende Straßenfläche und deren Nutzung. Ein Ausbau der Straßenfläche ist in einem urbanen Raum nur schwer möglich und würde zudem weiteren Pkw-Verkehr anziehen und ermöglichen. Die schwere Erweiterbarkeit der Verkehrsfläche zeigt sich auch in der geringen Veränderung der Fläche in den vergangenen Jahren – der Anteil lag konstant bei rund 15 % (diese beinhaltet alle Flächen inklusive Wege und Bahnhöfen) (s. Abb. 2.31). Der reine Straßenanteil beträgt etwa 11,5 % an der gesamten Berliner Fläche.

Ziel muss es also sein, die vorhandene Fläche effizienter zu nutzen und gegebenenfalls die Fläche – bei gleichzeitig besserer Nutzung – zugunsten von Wohn- und Erholungsflächen sogar zu reduzieren. Dies könnte u. a. durch die bereits in Berlin diskutierten, gesperrten und damit autofreien Zonen realisiert werden. Wesentliche Herausforderung dabei ist sowohl die genaue Bestimmung der Anzahl dieser autofreien Flächen als auch deren Größe – und vor allem die Akzeptanz der betroffenen Anwohner*innen.

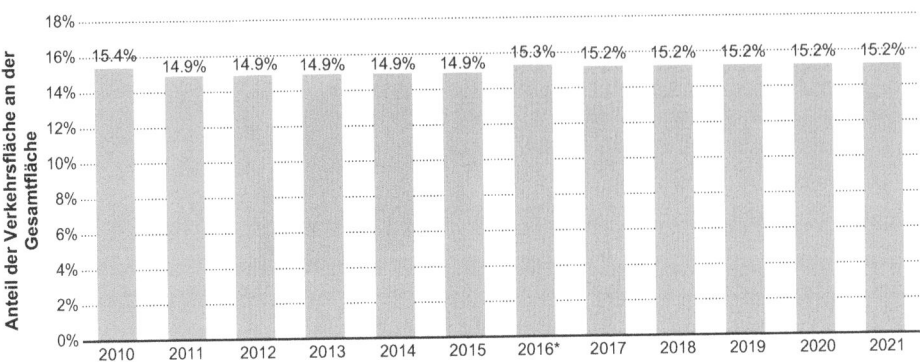

Abb. 2.31 Anteil der Verkehrsfläche an der gesamten Bodenfläche in Berlin von 2010 bis 2021. (Statistisches Bundesamt 2022d, S. 119, zitiert nach Statista)

Bei der Nutzung der Flächen wird häufig von Flächengerechtigkeit gesprochen, wobei der MIV zu einer ungerechten Flächenverteilung im bereits dicht bebauten urbanen Raum führt. Deutlich wird dies u. a. dadurch, dass z. B. Parkplatzflächen in Berlin insgesamt zehnmal größer sind als die Fläche für Spielplätze (Agora Verkehrswende 2022, S. 4).

Hinzu kommt, dass der enorme Platzverbrauch eines Autos nicht nur auf seine Fahrtzeit reduziert werden kann. Durchschnittlich befinden sich Autos in Deutschland nur eine Stunde pro Tag in Bewegung, d. h. sie stehen etwa 96 % der Zeit still (Nimrich 2021). Von der gesamten Berliner Verkehrsfläche werden 58 % von fahrenden und parkenden Kraftfahrzeugen belegt (Agora Verkehrswende 2020, S. 32). Durch die Bereitstellung von Parkplätzen fehlen im Gegenzug in den Innenstädten Räume für kleine Grünflächen, Sitzplätze für Cafés oder Restaurants und Kinderspielplätze (Groneweg 2021, S. 15).

Da zudem z. B. beim Parken und auch Fahren gewisse Abstände eingehalten werden müssen, erhöht sich die genutzte Fläche – abhängig von der Geschwindigkeit – enorm. Beim Parken belegt ein Pkw im Schnitt somit eine Fläche von rund 13,5 m² (s. Abb. 2.32) (Randelhoff 2019). Hinzu kommt, dass Pkw während der recht kurzen Nutzungszeit durchschnittlich nur zu etwa 33 % ausgelastet sind (Bratzel und Thömmes 2018, S. 12). Gerade in Berufsverkehrszeiten kann häufig die Nutzung des Pkw durch nur eine Person beobachtet werden.

Während ein Fahrrad im Stillstand innerorts eine Fläche von 1,2 m² einnimmt, benötigt ein Pkw eine Fläche von 13,5 m². Bei einem Vergleich der Flächeninanspruchnahme eines Pkw, der bei einer Geschwindigkeit von 50 km/h (eine höhere Geschwindigkeit setzt vergleichsweise größere Abstände voraus) mit 1,4 Personen besetzt ist, mit einer nur zu 20 % ausgelasteten Straßenbahn mit derselben Geschwindigkeit, wird deutlich, dass die Differenz enorm ist. Während ein Pkw in dieser Konstellation eine Fläche von 140 m² pro Person beansprucht, benötigt die Tram lediglich eine Fläche von 9 m² pro Person (s. Abb. 2.32) (Randelhoff 2019).

Bei einer deutlich höheren Auslastung des Pkw – z. B. mit 3 oder 4 Personen statt mit einer Person – könnte das Verhältnis zugunsten des Pkw zumindest erheblich verbessert werden. Bei einer Auslastung des Pkw mit 4 Personen im Stillstand würde sich so der Flächenbedarf

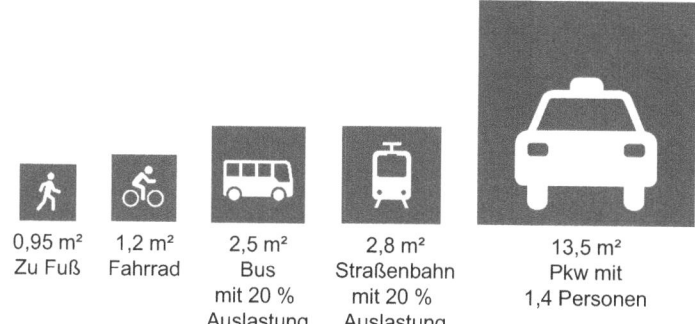

0,95 m²   1,2 m²   2,5 m²   2,8 m²   13,5 m²
Zu Fuß   Fahrrad   Bus   Straßenbahn   Pkw mit
                       mit 20 %   mit 20 %   1,4 Personen
                       Auslastung   Auslastung

Abb. 2.32 Vergleich der Flächeninanspruchnahme verschiedener Verkehrsmittel. (Eigene Darstellung nach Randelhoff 2019)

von 9,6 m² (1,4 Personen) auf etwa 3,4 m² – und damit immerhin um knapp 65 % – verringern. Neben einer möglichen Reduzierung der Anzahl von Pkw in urbanen Räumen kann auch durch eine Verbesserung der Auslastung ein wesentlicher Effekt erzielt werden.

Je nach Verkehrsmittel liegt eine weit auseinandergehende Beanspruchung der Straßenflächen innerorts vor. Während der Rad- und Fußverkehr am wenigsten Platz in Anspruch nehmen, benötigen die Pkw die meisten Flächen. Rein von den Abmessungen betrachtet, benötigt der öffentliche Personennahverkehr (Bus, Straßenbahn) ebenfalls viel Fläche, aber unter Berücksichtigung einer Auslastung von nur 20 % kann aufgrund der hohen Fahrzeugkapazitäten von einer sehr guten Flächeneffizienz (viele Personen in einem Fahrzeug) gesprochen werden (Randelhoff 2019).

Bei der reinen Flächenbetrachtung bleibt allerdings gänzlich unberücksichtigt, dass Pkw in den letzten Jahrzehnten zudem deutlich an Gewicht gewonnen haben, was eine enorme zusätzliche Belastung der Straßen bedeutet und erheblich zum schnelleren Verschleiß und damit zu steigenden Reparatur- und Instandhaltungskosten beiträgt.

Für die Beurteilung der veränderten Flächenbelastung ist eine genauere Betrachtung sowohl der Zulassungszahlen als auch der einzelnen Fahrzeuge und ihrer Größenentwicklung notwendig.

In Berlin sind zurzeit rund 1,24 Mio. Pkw zugelassen, was etwa 336 Pkw pro 1000 Einwohner*innen entspricht. Dies liegt deutlich unter dem nationalen Durchschnitt von 580 Fahrzeugen pro 1000 Einwohner*innen und ist der niedrigste Wert aller deutschen Bundesländer (Statistisches Bundesamt 2020). Dennoch verfügen gut die Hälfte der Berliner Haushalte über mindestens einen eigenen Pkw – und die entsprechende Flächeninanspruchnahme ist, wie bereits erwähnt, enorm (Statistik Berlin Brandenburg (2022b), zumal der Pkw-Bestand in den letzten Jahren kontinuierlich angestiegen ist (s. Abb. 2.33).

Dabei ist es insbesondere wichtig, diese zunehmende Anzahl an Pkw mit der Entwicklung der technischen Daten (vor allem Abmessungen und Gewicht) zu vergleichen, um ein Gefühl dafür zu bekommen, mit welcher Dynamik die Belastung der urbanen Fläche zunimmt.

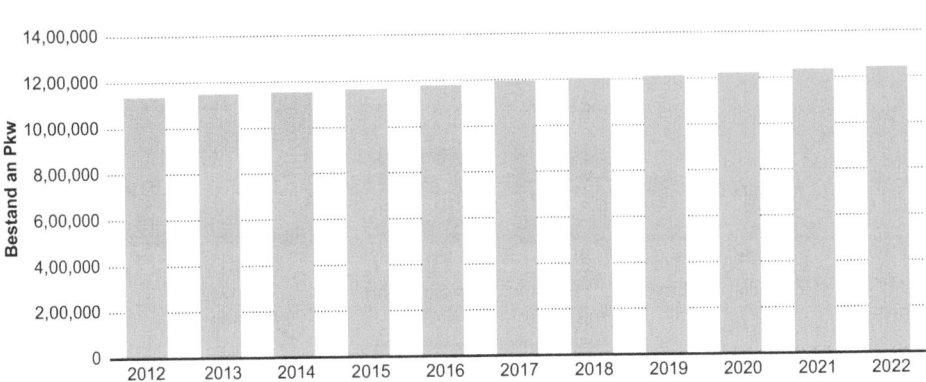

Abb. 2.33 Anzahl der Personenkraftwagen in Berlin von 2012 bis 2022. (KBA 2022, zitiert nach Statista)

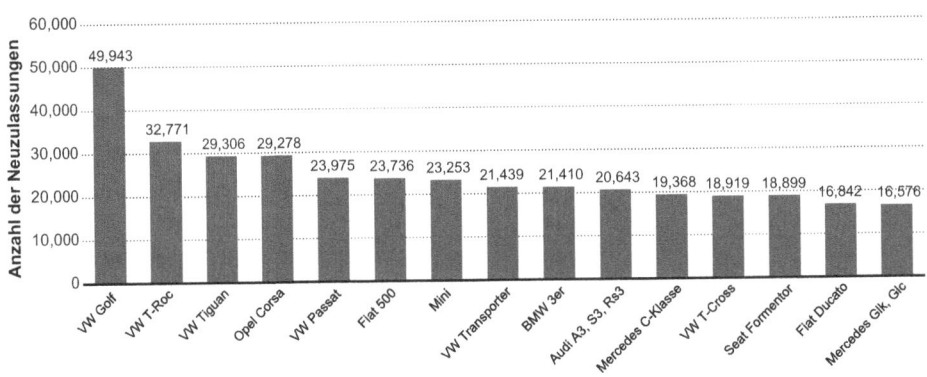

Abb. 2.34 Anzahl der Neuzulassungen nach Modelltyp. (KBA 2022, zitiert nach Statista)

Die Fahrzeuggröße ist in den letzten Jahren und Jahrzehnten kontinuierlich gewachsen. Exemplarisch soll das zum einen an zwei der beliebtesten und damit am häufigsten zugelassenen Modellen (VW Golf und BMW 3er Serie) (s. Abb. 2.34) sowie zum anderen an typischen Modellen verschiedener Hersteller, die über den gesamten Zeitraum die gleiche Modellbezeichnung behalten haben (Audi 80/A4 und VW Polo), aufgezeigt werden.

Bei der Betrachtung der genannten Modelle fallen vor allem zwei Entwicklungen auf: Über die Zeit haben alle Modelle sowohl in der Fläche als auch beim Gewicht deutlich zugenommen. Die angegebenen Werte beziehen sich auf die reinen Abmessungen der Fahrzeuge (ohne Spiegel) und berücksichtigen auch keine Abstandswerte i. H. v. jeweils 50 cm vorn und hinten sowie zu beiden Seiten.

Während die Fläche um bis zu 30 % wächst, verdoppelt sich das Gewicht bei ausgewählten Modellen (s. Abb. 2.35, 2.36, 2.37 und 2.38) nahezu. Und dabei ist noch nicht der Trend zu mehr verkauften SUV berücksichtigt. Gleichzeitig ist bei den angebotenen Mo-

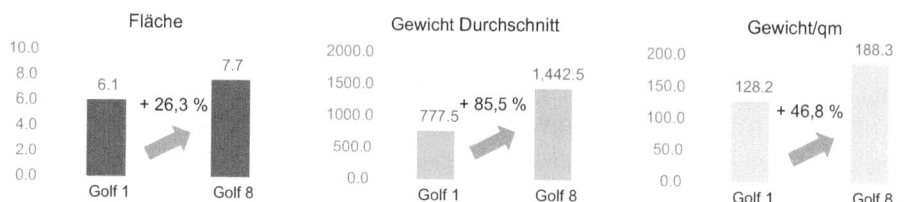

Abb. 2.35 Veränderung Golf 1 – 8 Flächen- und Gewichtsbelastung Infrastruktur

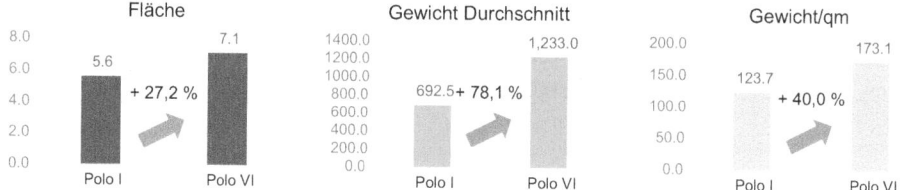

Abb. 2.36 Veränderung Polo I – VI Flächen- und Gewichtsbelastung Infrastruktur

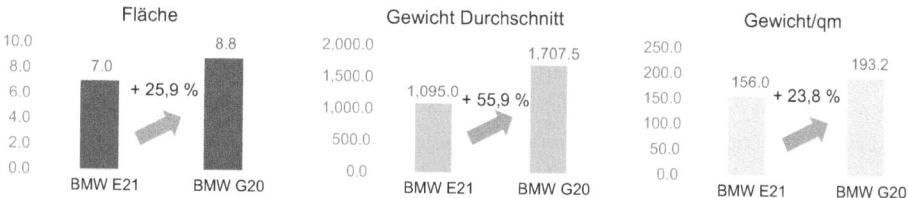

Abb. 2.37 Veränderung BMW E21 – G20 (3er Serie) Flächen- und Gewichtsbelastung Infrastruktur

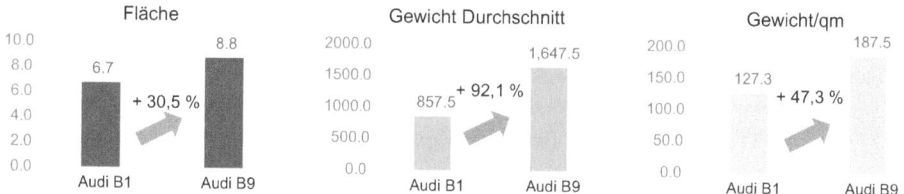

Abb. 2.38 Veränderung Audi B1 – B9 Flächen- und Gewichtsbelastung Infrastruktur

torleistungen zu erkennen, dass sich diese unabhängig vom Kraftstoff Benzin (B) oder Diesel (D) in einigen Fällen fast verdreifacht. Das aktuelle Modell des VW Golf ist mit einer Motorleistung von 66 bis 245 kW/min (B) bzw. 85 bis 135 kW/min (D) erhältlich. Die ersten Modelle aus den 70er- und 80er-Jahren weisen hingegen nur eine Leistung von 37 bis 82 kW/min (B) bzw. 37 bis 51 kW/min (D) auf (+ 199 %). Ähnliches gilt für den VW Polo – dessen Motorleistung 1974 von anfänglich 25 bis 44 kW/min (B) auf heute 48 bis 147 kW/min (B) angestiegen ist (+ 234 %). Bei den aufgeführten Modellen von BMW (E21) aus dem Jahr 1975 ist die Motorleistung von 55 bis 105 kW/min (B) auf 115 bis 375 kW/min angestiegen (B) (+ 257 %). Bei Audi offenbart sich ein ähnliches Bild – von 40 bis 81 kW/min (B) auf 110 bis 331 kW/min (B) (+ 308 %) (Gegenbach 2022).

Dies zeigt drei gravierende Herausforderungen des motorisierten Individualverkehrs:

- steigender Ressourcenverbrauch bei der Herstellung des Pkw durch zunehmende Größe und Gewicht
- zunehmende Flächeninanspruchnahme durch größere Fahrzeuge bei gleichbleibenden Verkehrsflächen (hier insbesondere Straßen)
- wachsende Belastung durch das stark steigende Gewicht, was zu einer erhöhten Belastung der Straßen und damit einhergehend höheren Instandhaltungs- und Reparaturkosten führt

Daher ist eine genauere Betrachtung der Zulassungsstatistiken hilfreich, um die zukünftige Entwicklung der Fahrzeugklassen und die daraus resultierende Belastung besser einschätzen zu können.

Zum Stichtag 1. Januar 2022 waren nach Angaben des Kraftfahrtbundesamtes (KBA) 48,5 Mio. Pkw zugelassen und damit so viele wie nie zuvor (2021: 48,2 Mio.). Im Jahr 2021 kamen dabei auf 1000 Einwohner*innen 580 Pkw – ein Rekordwert. 2011 lag der Wert noch bei 517. Insgesamt hat die Zahl der Autos in dem Zehnjahreszeitraum deutlich stärker zugenommen als die Bevölkerung (Spiegel 2022).

Die regionalen Unterschiede bei der Pkw-Dichte sind groß: Am höchsten war sie in den westlichen Flächenländern Saarland (658 Pkw pro 1000 Einwohner*innen), Rheinland-Pfalz (632) und Bayern (622). Die niedrigsten Werte wiesen die Stadtstaaten Berlin (335), Hamburg (435) und Bremen (438) auf – unter anderem vermutlich aufgrund der dichteren ÖPNV-Netze. Die ostdeutschen Bundesländer wiesen nicht nur für 2021 Werte auf, die unter dem bundesweiten Schnitt lagen. Dort ist die Pkw-Dichte seit 2011 auch jeweils weniger stark gestiegen als in Deutschland insgesamt (Spiegel 2022).

Zwar ist der Anteil der Haushalte, die mindestens ein Auto besitzen, leicht gesunken – von 77,9 % (2011) auf 77 % (2021). Im selben Zeitraum stieg aber der Anteil der Haushalte mit zwei Pkw von 23,4 % auf 27 %. Der Anteil der Haushalte mit drei und mehr Autos legte von 3,7 % auf 6,1 % zu (Spiegel 2022).

Zwischen 2008 und 2020 kann eine Verschiebung der Anteile bei den Pkw nach Segmenten festgestellt werden. So sank vor allem der Anteil der oberen Mittelklasse- sowie Mittelklasse-Pkw am gesamten Pkw-Bestand seit dem Jahr 2010 stetig. Zudem ist eine leichte Erhöhung des Anteils der Pkw aus der Kompaktklasse sowie der Kleinwagen zu beobachten – der Bestand der kleineren Pkw ist im Zeitraum um knapp 10 % gestiegen. Was zunächst wie eine Entwicklung in die richtige Richtung (kleiner und leichter) aussieht, muss beim Blick auf Zulassungszahlen von Sports Utility Vehicle (SUV) und Geländewagen revidiert werden. Hier ist die Nachfrage im selben Zeitraum um über 120 % gestiegen (KBA 2022).

Zugleich sind Autos mit Elektroantrieb auf dem Vormarsch. Bei den von Januar bis Juli 2022 neu zugelassenen Autos betrug ihr Anteil bereits 13,6 %. Ein Jahr zuvor hatte er noch bei 0,6 % gelegen (Spiegel 2022). Obwohl eine Zunahme bei den Fahrzeugen mit Elektromotor insbesondere hinsichtlich der Emissionen eine deutlich umweltfreundliche Alternative zu Benzin- oder Dieselmotoren darstellt, sind Abmessungen und Gewicht der Modelle dennoch eine Belastung:

- für Emissionen (bei der Produktion der Fahrzeuge),
- der Flächenbelastung hinsichtlich Flächenbedarf und Gewicht im urbanen Raum und dessen Infrastruktur.

So würde der Wechsel von einem VW Golf (aktuelles Modell) zu einem VW Tiguan schon einen zusätzlichen Flächenbedarf von 0,57 m² (+ 7,5 %) erfordern – bei einem gleichzeitigen Gewichtszuwachs von 528 kg (+ 36,6 %). Gleiches gilt beispielsweise für den Wechsel von einem Golf auf ein emissionsfreies Tesla-Model Y: + 1,46 m² (+ 19 %) Flächenbedarf, + 968 kg (+ 67,1 %) Gewicht (s. Abb. 2.39).

Eine wesentliche Frage ist dabei: Werden große Pkw tatsächlich dauerhaft und regelmäßig benötigt? Angenommen, die Nutzung ist bei einer Auslastung mit 4 Personen, z. B. auf einer Urlaubsreise, als angemessen zu beurteilen – wie oft kommt das vor? Selbst wenn von 30 Urlaubstagen im Jahr die Hälfte mit der Familie per Pkw geplant ist – die verbleibenden 335 Tage (also gut 96 % des Jahres) ist die Kapazität des Pkw nicht sinnvoll genutzt bzw. ungenutzt. Die Belastung für Umwelt (Emissionen während Alleinnutzung auf dem Arbeitsweg) und Infrastruktur (Fläche im Stillstand und Gewicht) bleibt jedoch das ganze Jahr erhalten.

Der urbane Raum – und vor allem der Mensch darin – ist durch diese Entwicklungen zahlreichen Belastungen ausgesetzt, die es konsequent zu reduzieren gilt (s. Abb. 2.40). Dabei geht es vor allem um die Vermeidung der Verschwendung von Ressourcen durch eine effizientere Nutzung der eingesetzten Produktionsfaktoren für das Verkehrssystem.

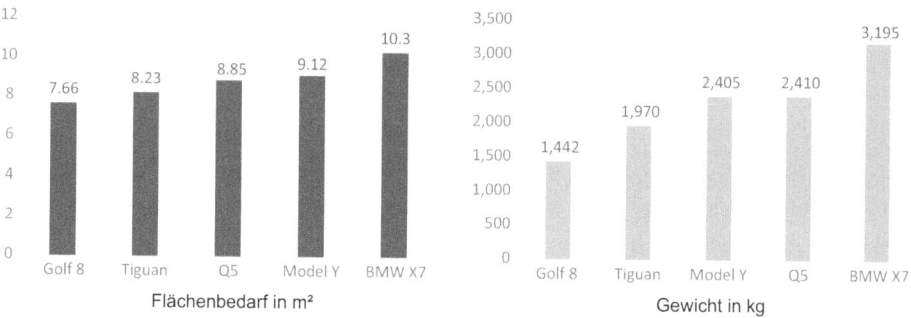

Abb. 2.39 Vergleich Flächenbedarf und Gewicht Pkw-Modelle

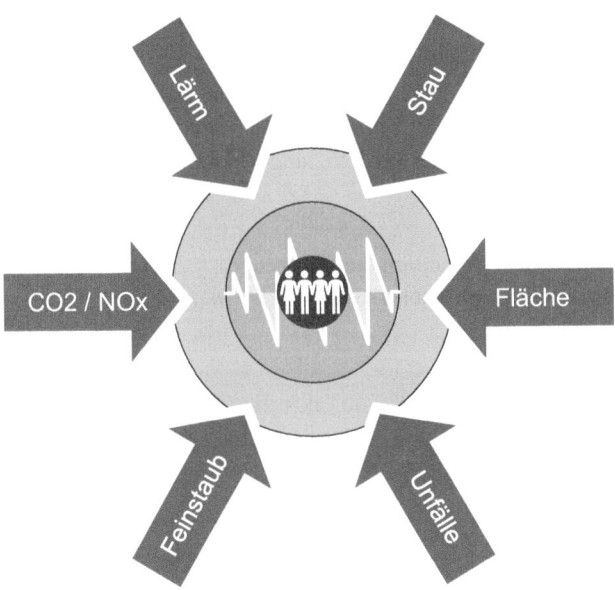

Abb. 2.40 Mensch und urbaner Raum im Spannungsfeld

▶ In urbanen Räumen findet ein Missbrauch bzw. falscher Umgang von/mit knappen Ressourcen statt, insbesondere der Fläche und des dominierenden Verkehrsmittels Pkw durch dessen schlechte Auslastung.

▶ Mobilität ist zur Befriedigung von Bedürfnissen notwendig und erwünscht – Verkehr als Umsetzung des Mobilitätswunschs mit all seinen Konsequenzen ist hingegen unerwünscht.

Literatur

Agora Verkehrswende (2020) Städte in Bewegung – Zahlen, Daten, Fakten zur Mobilität in 35 deutschen Städten, Berlin, S 32

Agora Verkehrswende (2022) Umparken – den öffentlichen Raum gerechter verteilen, Zahlen und Fakten zum Parkraummanagement, 4., akt. Aufl. 2022, S 4. https://www.agora-verkehrswende.de/fileadmin/Projekte/2022/Umparken/Agora-Verkehrswende_Factsheet_Umparken_Auflage-4.pdf. Zugegriffen am 20.11.2022

ALD (2010) Arbeitsring Lärm der DEGA: Straßenverkehrslärm. Eine Hilfestellung für Betroffene. https://www.ald-laerm.de/fileadmin/ald-laerm.de/Publikationen/Druckschriften/Strasenverkehrslaerm.pdf. Zugegriffen am 20.11.2022

Appleyard D, Lintell M (1972) The environmental quality of city streets: the residents viewpoint. J Am Inst Plann 2(2):84–101

APS (2023) Allianz pro Schiene. https://www.allianz-pro-schiene.de/glossar/verkehrsleistung/. Zugegriffen am 20.01.2023

AWB (2019) Allgemeiner Verband der Wirtschaft – AWB. https://www.allgemeiner-verband.de/de/berlin-ist-die-auslastung-beim-oepnv-ueberdurchschnittlich-hoch. Zugegriffen am 19.11.2022

Axhausen K (2011) Mobilität junger Menschen im Wandel – multimodaler und weiblicher. Hrsg. v. Institut für Mobilitätsforschung (ifmo), S 15–17. https://www.ifmo.de/files/publications_content/2011/ifmo_2011_Mobilitaet_junger_Menschen_de.pdf. Zugegriffen am 18.11.2022

Bähr J (2008) Ursachen von Urbanisierung. Hrsg. v. Berlin Institut für Bevölkerung und Entwicklung – Demografische Analysen – Konzepte – Strategien. https://www.berlin-institut.org/online-handbuchdemografie/bevoelkerungsdynamik/auswirkungen/ursachen-von-urbanisierung.html. Zugegriffen am 11.02.2020

Bauernschuster S, Hener T, Rainer H (2017) When labor disputes bring cities to a standstill: the impact of public transit strikes on traffic, accidents, air pollution, and health. Am Econ J Econ Policy 1(1):1–37

bcs (2019) Bundesverband CarSharing, nach Statista

bcs (2022a) Bundesverband CarSharing, CarSharing in Deutschland Jahresbericht 2021/2022, S 6 f

bcs (2022b) Bundesverband CarSharing (Hrsg) Geschichte. https://carsharing.de/allesueber-carsharing/ist-carsharing/geschichte. Zugegriffen am 19.11.2022

Becker C, Link SF (2019) Herausragende Mobilität? Eine objektive Bewertungsheuristik für inter- und multimodale Mobilitätsplattformen, Journal für Mobilität und Verkehr, No. 2, 59–65

Becker J (2019) Carsharing rechnet sich in den meisten deutschen Städten nicht. https://www.sueddeutsche.de/auto/carsharing-studie-staedte-probleme-1.4554329. Zugegriffen am 19.11.2022

Berlin (2022a) https://www.berlin.de/aktuelles/7786647-958090-berlin-waechst-weiter-fast-4-millionen-e.html. Zugegriffen am 19.11.2022

Berlin (2022b) https://www.berlin.de/sen/uvk/verkehr/verkehrsplanung/radverkehr/radverkehrsnetz/. Zugegriffen am 19.11.2022

Berlin (2022c) https://www.berlin.de/berlin-im-ueberblick/zahlen-und-fakten/. Zugegriffen am 20.11.2022

Berlin Partner (2022) Verkehr, Mobilität, Logistik. https://www.businesslocationcenter.de/mobilitaet. Zugegriffen am 18.11.2022

Bertram M, Bongard S (2014) Grundlagen. In: Elektromobilität im motorisierten Individualverkehr. Grundlagen, Einflussfaktoren und Wirtschaftlichkeitsvergleich, 1. Aufl., Springer Gabler, Wiesbaden, S 5–37

BMDV (2019) Bundesministerium für Digitales und Verkehr, Analysen zum Radverkehr und Fußverkehr, S 28, zitiert nach Statista

BMUV (2016) Bundesministerium für Umwelt, Naturschutz, nukleare Sicherheit und Verbraucherschutz, Urbanisierung und nachhaltige Entwicklung. https://www.umwelt-im-unterricht.de/wochenthemen/urbanisierung-wie-die-staedte-wachsen. Zugegriffen am 17.11.2022

BMUV (2021) Bundesministerium für Umwelt, Naturschutz, nukleare Sicherheit und Verbraucherschutz, Klimaschutz in Zahlen. Fakten, Trends und Impulse deutscher Klimapolitik, Berlin, S 36

bmz (2016) Bundesministerium für wirtschaftliche Zusammenarbeit und Entwicklung, Urbane Mobilität. Strategie für lebenswerte Städte, S 11. https://www.bmz.de/resource/blob/23382/39a7fdc10957dc65089e7f7181771c8f/materialie285-urbane-mobilitaet-data.pdf. Zugegriffen am 20.11.2022

bmz (2022) Bundesministerium für wirtschaftliche Zusammenarbeit und Entwicklung, Hintergrund: Das Zeitalter der Städte. https://www.bmz.de/de/themen/stadtentwicklung/hintergrund-18138. Zugegriffen am 17.11.2022

Bpb (2021) Bundeszentrale für politische Bildung: Das Wachstum der Städte durch Migration. https://www.bpb.de/themen/migration-integration/kurzdossiers/migration-in-staedtischen-undlaendlichen-raeumen/325790/das-wachstum-der-staedte-durch-migration/. Zugegriffen am 17.11 2022

Bratzel S, Thömmes J (2018) Alternative Antriebe, Autonomes Fahren, Mobilitätsdienstleistungen: Neue Infrastrukturen für die Verkehrswende im Automobilsektor: Schriften zu Wirtschaft und Soziales, No. 22. Heinrich-Böll-Stiftung, Berlin, Deutschland, S 12

Buhl E (2021) Urbane Mobilität im Wandel. Wie sich Mobilität im urbanen Raum entwickeln kann. In: Siebenpfeiffer W (Hrsg) Mobilität der Zukunft. Intermodale Verkehrskonzepte. Springer Vieweg, Berlin/Heidelberg, S 103–122

Bundesagentur für Arbeit (2021) Pendleratlas. https://statistik.arbeitsagentur.de/DE/Navigation/Statistiken/Interaktive-Statistiken/Pendleratlas/Pendleratlas-Nav.html. Zugegriffen am 19.11.2022

BVG (2020) Berliner Verkehrsbetriebe (BVG), Geschäftsbericht 2020, S 17, zitiert nach Statista

BVG (2022) Berliner Verkehrsbetriebe (BVG), Wissenswertes. https://www.bvg.de/de/verbindungen/see-meile/infos. Zugegriffen am 19.11.2022

Center Nahverkehr Berlin (2021) Zahlen und Fakten zum ÖPNV. https://www.cnb-online.de/hintergruende/zahlen-und-fakten-zum-oepnv/. Zugegriffen am 19.11.2022

Dallmer J (Hrsg) (2020) Glück und Nachhaltigkeit, 1. Aufl. transcript, Bielefeld, S 76

Dech S (2015) Globale Urbanisierung, 1. Aufl. Springer, Wiesbaden

Deloitte (2019) Urbane Mobilität und autonomes Fahren im Jahr 2035, Seite 22, zitiert nach Statista, Zugegriffen am 19.11.2022

Demary V (2015) Mehr als das Teilen unter Freunden – Was die Sharing Economy ausmacht. Wirtschaftsdienst, Z Wirtschaftspolit, Ökonomie des Teilens – nachhaltig und innovativ? 2:95

Deutsche Umwelthilfe (2022) Stickoxide. https://www.duh.de/themen/luftqualitaet/schadstoffe/stickoxid/. Zugegriffen am 20.11.2022

Elkington J (2004) Enter the Triple Bottom Line, S 1–16. http://www.johnelkington.com/archive/TBL-elkington-chapter.pdf. Zugegriffen am 18.11.2022

Entwicklungsstadt (2021) Berlin will Fahrradnetz in den kommenden Jahren stark ausbauen. https://entwicklungsstadt.de/berlin-will-fahrradnetz-in-den-kommenden-jahren-stark-ausbauen/. Zugegriffen am 19.11.2022

Europäisches Parlament (2019) CO_2-Emissionen von Autos: Zahlen und Fakten. https://www.europarl.europa.eu/news/de/headlines/society/20190313STO31218/co2-emissionen-von-autos-zahlen-und-fakten-infografik. Zugegriffen 19.11.2020

Forschungsgesellschaft für Straßen- und Verkehrswesen (2017) Multi- und Intermodalität: Hinweise zur Umsetzung und Wirkung von Maßnahmen im Personenverkehr, Teilpapier 1: Definitionen, Ausgabe 2017. Forschungsgesellschaft für Straßen- und Verkehrswesen, Köln, S 3–7

Gegenbach M (2022) VW Golf/VW Polo/BMW 3er/Audi 80, Technische Daten. https://carwiki.de. Zugegriffen am 20.11.2022

Groneweg M (2021) Weniger Autos, mehr globale Gerechtigkeit. Warum wir die Mobilitäts- und Rohstoffwende zusammendenken müssen, in: PowerShift e. V. https://www.misereor.de/fileadmin/publikationen/Studie-Weniger-Autos-mehr-globale-Gerechtigkeit.pdf. Zugegriffen am 19.11.2022

von Hauff M, Kleine A (Hrsg) (2009) Nachhaltige Entwicklung, 1. Aufl. Oldenbourg Verlag, München, S 16

Heineberg H (2017) Stadtgeographie. Brill/Schöningh, Paderborn, S 31 ff

Heinze GW, Kill HH (1992) Anforderungen an zukunftsfähige Verkehrskonzepte für Berlin-Brandenburg, Raumforschung und Raumordnung, Bd 54, Issue: 2–3. Carl Heymanns, Köln, S 172–183, S 178, 179

Here Technologies (2019) Bundesvereinigung Logistik, zitiert nach Statista

Holden E, Banister D, Gössling S, Gilpina G, Linnerud K (2020) Grand Narratives for sustainable mobility: a conceptual review. Energy Research & Social Science, Nr. 65. Elsevier, Amsterdam, S 1–10

Hub:agency (2022) Gründungsstandort Deutschland – mehr als Berlin und München. https://www.de-hub.de/blog/post/gruendungsstandort-deutschland-mehr-als-nur-berlin-und-muenchen/. Zugegriffen am 19.11.2022

IBIS World (2021) Urbanisierungsgrad. https://www.ibisworld.com/dc/bcd/urbanisierungsgrad/158/. Zugegriffen am 17.11.2022

Infineon Technologies AG (2019) https://www.infineon.com/cms/de/discoveries/urbanisierung/. Zugegriffen am 17.11.2022

Inrix (2018) Inrix Global Traffic Scorecard. https://inrix.com/scorecard/, zitiert nach Statista

Inrix (2020) Inrix Global Traffic Scorecard. https://inrix.com/scorecard/, S 19, zitiert nach Statista

Inrix (2021) Inrix Global Traffic Scorecard. https://inrix.com/scorecard/, zitiert nach Statista

Kagerbauer M (2021) Multi- und Intermodalität: Hinweise zur Umsetzung und Wirkung von Maßnahmen im Personenverkehr, Teilpapier 1: Definitionen, aktualisierte Ausgabe 2021 (Hrsg). Forschungsgesellschaft für Straßen- und Verkehrswesen, Karlsruhe

KBA (2022) Kraftfahrtbundesamt. https://www.kba.de/DE/Statistik/Nachrichten/2022/Statistik/fz_4_2021.html. Zugegriffen am 20.11.2022

Krauss K, Scherrer A, Burghard U, Schuler J, Burger A, Doll C (2020) Working Paper Sharing Economy in der Mobilität: Potenzielle Nutzung und Akzeptanz geteilter Mobilitätsdienste in urbanen Räumen in Deutschland, No. S06/2020, Fraunhofer Institute for Systems and Innovation Research ISI, S 3

Kropp A (Hrsg) (2018) Grundlagen der Nachhaltigen Entwicklung, 1. Aufl. Springer Fachmedien, Wiesbaden, S 11

Lahl U, Steven W (2005) Feinstaub – eine gesundheitspolitische Herausforderung. Pneumologie. Georg Thieme, Stuttgart, S 704–714

Lerch M (2017) International migration and city growth. Hrsg. v. United Nations. Popultion Division. New York (Technical Paper, 10), S 1–5. https://www.un.org/en/development/desa/population/publications/pdf/technical/TP2017-10.pdf. Zugegriffen 17.11.2022

Lexikon der Nachhaltigkeit (2015) Weltkommission für Umwelt und Entwicklung, Brundtland Bericht https://www.nachhaltigkeit.info/artikel/brundtland_report_563.htm. Zugegriffen am 18.11.2022

Liedke J, Buske N (2022) So hoch ist das Durchschnittseinkommen in Deutschland. Handelsblatt. https://www.handelsblatt.com/unternehmen/loehne-und-gehaelter-so-hoch-ist-das-durchschnittseinkommen-in-deutschland/26628226.html. Zugegriffen am 19.11.2022

Malzahn B, Konhäusner PM, Dao NH (2020) Chancen und Hinderungsgründe einer urbanen Mobilitätsplattform aus Anwendersicht. Anwend Konzepte Wirtschaftsinform 2020(11):71–78

MiD (2018) Mobilität in Deutschland – MiD 2017, Ergebnisbericht für/eine Studie des Bundesministerium für Verkehr und digitale Infrastruktur (BMVI), S 11 ff

Navarro C, Rocca-Riu M, Furió S, Estrada M (2016) Designing new models for energy efficiency in urban freight transport for smart cities and its application to the Spanish case. Elsevier, Amsterdam, S 314–324

Netzsieger (2018) Netzsieger.de, nach Statista. https://de.statista.com/statistik/daten/studie/921454/umfrage/haltestellenanzahl-der-u-bahnen-in-deutschland/. Zugegriffen am 19.11.2022

Nimrich J (2021) Mehr Platz fürs Rad. https://www.radfahren.de/story/platz-rad-flaechenverbrauch-pkw/. Zugegriffen am 20.11.2022

Nobis C (2013) Multimodale Vielfalt: Quantitative Analyse multimodalen Verkehrshandelns. Dissertationsschrift. Berlin, S 20. https://d-nb.info/1070578444/34. Zugegriffen am 18.11.2022

Pickford A, Chung E (2019) The shape of MaaS: the potential for MaaS Lite. IATSS Res 43(4):219–225. IATSS – International Association of Traffic and Safety Sciences

Polizei Berlin (2021) Landespolizeidirektion, Verkehrssicherheitslage 2021 in Berlin, S 7

Randelhoff M (2019) Vergleich unterschiedlicher Flächeninanspruchnahmen nach Verkehrsarten (pro Person), in: Zukunft Mobilität. https://www.zukunft-mobilitaet.net/78246/analyse/flaechenbedarf-pkw-fahrrad-bus-strassenbahn-stadtbahn-fussgaenger-metro-bremsverzoegerung-vergleich. Zugegriffen am 20.11.2022

Rösch S (2015) Urbanisierung – Demographische Entwicklungen und Auswirkungen im globalen Vergleich. Hrsg. v. Uwe Burkert. Credit Research – Landesbank Baden-Württemberg. https://www.lbbw.de/public/research/blickpunkt/20150817_lbbw__blickpunkt_urbanisierung_demographische_entwicklungen_und_auswirkungen_7x7zfd8or_m.pdf. Zugegriffen am 12.02.2020

von der Ruhren S, Rindsfüser G, Beckmann K J (2004) Bestimmung von Multimodalitätsmaßen, Arbeitspapier Forschung, F15, Institut für Stadtbauwesen und Stadtverkehr. RWTH Aachen, Aachen, S 93 ff

Schallaböck K O, Fischedick M, Brouns B, Luhmann H J, Merten F, Ott, H, Pastowski A, Venjakob J (2006) Klimawirksame Emissionen des Pkw-Verkehrs und Bewertung von Minderungsstrategien. Wuppertal Institut für Klima, Umwelt. Energie GmbH, Wuppertal

SenUVK (2018) Senatsverwaltung für Umwelt, Verkehr und Klimaschutz, Mobilität in Städten – SrV 2018 – Mobilitätsdaten für Berlin auch bezirksweise. https://www.berlin.de/senuvk/verkehr/politik_planung/zahlen_fakten/mobilitaet_2018/. Zugegriffen am 19.11.2022

SenUVK (2019) Senatsverwaltung für Umwelt, Verkehr und Klimaschutz, Jahresübersicht der Luftqualität 2019. https://www.berlin.de/sen/uvk/umwelt/luft/luftqualitaet/luftdaten-archiv/jahresuebersichten/2019/. Zugegriffen am 20.11.2022

SenUVK (2022a) Senatsverwaltung für Umwelt, Verkehr und Klimaschutz, Beschreibung des Messnetzes. https://www.berlin.de/sen/uvk/umwelt/luft/luftqualitaet/berliner-luft/messnetz/. Zugegriffen am 19.11.2022

SenUVK (2022b) Senatsverwaltung für Umwelt, Verkehr und Klimaschutz, Die umweltgerechte Stadt. Umweltgerechtigkeitsatlas, Aktualisierung 2021/22. https://www.berlin.de/sen/uvk/umwelt/nachhaltigkeit/umweltgerechtigkeit/. Zugegriffen am 20.11.2022

Spiegel (2022) Der Trend geht zum Drittwagen. https://www.spiegel.de/auto/in-deutschland-fahren-immer-mehr-autos-a-96c77eb1-ba4b-44ca-a159-656082c76f34. Zugegriffen am 20.01.23

Statistik Berlin Brandenburg (2022a) Bevölkerungsstand Regionaldaten 2021. https://www.statistik-berlin-brandenburg.de/search-results?q=bev%C3%B6lkerungsdichte. Zugegriffen am 19.11.2022

Statistik Berlin Brandenburg (2022b) Flächenerhebung nach Art der tatsächlichen Nutzung. https://download.statistik-berlin-brandenburg.de/04be1f94d20e421f/d035389f578f/MD_33111_2015.pdf. Zugegriffen am 19.11.2022

Statistik Berlin Brandenburg (2022c) Erwerbstätigenrechnung – Erwerbstätige am Wohnort im Land Berlin, S 5, Zugegriffen am 19.11.2022

Statistisches Bundesamt (2020) Pkw-Dichte in Deutschland. https://www.destatis.de/DE/Presse/Pressemitteilungen/2020/09/PD20_N055_461.html. Zugegriffen am 19.11.2022

Statistisches Bundesamt (2021) Bevölkerung und Haushalte. https://www.bpb.de/kurzknapp/zahlen-und-fakten/soziale-situation-in-deutschland/61584/bevoelkerung-und-haushalte/. Zugegriffen am 19.11.2022

Statistisches Bundesamt (2022a) Mikrozensus – Haushalte und Familien 2021, Seite 23, zitiert nach Statista (2022), S 23. Zugegriffen am 19.11.2022

Statistisches Bundesamt (2022b) Bildung und Kultur. Studierende an Hochschulen, Fachserie 11 Reihe 4.1, S 11. https://www.destatis.de/DE/Themen/Gesellschaft-Umwelt/Bildung-Forschung-Kultur/Hochschulen/Publikationen/Downloads-Hochschulen/studierende-hochschulen-endg-2110410227004.pdf. Zugegriffen am 19.11.2022

Statistisches Bundesamt (2022c) Verkehr – Verkehr aktuell 07/2022. https://www.destatis.de/DE/Themen/Branchen-Unternehmen/Transport-Verkehr/Publikationen/Downloads-Querschnitt/verkehr-aktuell-pdf-2080110.pdf. Zugegriffen am 19.11.2022

Statistisches Bundesamt (2022d) Land- und Forstwirtschaft, Fischerei – Bodenfläche nach Art der tatsächlichen Nutzung, 2021, S 119, zitiert nach Statista

Stolle WO, Steinmann W, Rodewyk V, Gil AR, Peine A (2019) Studie AT Kearney, The Demystification of Carsharing – An in-depth analysis of customer perspective, underlying economics and secondary effects, S 2

Suchanek A, Lin-Hi N, Dautzenberg N, Möhrle MG, Specht D, Dennerlein B, Leymann F, Nowak A (2018) Nachhaltigkeit, wirtschaftslexikon.gabler.de. Springer Gabler (Hrsg). https://wirtschaftslexikon.gabler.de/definition/nachhaltigkeit-41203/version-264573. Zugegriffen am 18.11.2022

Tiemann M, Avantario V, Kress, T (2018) Greenpeace, Radfahrende schützen – Klimaschutz stärken. Sichere und attraktive Wege für mehr Radverkehr in Städten, S 10

Umweltbundesamt (2020) position//august 2020, Verkehrswende für ALLE – So erreichen wir eine sozial gerechtere und umweltverträglichere Mobilität, S 7. https://www.umweltbundesamt.de/sites/default/files/medien/376/publikationen/2020_pp_verkehrswende_fuer_alle_bf_02.pdf

Umweltbundesamt (2021) Feinstaub. https://www.umweltbundesamt.de/themen/luft/luftschadstoffe-im-ueberblick/feinstaub. Zugegriffen am 22.11.2022

Umweltbundesamt (2022a) Mobilität privater Haushalte. https://www.umweltbundesamt.de/daten/private-haushalte-konsum/mobilitaet-privater-haushalte. Zugegriffen am 19.11.2022

Umweltbundesamt (2022b) Wie hängen Verkehr und Stickstoffoxidbelastung zusammen? https://www.umweltbundesamt.de/umweltatlas/reaktiver-stickstoff/verursacher/verkehr/wie-haengen-verkehr-stickstoffoxidbelastung. Zugegriffen am 20.11.2022

Umweltbundesamt (2022c) Verkehrslärm. https://www.umweltbundesamt.de/themen/verkehr-laerm/verkehrslaerm#belastung-durch-verkehrslarm. Zugegriffen am 22.11.2022

Umweltbundesamt (2022d) Straßenverkehrslärm. https://www.umweltbundesamt.de/themen/verkehr-laerm/verkehrslaerm/strassenverkehrslaerm#gerauschbelastung-im-strassenverkehr. Zugegriffen am 22.11.2022

Umweltbundesamt (2022e) Ökonomische Aspekte des Verkehrs. https://www.umweltbundesamt.de/themen/verkehr-laerm/nachhaltige-mobilitat/oekonomische-aspekte-des-verkehrs. Zugegriffen am 20.01.2023

UN (2019) World urbanization prospects. The 2018 revision (ST/ESA/SER.A/420). Hrsg. v. United Nations. Department of Economic and Social Affairs, Population Division. New York. S 10, S 22

UN DESA (2022) Grad der Urbanisierung in Deutschland bis 2021; nach Statista. https://de.statista.com/statistik/daten/studie/662560/umfrage/urbanisierung-in-deutschland/. Zugegriffen am 14.07.2022

VDE (2020) Multimodale Mobilität – das jeweils geeignete Verkehrsmittel nutzen. Hrsg. v. Verband der Elektrotechnik Elektronik und Informationstechnik e.V. https://www.vde.com/topics-de/mobility/multimodale-mobilitaet. Zugegriffen am 18.11.2022

Viergutz K, Scheier B (2018) Inter, Multi, Mono: Modalität im Personenverkehr. Eine Begriffsbestimmung. Internationales Verkehrswesen, Ausgabe 1/2018. Trialog Publishers, Baiersbronn S 65–69

Wirtschaftslexikon (2019) Gabler Wirtschaftslexikon. https://wirtschaftslexikon.gabler.de/definition/produktionsfaktoren-45598/version-268889. Springer Gabler

Zeit.de (2019) zitiert nach statista

Zukunft Mobilität (2011) Der große Unterschied zwischen Verkehr und Mobilität. https://www.zukunft-mobilitaet.net/3892/analyse/unterschied-verkehr-mobilitaet/. Zugegriffen am 18.11.2022

Zukunftsinstitut GmbH (2022) Urbanisierung: Die Stadt von morgen. https://www.zukunftsinstitut.de/artikel/urbanisierung-die-stadt-von-morgen/. Zugegriffen am 17.11.2022

Wissenstransfer – Methoden aus der Welt der Logistik

3

Zusammenfassung

Basierend auf den Erkenntnissen des zweiten Kapitels beschäftigt sich dieses mit möglichen Ansätzen aus der Logistik, die zu einer Lösung der Herausforderungen im urbanen Raum beitragen können. Vor allem die industrielle Logistik hat sich früh mit Fragen der Effizienz in Bereitstellung, Versorgung und Transport beschäftigt und bietet daher mögliche Ansätze für die Mobilität in Städten. Dabei spielen vor allem japanische Philosophien eine entscheidende Rolle – hatten und haben sie doch einen großen Einfluss auf die frühe Entwicklung von Lean-Management-Konzepten. In der japanischen Philosophie ist der Gedanke der Rücksichtnahme ein wesentlicher Aspekt – Mindfulness hat hier ihren Ursprung. In diesem Kapitel werden daher vor allem Logistik-Konzepte betrachtet, die den Lean-Gedanken in zahlreiche Bereiche übertragen haben. Das beinhaltet auch die Kernthemen Flächeneffizienz und Fahrzeugauslastung – beides zentrale Herausforderungen der urbanen Mobilität. Hierfür werden im zweiten Teil des Kapitels Methoden zur Layout- und Materialflussplanung ebenso betrachtet wie Ansätze zur Transportoptimierung. Der Fokus liegt dabei auf dem Netzwerkgedanken und der Frage, inwieweit sich Hub-and-Spoke-Netze und Milkrun-Konzepte auf den Personenverkehr anwenden lassen. Dabei werden die Methoden mit kleinen Beispielen aus der Praxis und Aufgaben angereichert. Das dritte Kapitel begibt sich somit auf die Suche nach Ansätzen des Wissens- und Methodentransfers von Logistik-Konzepten aus Industrie, Handel und Dienstleitung für die Mobilität urbaner Räume.

Kernidee dieses Buches ist das Lernen von anderen Disziplinen, Ideen und Ansätzen. Dabei liegt der Fokus vor allem auf zwei Fragen:

- Welche Ansätze in Industrie, Handel und insbesondere der Logistik haben die Verbesserung des Flusses von Waren oder Produkten im Fokus und wie lassen sich diese Ideen auf den Verkehrsfluss übertragen?
- Welche Konzepte in der Logistik sind auf die Vermeidung von Verschwendung z. B. von Flächen sowohl in Lagern als auch in Lkw ausgerichtet und lassen sich auf die Verschwendung von Produktionsfaktoren eines Verkehrssystems – also Boden (Verkehrs- und Parkflächen), Arbeit (Fahrer*innen) und Kapital (Fahrzeuge) anwenden (s. Abschn. 2.2.3)?

Mit der Verbesserung des Materialflusses geht der Gedanke einher, dass dies auch zur Verbesserung wirtschaftlicher Kennzahlen führt: geringerer Aufwand und damit geringere Kosten. Können diese Gedanken, Ansätze und deren Lösungen sowie Ergebnisse auch auf andere Fragestellungen und Einsatzgebiete übertragen werden? Welche Ähnlichkeiten hinsichtlich Problemstellungen und Anforderungen müssen bestehen, um eine Anwendung von Methoden aus anderen Disziplinen überhaupt zu ermöglichen? Von besonderer Bedeutung sind hierbei ein möglicher verbesserter Verkehrsfluss und damit eine dauerhaft verbesserte Mobilität der Menschen.

Ein wesentlicher Ansatz, der sich auf die Vermeidung von Verschwendung fokussiert, ist ein japanischer Denkansatz – entwickelt im Rahmen des Toyota-Produktionssystems (s. Abschn. 3.2). Es stellt sich die Frage, welche Erkenntnisse sich aus den Einflüssen japanischer Managementphilosophien hinsichtlich ihrer möglichen Bedeutung für Mobilität und Verkehr ableiten lassen.

Anfang der 1970er-Jahre war der europäische Automobilmarkt fest in den Händen von Herstellern wie VW, Mercedes, BMW, Audi und vielen anderen etablierten Marken – und galt für neue Wettbewerber als einer der herausforderndsten Märkte der Welt. Um in einem solchen Markt Fuß zu fassen, mussten neue Anbieter mit günstigen Preisen die Kund*innen überzeugen – und dies war nur über deutlich geringere Kosten in der Produktion und im gesamten Unternehmen zu erzielen. Mit neuen Ideen und Konzepten gelang es Vorreitern wie Toyota, Honda und Nissan wettbewerbsfähige Fahrzeuge zu geringeren Kosten zu entwickeln und so in den europäischen Markt vorzudringen. Kerngedanke dieser Konzepte waren und sind japanische Managementphilosophien, die konsequent weiterentwickelt und übertragen wurden.

3.1   Japanische Management-Philosophien

Der Ursprung wesentlicher japanischer Philosophien liegt im Zen-Buddhismus – der ursprünglich aus China stammt. Im 12. Jahrhundert gelangte er nach Japan, wo er die neue Ausprägung erhielt, welche wir heute in der westlichen Welt kennen. Auch die heute verwendeten Begriffe stammen hauptsächlich aus Japan. Kerngedanke des Zen-Buddhismus ist, dass das Leben im Hier und Jetzt stattfindet, nicht in der Vergangenheit und auch nicht in der Zukunft. Darüber hinaus geht es dabei auch um eine ästhetische Schlichtheit. Denn erst wenn das Äußere geordnet ist, kann auch das Innere geordnet werden, was zu Klarheit führt. Es gilt daher, Gegenstände loszulassen, sich des Überflüssigen zu entledigen, um Ordnung und Ruhe in unser Leben zu bringen (Helmold 2021, S. 23).

Hansei („die Selbst-Reflexion") ist ein zentraler Begriff in der japanischen Kultur. Gemeint ist, die Schuld für ein eigenes Fehlverhalten anzuerkennen und Besserung zu geloben. Im Gegensatz zur westlichen Rechtsvorstellung, wo ein Geständnis als Rechtfertigung für die Strafe und Beweismittel dient, steht in Japan die Anerkennung der eigenen Schuld im Vordergrund, ähnlich dem deutschen Sprichwort „Selbsterkenntnis ist der erste Schritt zur Besserung". In japanischen Unternehmen ist es daher üblich, dass der Vorgesetzte von seinen Angestellten bei Fehlern „Hansei" erwartet. Die Verantwortung nach außen übernimmt er aber selbst, während die Abteilung zusammenarbeitet, um das Problem zu lösen (Helmold 2021, S. 24).

Mit diesem Grundgedanken wird verständlicher, dass zahlreiche erfolgreiche Management-Ansätze in Japan auf einer Reihe von Philosophien basieren. Sie sind tief im Denken der Menschen verwurzelt, prägen das Verhalten und beeinflussen die Entwicklung von Unternehmen. Einige dieser Philosophien sind:

- Der Grundsatz des „gemeinsamen Nutzens": Das Wohl des Unternehmens ist eng mit dem Wohl der Gesellschaft verbunden. Ein Unternehmen hat daher eine Verantwortung gegenüber der Gesellschaft.
- Der Grundsatz der langfristigen Beziehungen": Die Bedeutung von langfristigen Beziehungen zu Kund*innen, Lieferanten und anderen Geschäftspartnern. In Japan wird erwartet, dass Unternehmen ihren Geschäftspartnern vertrauen und ihre Beziehungen pflegen, um eine erfolgreiche Zusammenarbeit zu fördern.
- Der Grundsatz der „gegenseitigen Hilfe": Durch Zusammenarbeit und gegenseitige Unterstützung innerhalb des Unternehmens tragen Mitarbeiter*innen zum Unternehmenserfolg bei.
- Der Grundsatz der „Ehrlichkeit und Integrität": Ehrlichkeit und Integrität werden sehr geschätzt. Von Unternehmen wird erwartet, dass sie ehrlich und transparent sind und sich an moralische Werte halten.

Dies sind nur einige ausgewählte Beispiele für japanische Philosophien, die eine wesentliche Bedeutung für die Entwicklung von Unternehmen in Japan hatten und haben. Sie prägen das Denken und Verhalten von Unternehmen und spiegeln sich in späteren Entwicklungen, wie des Toyota-Produktionssystems (TPS) und verschiedenen Lean-Management-Ansätzen wider (s. Abschn. 3.2 und 3.4).

Für die Entwicklung und Entstehung neuer Konzepte kann darüber hinaus eine weitere japanische Denk- und Lebensweise von wesentlicher Bedeutung sein – gerade im Hinblick auf neue Mobilitätsansätze, da hier das Zusammenspiel von vieler Beteiligter (Unternehmen, Nutzer*innen) eine wesentliche Rolle spielt. Dies ist die Philosophie „Ikigai", im Rahmen derer auch die Idee des „Hara Hachi bu" eine zentrale Funktion einnimmt (Sturm 2022, S. 5).

Bei Ikigai geht es darum, den Sinn und Zweck des eigenen Lebens zu finden und zu verstehen bzw. zu identifizieren, was einem wirklich wichtig ist und Freude bereitet. Der Begriff Ikigai setzt sich aus den japanischen Worten „iki", was „jetzt" oder „in diesem Moment" bedeutet, und „gai", was „Wert" oder „Relevanz" bedeutet, zusammen – „Ikigai" kann also im weitesten Sinn mit „Lebenszweck" oder „Lebenssinn" übersetzt werden. Der Gedanke hinter

Ikigai ist, dass jeder Mensch eine einzigartige Kombination aus den Dingen hat, die ihm Freude bereiten, den Fähigkeiten und Talenten, die er besitzt, und den Dingen, die er gut kann, die ihm dabei helfen können, die Welt um sich herum zu verbessern (Sturm 2022, S. 4).

Aus dem Ansatz „Hara Hachi bu" ergibt sich der wesentliche Grundgedanke der gegenseitigen Rücksichtnahme. Laut „Hara Hachi bu" ist es sinnvoll, den eigenen Magen nur zu 80 % zu füllen – also aus Respekt gegenüber den Mitmenschen auf 20 % des Essens zu verzichten. Diese Reduktion soll sich positiv auf Zufriedenheit und Stress auswirken und ist damit u. a. Mitbegründer der Mindful-Bewegung (Sturm 2022, S. 6).

Was weit hergeholt klingt, kann aber als wesentlicher Grundgedanke neuer Konzepte verstanden werden – die gegenseitige Rücksichtnahme. Diese Gedanken müssen für eine neue, innovative Mobilität genutzt werden, die auf den bedachten Einsatz der Verkehrsmittel und die Rücksichtnahme gegenüber Anderen abgestimmt ist.

Wesentliche Betreiber der Entwicklung dieser Philosophien hin zu Unternehmensstrategien waren zu Beginn zwei amerikanische Wissenschaftler – W. E. Deming und J. M. Juran. Sie lehrten in Japan die Grundlagen der Qualitätssicherung und Qualitätsplanung. Ihnen folgten eine Reihe japanischer Experten – dazu zählen u. a. (Brunner 2017, S. 4):

- Kaoru Ishikawa: Entwickler u. a. des japanischen Total Quality Control TQC und der sieben Qualitätswerkzeuge Q7
- Shingo Shigeo: Entwickler des Poka Yoke, der Methodik der Fehleridentifikation und -vermeidung
- Masaaki Imai: Erfinder des KAIZEN, ein Verbesserungskonzept der kleinen Schritte
- Taiichi Ohno: Entwickler des revolutionären Toyota Production System (TPS), Just-intime (JIT), KANBAN und Simultaneous Engineering (SE)
- Tatsuhiko Yoshimura: Fehlervermeidung in der Entwicklung
- Eiji Toyoda: Neffe des Toyota-Firmengründers und langjähriges Firmenoberhaupt, beeinflusste maßgeblich den Toyota-Erfolgsweg zusammen mit Ohno Taiichi (Produktion) und Kamiya Shotaro (Vertrieb)

Der japanische Erfolgsweg wurde aber erst durch eine konsequente Einführung und lückenlose Umsetzung der als richtig erkannten Prinzipien und Methoden ermöglicht. Diese langwierige, konsequente Umsetzung neuartiger Ideen in ein flexibles, leistungsfähiges Managementsystem, welches die Fähigkeiten der Menschen zur Entfaltung bringt, ist das eigentliche große Verdienst der Japaner. Ihre „Genialität" liegt im alltäglichen Wirtschaften, Produzieren und Verbessern in kleinen Schritten. Damit schafften sie einen globalen, industriellen Strukturwandel (Brunner 2017, S. 4).

► Der Kern der japanischen Philosophien „gemeinsam", „verbessern" und „rücksichtsvoll" muss auf ihre Übertragbarkeit auf Fragestellungen der Mobilität überprüft werden – um einen ebenso tiefgreifenden Wandel in der Mobilität zu erreichen.

▶ Der Verzicht auf 20 % kann enorme Effekte haben. Der dafür erforderliche Aufwand ist hingegen vergleichsweise gering. Der Verzicht auf einen Tag Pkw-Nutzung in der Woche (bei 5 Arbeitstagen) entspricht bereits einer Reduktion um 20 %.

3.2 Lean Production und Toyota-Produktionssystem

Die Fortführung der Entwicklung dieser Philosophien mündete schließlich in den Anfängen der ersten Effizienzgedanken, den ersten Ansätzen zur Verbesserung von Produktion und Prozessen – meist mit dem Hintergedanken, durch Verbesserung einzelner Prozesse den Profit des Gesamtsystems zu erhöhen.

Zahlreiche erste Gedanken dazu stammen ebenfalls aus Japan. Toyota war in vielen Punkten der Vorreiter in der Automobilindustrie bei der Gestaltung und Verbesserung von Abläufen. Es ging vor allem darum, mit wettbewerbsfähigen Produkten hinsichtlich Preis und Qualität mit der Konkurrenz mithalten bzw. diese sogar überflügeln zu können. Das Toyota-Produktionssystem (TPS) gilt als das bekannteste, ganzheitliche Produktionssystem und als die prominenteste Methodik zur Optimierung der Produktions- und Arbeitsorganisation. Das TPS hat sich im Laufe von Jahrzehnten zu einem ausgeklügelten System entwickelt, das auf verschiedenen Ebenen wirksam ist. Es enthält Führungsgrundsätze, Produktionsstrategien, Organisations- und Logistikkonzepte (Brunner 2017, S. 4).

Entwickelt wurde das Toyota-Produktionssystem in den 1950er-Jahren von Taiichi Ohno und durch Forscher des Massachusetts Institute of Technology (MIT) als Lean Production oder Lean Manufacturing, also schlanke Produktion, global bekannt gemacht (Bertagnolli 2020, S. 202–204). Durch das Aufdecken und Beseitigen von Verschwendungen in der Fertigung entsteht ein Wettbewerbsvorteil (Bertagnolli 2020, S. 5) und die gesamte Wertschöpfungskette wird effizient sowie verschwendungsfrei gestaltet (Sinsel 2020, S. 2).

Im Rahmen der Studie des MIT wurde verdeutlicht, dass Ford für die Montage des Escort 1990 33,9 h brauchte, während für vergleichbare Modelle bei Nissan 15 h und bei Toyota nur 12 h benötigt wurden. Dabei nannte die Studie eine geringe Leistungsmotivation der Mitarbeiter*innen und eine fortlaufende Verschwendung als Hauptursachen für die identifizierte Differenz. Erst durch diese Vergleichsstudie gelang es, die öffentliche Aufmerksamkeit zu erregen und die westlichen Industrien darauf aufmerksam zu machen – bis dahin waren diese Ansätze völlig unbemerkt geblieben (Brunner 2017, S. 64).

Das TPS besteht aus mehreren Bausteinen und Prinzipien. Dazu zählen u. a. (Bertagnolli 2020, S. 202):

- Kaizen: Diese Philosophie zielt auf kontinuierliche Verbesserungen in allen Bereichen des Unternehmens ab. Es geht darum, kleine Verbesserungen bei Prozessen, Leistungen und Produkten zu erzielen, die sich auf lange Sicht positiv auswirken (Bertagnolli 2020, S. 152; Koether und Meier 2020, S. 6; Becker 2006, S. 263).
- Just-in-time (JiT): Die Produktion von Waren erfolgt genau dann, wenn sie benötigt werden, um Verschwendung zu vermeiden. JiT beschreibt also die Beschaffung von

Material nach den 5R für „richtig": die richtige Leistung, zur richtigen Zeit, in richtiger Menge, in richtiger Qualität, am richtigen Ort. Bei Prozessen bedeutet dies sowohl das genaue Einhalten der Zeitvorgaben als auch die ausschließliche Fertigung von Produkten, welche dann tatsächlich gebraucht und am Ende von Kund*innen abgenommen werden (Bertagnolli 2020, S. 84).

- Lean Management: Diese Methodik zielt darauf ab, Verschwendung zu minimieren und Effizienz zu maximieren, indem überflüssige Schritte eliminiert werden. Die Einführung der schlanken Produktion bewirkt u. a. geringere Bestände, eine Reduktion des Personals und der Fabrikflächen, der Lagerbestände sowie einer Reduzierung der Fehler (s. Abschn. 3.4).

Mit dem Begriff „Lean Production" oder der „schlanken Produktion" ist eine Unternehmensgestaltungsphilosophie entstanden, die im Rahmen eines ganzheitlichen Ansatzes die Wettbewerbsfähigkeit der Unternehmen steigert. Die Integration sämtlicher Unternehmensbereiche von der Managementebene bis zur operativen Ebene bildet das Zentrum dieser Idee. Das TPS ist also im Grunde genommen ein umfassendes Technologie-Management-Programm, das sich zu einer gewachsenen Unternehmenskultur entwickelt hat und durch das Zusammenspiel von Prozessen und Strategien zum Erfolg führt (Brunner 2017, S. 105) (Abb. 3.1).

▶   Schlanke, einfache Prozesse und der Fokus auf Vermeidung von Verschwendungen können ein wichtiger Ansatz neuer Mobilitätskonzepte sein.

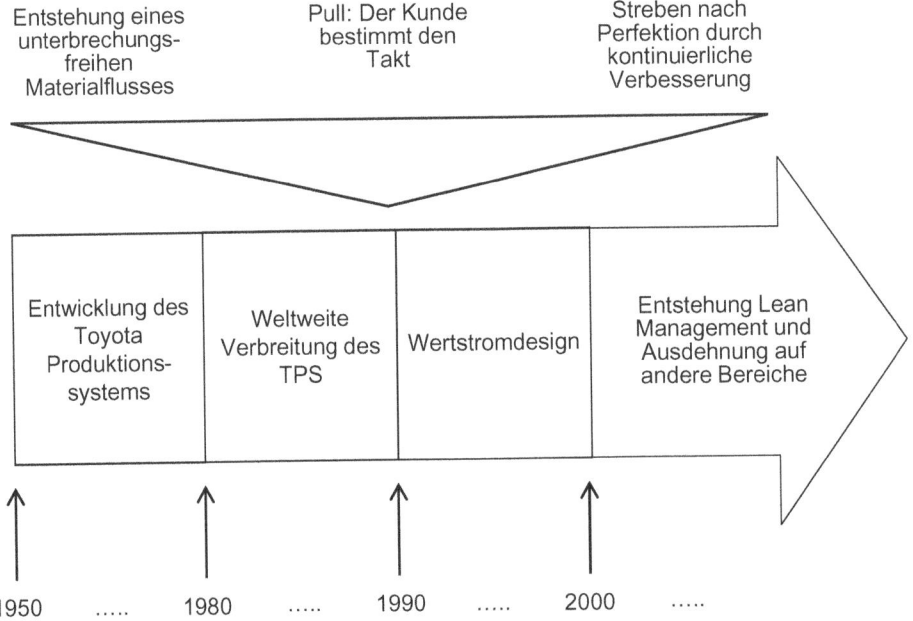

Abb. 3.1 Die Entwicklung des Lean-Gedanken

3.3   Bedeutung der Verschwendung

Die Begriffe Verschwendung und Ressourceneffizienz sind eng miteinander verbunden – der Fokus liegt auf einem sparsamen bzw. zielgerichteten Einsatz von Ressourcen, wie Material, Zeit und Flächen. Anstatt den Gewinn z. B. durch höhere Preise und Absatzmengen zu maximieren, steht beim Lean-Gedanken die Kostensenkung im Fokus. Alle nicht wertschöpfenden Prozessanteile sollen beseitigt werden, sodass es nachhaltig zu Kostensenkungen und einem gewinnmaximierenden Wettbewerbsvorteil kommt (Bertagnolli 2020, S. 14).

Dient eine Tätigkeit keiner Wertschöpfung, verbraucht sie lediglich Ressourcen, ohne einen Mehrwert zu generieren. Im Japanischen wird dies „Muda" genannt und steht für einen sinnlosen Aufwand, was im Deutschen mit dem Begriff der Verschwendung übersetzt wurde (Bertagnolli 2020, S. 33). Diese Verschwendungen gilt es bereits während der Planungsphase aufzudecken, zu beseitigen und durch wertschöpfende Tätigkeiten oder eine effizientere Nutzung zu ersetzen.

In der klassischen Lean-Production-Lehre wird nach sieben Verschwendungsarten unterschieden – wobei hier nur auf diejenigen verwiesen wird, die einen möglichen Bezug zu Verkehr und Mobilität aufzeigen:

Überproduktion

Die Überproduktion gilt als die negativste Art der Verschwendung – sie führt dazu, dass mehr hergestellt, als von Kund*innen tatsächlich abgenommen wird. Dadurch sind alle anderen Verschwendungsarten mitbetroffen. Steigt also die Produktivität unnötig, so steigen auch unnötig die Materialströme und damit die Bewegungen. Es wird zwar im klassischen Sinne Wertschöpfung betrieben, allerdings ohne sicherzustellen, dass die produzierte Ware von Kund*innen nachgefragt wird. Diese Art der Verschwendung wird häufig durch ein falsches Fertigungsprinzip ausgelöst, bei dem nach dem Push-Prinzip gefertigt wird. Das bedeutet, es wird produziert, ohne zu wissen, ob das Produkt und vor allem wann das Produkt von Kund*innen nachgefragt wird. Dabei kann der Kunde nicht nur der Käufer des Produktes sein, sondern auch innerhalb eines Unternehmens der nachfolgende Produktionsbereich.

Die „Überproduktion" von möglichen Mobilitätsangeboten kann also zu einer Verschwendung von Ressourcen (z. B. der benötigten Verkehrsflächen) führen (s. Abb. 3.2).

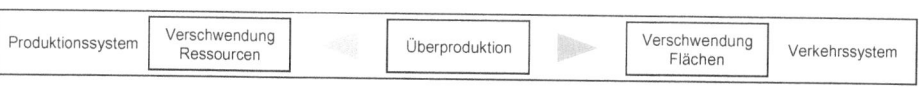

Abb. 3.2 Überproduktion im Produktions- und Verkehrssystem

Warten

Warten ist ein Zeitraum, in dem kein wertschöpfender Prozess stattfinden kann. Dabei ist gleich, ob es sich um die Wartezeit handelt, in der Mitarbeiter*innen keine Aktivität ausüben können oder in der das Produkt darauf wartet, weiter bearbeitet werden zu können. In beiden Fällen verstreicht wertvolle Zeit, welche maßgeblich für eine längere Durchlaufzeit verantwortlich ist. Wird dabei die gesamte Durchlaufzeit eines Produktes betrachtet, so kann festgestellt werden, dass etwa 75 % dieser Zeit die Wartezeit darstellt (Liker 2008, S. 59 und Arnold und Furmans 2009, S. 111 f.).

Wartezeiten entstehen häufig, wenn auf Grund von fehlenden oder unzureichenden Austakten der Vorgängerprozess noch nicht abgeschlossen ist und der nachgelagerte Prozessschritt dadurch nicht gestartet werden kann. Liegezeiten dagegen entstehen häufig dann, wenn die Produktivität der Mitarbeiter*innen gesteigert wird. Sie sollen dabei möglichst viele Maschinen gleichzeitig bedienen, um die Auslastung der Maschinen und der Mitarbeiter*innen hoch zu halten. Dabei muss jedoch immer ausreichend Material zur Verfügung gestellt werden, um einen Stillstand der Maschinen oder Wartezeiten der Mitarbeiter*innen zu vermeiden. In dieser Zeit ist das Produkt von der Liegezeit betroffen und wartet somit darauf, weiter verarbeitet zu werden.

In einem Verkehrssystem kann also die Inaktivität verglichen werden mit einem Stau – es verstreicht Zeit, die entsprechend für andere Tätigkeiten genutzt werden könnte (s. Abb. 3.3).

Transport

Der Transport von Fertigprodukten, Halberzeugnissen, Materialien oder sonstigen Gegenständen gehört in den meisten Fällen in die Kategorie von Tätigkeiten, die nicht wertschöpfend, jedoch notwendig sind. Dabei müssen unter anderem die oben genannten Gegenstände tagtäglich vom vorgelagerten bis zum nachfolgenden Prozessschritt transportiert werden. Das Ziel „Lean Thinking" eines Unternehmens muss jedoch darin bestehen, unnötige Transporte, Umpackmaßnahmen sowie Zwischenlagerungen zu beseitigen oder zu optimieren.

Unnötiger Transport ist oft ein Resultat aus der Überproduktion. Diese verursacht hohe Bestände, die regelmäßig transportiert werden müssen. Eine weitere Ursache ist z. B. ein nicht ideal geplantes Produktionslayout, in dem möglichst kurze Wege nicht realisierbar sind. Zudem bindet ein langer Transportweg unnötig Ressourcen für nicht wertschöpfende Tätigkeiten, die anderweitig hätten eingesetzt werden könnten. Es werden also Ressourcen wie Energie und Zeit verschwendet, da Mitarbeiter*innen ihre Arbeitszeit besser als

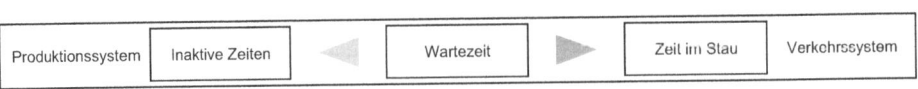

Abb. 3.3 Warten im Produktions- und Verkehrssystem

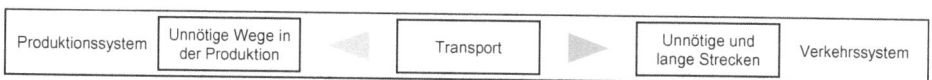

Abb. 3.4 Transport im Produktions- und Verkehrssystem

für Transporte nutzen könnten und weil eingesetzte Transportmittel wie Gabelstapler, Hubwagen oder Lkw unnötig Strom, Gas oder Diesel verbrauchen. Ziel sollte es also sein, sowohl die Anzahl der Transporte als auch deren Wegstrecken zu reduzieren (Tekada 2012, S. 111 f.).

Die Transportverschwendung ist der naheliegendste Zusammenhang zwischen Produktion und Verkehr. Auch wenn der Transport – im Gegensatz zur Produktion – für die Mobilität zum Kern der Leistungserstellung zählt, muss es auch hier darum gehen, schlank zu denken und Ressourcen nicht falsch einzusetzen, um damit entweder Strecken zu vermeiden oder deren Länge sinnvoll zu reduzieren (s. Abb. 3.4)

Bestand

Zu Beginn der Wertschöpfungskette sind Bestände zunächst in Form von Rohmaterial vorzufinden und „warten" dort auf die weitere Bearbeitung. Bestände, die während der Bearbeitung anfallen, müssen zudem zwischengelagert werden, bis sie zum Einsatz kommen. Letztlich entstehen Fertigprodukte, die wiederum als Bestand in einem Lager mitunter darauf warten von Kund*innen abgenommen zu werden. Zu hohe Rohmaterial-Bestände können auf eine unzureichende Liefertreue eines Lieferanten zurückzuführen sein. Um weiterhin die Produktion aufrecht erhalten zu können, wird ein Vorrat benötigt, aus dem die Montage versorgt wird. Hohe Bestände in der Produktion werden u. a. aufgebaut, um mögliche Ausschussquoten kompensieren oder ausbleibenden Materialnachschub abfangen zu können. Bestände von fertigen Produkten stellen die Lieferfähigkeit trotz langer Durchlaufzeiten sicher und können darüber hinaus Schwankungen der nachgefragten Menge ausgleichen. Hohe Bestände führen jedoch zu einem enormen Platzbedarf, was letztlich zu einer Verschwendung von (kostspieligen) Flächen führt. Zudem verursachen die Einlagerung sowie die Auslagerung von Rohteilen, Baugruppen und Fertigteilen hohe Kosten und einen noch größeren Steuerungsaufwand (Regber und Zimmermann 2007, S. 31 f.).

Ein hoher Bestand in der Produktion steht synonym für einen zu hohen Bestand an Fahrzeugen (vorrangig Pkw), die vor allem im ruhenden Zustand (Parken) – der zudem einen Großteil der „Nutzung" ausmacht – die zur Verfügung stehenden Verkehrsflächen belasten (s. Abb. 3.5).

Fehler und Ausschuss

Aufgrund mangelnder Qualität entstehende Fehler oder Ausschuss sind zentrale Formen der Verschwendung. Wenn am Ende der Wertschöpfungskette ein qualitativ unbrauchbares Produkt entsteht, dass im schlechtesten Fall Ausschuss darstellt, dann bedeutet dies, dass eine Vielzahl von Ressourcen ohne brauchbares Ergebnis verschwendet wurden. Ursachen

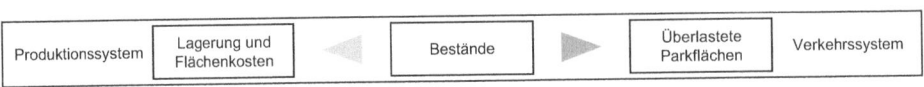

Abb. 3.5 Bestände im Produktions- und Verkehrssystem

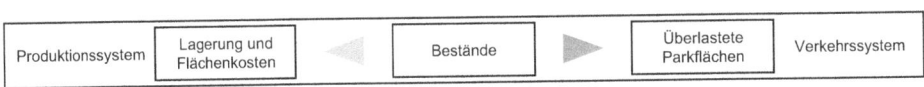

Abb. 3.6 Ausschuss im Produktions- und Verkehrssystem

für mangelnde Produktqualität in Unternehmen sind unter anderem schlecht gewartete Maschinen, nicht ausreichend geschulte Mitarbeiter*innen oder fehlerhafte Teile von Zulieferern. Die Folgen mangelnder Qualität und der damit möglicherweise einhergehenden Nacharbeit sind nicht nur die steigenden Produktionskosten durch Mehrarbeit. Die Herstellung von Ersatzprodukten lässt die Produktionskosten durch den erneuten Einsatz von Ressourcen (Material, Arbeit) zusätzlich weiter ansteigen. Darüber hinaus kommt es zu Verzögerungen im Produktionsablauf und damit automatisch zu längeren Durchlaufzeiten (Liker 2008, S. 59 f.).

In einem Verkehrssystem ist der „Ausschuss" vor allem durch eine mangelhafte Mobilitätsleistung gekennzeichnet. Fahrzeuge, die ausfallen, Staus, die den reibungslosen Ablauf der Fahrt behindern und Unfälle sind klassische Verschwendungs-Symptome des Verkehrs (s. Abb. 3.6).

„Falsche" Produkte
Der Einsatz der „falschen" Technologien oder zu komplizierter Prozesse in der Produktion, können dazu führen, dass an Kund*innenwünschen vorbei oder zu aufwändig produziert wird. Prozesse oder Fertigungsverfahren ohne Notwendigkeit für das Endprodukt können so unnötig komplex ausfallen und damit die Kosten in die Höhe treiben (Regber und Zimmermann 2007, S. 30 f.).

Wenn Dienstleistungen als Angebote oder Produkte im Rahmen eines Mobilitätskonzepts als zu kompliziert und undurchsichtig wahrgenommen werden, besteht die Gefahr, dass sie nicht angenommen und akzeptiert werden und somit keine Veränderung bzw. Verbesserung im Verkehrsfluss erreicht werden kann (s. Abb. 3.7).
Schlussfolgernd lässt sich feststellen, dass egal, um welche Arten der Verschwendung es sich in Unternehmen handelt, sie in den meisten Fällen synchron auftreten. Wird eine dieser Verschwendungen erkannt und werden Gegenmaßnahmen getroffen, so wird auch zeitgleich eine weitere Schwachstelle analysiert und im besten Fall optimiert. Daraus resultiert, dass sich mit sinkender Verschwendung die Produktivität erhöhen lässt und zeitgleich die Durchlaufzeit im Gegenzug reduziert werden kann. Aus Kund*innensicht ist die Länge der Durchlaufzeit oft ein wichtiges Kriterium beim Kauf eines Produktes. Für eine höhere Geschwindigkeit ist der Kunde oft bereit, einen höheren Preis zu akzeptieren.

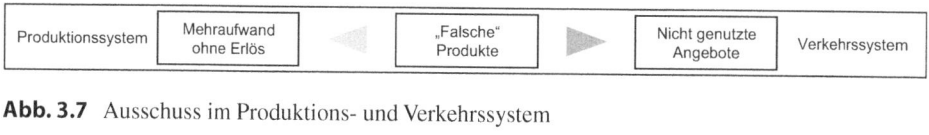

Abb. 3.7 Ausschuss im Produktions- und Verkehrssystem

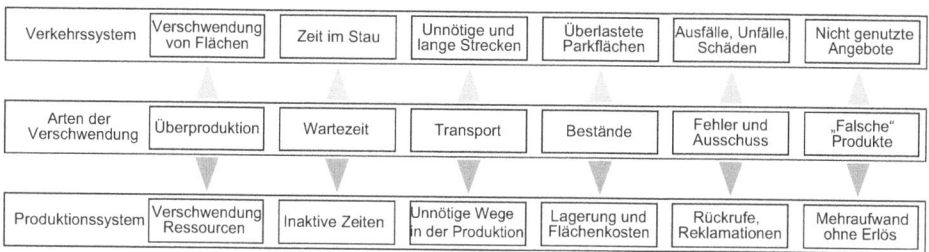

Abb. 3.8 6 Arten der Verschwendung im Produktions- und Verkehrssystem im Vergleich

Von den im Lean Management identifizierten sieben Arten der Verschwendung lassen sich vor allem sechs auf ein Verkehrssystem übertragen und erste Parallelen zwischen dem Materialfluss in einer Produktion und dem Verkehrsfluss zur Erfüllung des Mobilitätsbedarfs ableiten (s. Abb. 3.8).

▸ Die wesentlichen Verschwendungsarten im Rahmen des Lean-Gedanken lassen sich auch in einem Verkehrssystemen identifizieren. Dabei ist es wichtig, genauer zu betrachten, wie mit den verschiedenen Formen der Verschwendung in der Praxis umgegangen wird und inwiefern sich diese Ideen und Ansätze auf Fragestellungen in Mobilität und Verkehr übertragen lassen.

3.4 Lean Management und Lean Logistics

Lean beschränkt sich schon lange nicht mehr nur auf fertigende Prozesse (Lean Production), sondern findet seine Anwendung auch in Geschäftsbereichen wie der Instandhaltung (Lean Maintenance), der Logistik (Lean Logistics) oder den Geschäftsprozessen (Lean Administration) (s. Abb. 3.9).

Seit Mitte der 1990er-Jahre hat sich die Lean-Strategie – ausgehend von Produktionsunternehmen – auch im Handels- und Dienstleistungssektor sowie im Mittelstand oder der Finanzwirtschaft etabliert und dehnte sich in den folgenden Jahrzehnten in zahlreiche weitere Branchen erfolgreich aus. Zahlreiche namhafte Unternehmen haben heute mit der Anwendung des Lean-Ansatzes ein erfolgreiches Managementsystem eingerichtet.

Zunächst war dabei die Logistik im Fokus – die sich durch ihre Nähe zur Produktion und als Dienstleistung zur Realisierung der Produktion unmittelbar anpassen und neue Konzepte hervorbringen musste. Dabei sind einige zentrale Konzepte entstanden, die den Materialfluss unter den gewählten Voraussetzungen erst ermöglichen und auch auf Dauer aufrechterhalten können. Diese Konzepte werden im Folgenden genauer beleuchtet, um auch hier interessante Ideen und Ansätze auf ihre Übertragbarkeit prüfen zu können.

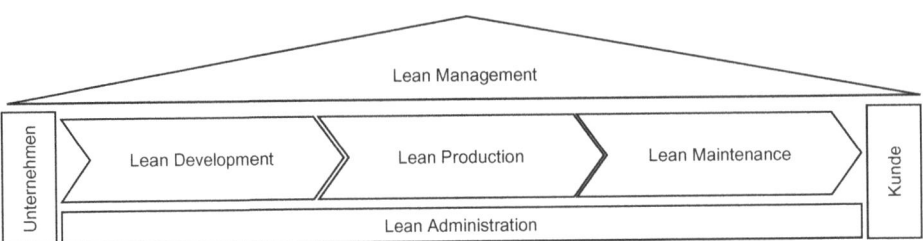

Abb. 3.9 Bestandteile des Lean Managements (in Anlehnung an Bär und Purtschert 2014, S. 26)

3.4.1 Bausteine des Lean-Gedanken

Zwei wesentliche Ziele haben sich im Laufe der Entwicklung des Lean-Gedankens herauskristallisiert: zum einen die Aufrechterhaltung des (Material)Flusses und zum anderen die Vermeidung von Verschwendung in allen Produktionsbereichen, sowohl bei der Produktentwicklung als auch in der Zulieferkette. Zu den zentralen Bausteinen jeder Lean-Strategie zählen fünf Grundprinzipien, zu denen sich mögliche Analogien bei der Gestaltung eines Verkehrssystems und einer neuen Mobilität aufzeigen lassen: Kund*innensicht, Wertstrom, Fluss, Pull und Perfektion (s. Abb. 3.11). Daraus sind wesentliche Ansätze und Strategien entwickelt worden, die vor allem auf eine Vermeidung von Verschwendung und eine Fokussierung auf die Wertschöpfung aller Prozesse legen.

Kund*innensicht
Eine genaue Identifikation der Kund*innensicht ist der erste Schritt, um festzustellen, wie das Unternehmen und die Produkte vom Kund*innen gesehen werden. Dabei wird genauer betrachtet, welche Tätigkeiten in der Wertschöpfung die Kund*innen bereit sind zu zahlen und für welche Aktivitäten sie eher kein Geld zahlen würden. Dafür müssen zunächst die Bedürfnisse der Kund*innen untersucht werden, um anschließend den Preis des Produktes mit den geforderten Eigenschaften anpassen zu können. Die Orientierung auf die Kund*innensicht spielt beim Lean-Management-Ansatz eine entscheidende Rolle (Womack und Jones 2003, S. 19).

Übertragen auf ein Verkehrssystem, bedeutet dies: Welche Leistung erwarten die Nutzer*innen von einem Mobilitätssystem und welchen Preis sind sie bereit zu zahlen für neuartige, funktionieren Konzepte, die eine tatsächliche Verbesserung darstellen?

Wertstrom
Die Wertstromanalyse ist ein wichtiges Instrument, mit dem die Material- und Informationsflüsse schnell und übersichtlich dargestellt werden können. Sie liefert einen guten Überblick über die Ist-Situation und deren nicht-wertschöpfende Tätigkeiten (Erlach 2020, S. 32). Ist geklärt, was „Wert" für die Endkund*innen bedeutet, können diejenigen Aktivitäten identifiziert und in eine Reihenfolge gebracht werden, die diesen Wert generieren. Dabei muss darauf geachtet werden, dass tatsächlich jede Aktivität einen Beitrag zum definierten Kund*innenwert liefert. Alles andere kann und muss nach Möglichkeit eliminiert oder zumindest „verschlankt" werden (Erne 2019, S. 73).

In einem Verkehrssystem spiegeln die Verkehrsströme, inklusive Flächenauslastung der Parkflächen und die entstehenden Staus, den Materialfluss in einem Produktionssystem wider. Es müssen also die Schwachstellen im Verkehrssystem (Stau) aufgezeigt und die Bedeutung der Verschwendung verdeutlicht werden.

Fließprinzip
Nach der Analyse des Wertstromes sowie der Identifikation und Eliminierung der Verschwendungen soll im nächsten Schritt das Fließprinzip Anwendung finden, um einen kontinuierlichen Fluss durch alle Bereiche des Unternehmens sicherzustellen. Dabei soll nicht mehr in organisatorischen Kategorien, sondern vielmehr an den wertschöpfenden Prozess eines Produktes gedacht werden (Thomsen 2006, S. 7).

Das heißt, die Strukturen werden zum Fließen gebracht, indem die Prioritäten auf die Fertigstellung eines Objekts unabhängig von Stellen-, Abteilungs- und Unternehmensgrenzen gelegt und alle Hindernisse für einen kontinuierlichen Fluss beseitigt werden. Dadurch können Leistungen zu minimalen Gesamtkosten und in kürzest möglichen Durchlaufzeiten realisiert werden (Erne 2019, S. 73). Dabei wird das Prinzip des „One-Piece-Flow" (s. Abschn. 3.4.2) – dessen Grundvoraussetzung ein unterbrechungsfreier Materialfluss ist – als bestmögliche Lösung der Fließfertigung angestrebt (Thomsen 2006, S. 7).

Ein zentraler Gedanke einer funktionierenden Mobilität sind die Entstehung und Aufrechterhaltung eines kontinuierlichen Flusses. Es muss also geprüft werden, inwiefern sich Gedanken der Flussoptimierung aus der Logistik für eine Anwendung im Personenverkehr eignen.

Pull-Prinzip
Die Umsetzung des Pull-Prinzips verlangt von jedem Bereich des Unternehmens die Beschaffung der benötigten Materialien, um die direkten Kund*innen (auch interne Kund*innen) „just in time" beliefern zu können. Dabei wird erst ein Materialfluss erzeugt, wenn die nachgelagerte Stelle (Kund*innen, Unternehmen, Produktionsstufe) den Bedarf signalisiert.

Jede Stelle im Wertschöpfungsprozess „holt" sich die Arbeit, die verrichtet werden muss, von der vorhergehenden Stelle ab. Der Fluss im Wertstrom wird also vom Ergebnis her „gezogen", nicht vom Startpunkt des Prozesses aus „geschoben" (s. Abb. 3.10). Dadurch wird sichergestellt, dass tatsächlich nur diejenigen Leistungen erbracht werden, die von Kund*inne auch nachgefragt werden und der Kunde Wert beim Unternehmen abrufen und schnell erhalten kann (Erne 2019, S. 73).

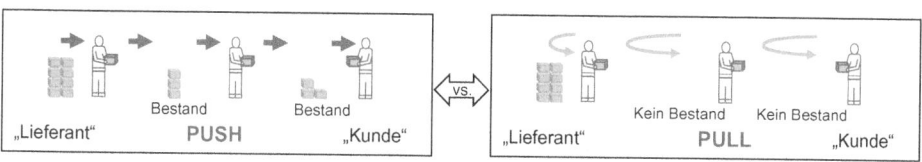

Abb. 3.10 Funktionsweise und Effekte des Push- und Pull-Systems im Vergleich

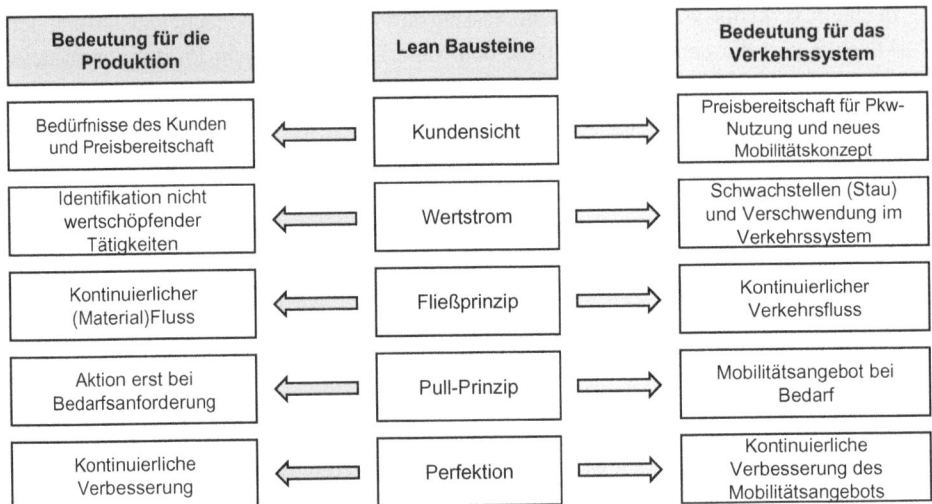

Abb. 3.11 Lean-Bausteine in einem Verkehrssystem

Im Rahmen der Mobilität könnte dies bedeuteten, dass Mobilitätsangebote vermehrt dann zur Verfügung gestellt werden, wenn sie auch benötigt werden und die Bevorratung von Mobilitätsangeboten (abgestellte und meist ungenutzte Pkw) möglichst vermieden wird.

Perfektion

Das letzte der grundlegenden Prinzipien des Lean Managements ist das Streben nach Perfektion, welche durch das Einhalten des kontinuierlichen Verbesserns ermöglicht wird. Mitarbeiter*innen sind angehalten, stets Verschwendungen im Gesamtprozess zu erkennen und zu eliminieren (Womack und Jones 2003, S. 25 f.).

Im Rahmen eines Verkehrskonzepts ist auch dieser grundsätzliche Schritt von zentraler Bedeutung. Zunächst ausgearbeitete Ansätze und Konzepte müssen einer ständigen Überprüfung unterzogen werden und ggf. angepasst oder verbessert werden (Abb. 3.11).

3.4.2 Materialfluss-Prinzipien in der Logistik – One-Piece-Flow, Kanban und Just-in-Time

Unter Flussorientierung wird in der Logistik der Fluss von Materialien und Waren durch einen Produktions- oder Lieferprozess verstanden. Er muss so gestaltet werden, dass er möglichst reibungslos und effizient verläuft. Die Flussorientierung betont die Bedeutung einer möglichst ununterbrochenen Material- oder Warenströmung, um Verschwendung zu minimieren und die Effizienz zu maximieren.

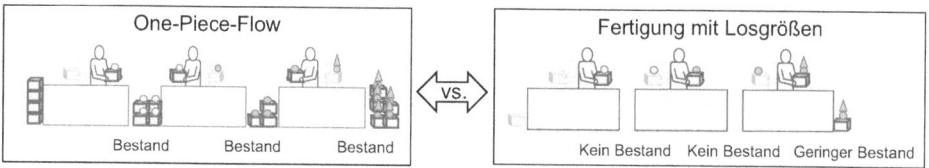

Abb. 3.12 Funktionsweise des „One-Piece-Flow"-Systems

Ein wichtiger Aspekt der Flussorientierung ist die Reduktion von Lagerbeständen und Wartezeiten. Durch eine kontinuierliche Material- oder Warenströmung können Lagerbestände minimiert und Wartezeiten vermieden werden, was wiederum zu Kostensenkungen beitragen kann. Um eine flussorientierte Logistik zu erreichen, kann das Pull-Prinzip in Kombination mit anderen Ansätzen wie dem „One-Piece-Flow", dem „Kanban"-System oder „Just-in-Time"-Lösungen verwendet werden, um die Effizienz in der Produktion und Logistik zu verbessern.

One-Piece-Flow

One-Piece-Flow ist ein Konzept, das in der industriellen Fertigung verwendet wird, um die Effizienz und Qualität der Produktion zu verbessern und basiert auf dem Prinzip, dass jedes Produktteil oder jedes Produkt einzeln – anstatt in großen Mengen oder Losgrößen – durch den Fertigungsprozess befördert wird. Dabei wird ein Werkstück nach der Bearbeitung sofort an den nächsten Prozess bzw. Arbeitstakt weitergegeben, um dort bearbeitet zu werden. Das bedeutet, dass vor einem Prozessschritt maximal ein Werkstück (Losgröße eins) bereit liegt (s. Abb. 3.12). Es gibt, anders als bei der losweisen Fertigung, keine Pufferbestände zwischen den Prozessschritten. Es ermöglicht minimale Durchlaufzeiten (optimaler Cashflow, da sich wenig Material in der Fertigung befindet) durch die Verkleinerung der Lose, maximale Flexibilität und schnelles, effektives Reagieren auf Probleme (optimale Qualität), signifikante Platzreduzierungen und Flexibilisierung der Fertigung durch effizienteres Arbeiten bzw. Einsetzen der Ressourcen (Gröbner 2015, S. 21).

Ziel ist es, den Fertigungsprozess so zu gestalten, dass er möglichst reibungslos und ohne Unterbrechungen abläuft. Ein wichtiger Aspekt ist dabei die sogenannte „Stop-and-Go"-Produktion. Bei dieser Produktionsmethode wird der Fertigungsprozess angehalten, wenn ein Fehler oder eine Unregelmäßigkeit festgestellt werden – anstatt den Fehler zu ignorieren oder zu übersehen und damit das Risiko von Qualitätsmängeln zu erhöhen.

Kanban

Darüber hinaus kann zusätzlich ein Kanbansystem zur effizienten Gestaltung und Steuerung des Produktionsablaufes eingesetzt werden. Kanban ist ein verbrauchsgesteuertes Materialflusskonzept, mit dem die Versorgung sichergestellt und nach dem Pull-Prinzip umgesetzt wird (Becker 2008, S. 83). Ziel ist, eine hohe Lieferzuverlässigkeit bei parallel geringen Beständen – und damit einer Vermeidung von Verschwendung – und minimalem Planungs- und Kontrollaufwand zu erreichen.

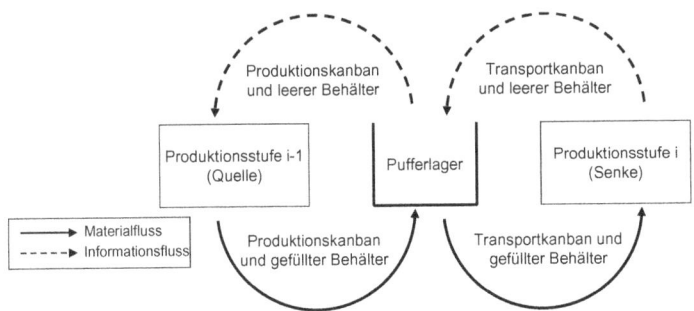

Abb. 3.13 Funktionsweise der Kanbansystematik. (In Anlehnung an Loos 2019)

Mit einem Kanban-System wird ein Versorgungskreislauf zwischen Verbraucher und Produzent im Unternehmen erzeugt (s. Abb. 3.13). Eine Karte oder ein leerer Behälter signalisieren dem Vorgängerprozess, dass ein Verbrauch stattgefunden hat und der Produzent nun autorisiert ist, die vordefinierte Menge herzustellen und an den Konsumenten weiterzuleiten. Die Kanban-Mengen sind dabei auf sinnvolle Losgrößen für eine Behältermenge ausgerichtet (Becker 2008, S. 83).

Kern der Kanban-Idee ist die Sicherung der Materialversorgung bei minimalen Beständen und einfachen Abwicklungsprozessen. Gerade diese Einfachheit erleichtert auch die Umsetzung, da die Vorteile unmittelbar zu erkennen sind und den Arbeitsablauf zudem erleichtern (Becker 2008, S. 84).

Just-in-Time

Ein weiteres wesentliches Werkzeug, das bei Lean im Materialfluss und speziell im Bereich der Logistik verwendet wird, sind Just-in-time (JiT) und Just-in-sequence (JiS). Voraussetzung sind dabei vor allem flexible, störungsfreie Prozesse in der Lieferkette, um so mit minimalen Puffern agieren zu können. Flexibilität wird bei JIT-Konzepten nicht durch „Einfrieren" eines Plans („Planungsstabilität") oder Reduzierung von Versorgungsrisiken durch ein Krisenmanagement erreicht, sondern durch charakteristische Schritte, die es erlauben, dass

- mit möglichst kleinen Losgrößen,
- möglichst kleinen Sicherheiten bzw. Puffern,
- mit maximaler Flexibilität gegenüber den Kund*innen und dabei
- mit im Vergleich kleineren Prozesskosten

gearbeitet werden kann (Gröbner 2015, S. 22).

▶ Der Fluss von Waren über bedarfsgesteuerte Konzepte mit kleinen, gut ausgelasteten Einheiten, kann ein zentraler Baustein für ein innovatives Mobilitätskonzept sein.

3.4.3 Flächeneffizienz in der Logistik

Dort, wo für Flächen und Raum bezahlt werden muss (Baukosten, Miete, Instandhaltung), besteht ein größeres Verständnis für Effizienzgedanken. Daher sind hier zahlreiche Konzepte im Materialfluss durch die Flächeninanspruchnahme von Wegen und Lagerflächen entstanden.

Zahlreiche Kennzahlen verdeutlichen die Bedeutung der effizienten Auslastung von Flächen in der Logistik – darunter z. B. der Höhen-, Raum- oder Flächennutzungsgrad in einem Lager. Der Flächennutzungsgrad ist z. B. ein Indikator für die Fixkostenbelastung des Lagers: Ein geringer Flächenauslastungsgrad (hervorgerufen durch hohen Leerstand) zeugt von einer überproportionalen Fixkostenbelastung durch Mieten oder Abschreibungen, da die Fixkosten nur auf relativ wenige eingelagerte Produktionseinheiten umgelegt werden können. Wohingegen ein hoher Flächennutzungsgrad auf die Notwendigkeit für eine Lagererweiterung hindeutet (Werner 2013, S. 342).

Für die bessere Nutzung von Flächen sind verschiedene Planungskonzepte entstanden, die sowohl der Fabrikplanung (Layoutplanung) als auch der Logistik (Materialflussplanung) entstammen.

Layoutplanung

Der Fabrikplanungsprozess umfasst die Lösung von Problemstellungen zur Planung, Realisierung und Inbetriebnahme von Fabriken. Dabei muss die Fabrik als Gesamtsystem gesehen werden, das durch die Gestaltungsergebnisse folgender Planungsfelder beschrieben wird (Grundig 2018, S. 12):

- Bestimmung von Standorten (Standortplanung)
- Entwurf von Bebauungsplänen, einschließlich der Wahl und Anordnung von Raum- und Gebäudesystemen (Generalbebauungsplanung)
- Konzeption von Produktions- und Logistikprozessen (einschließlich erforderlicher Personal- und Organisationsplanung) innerhalb definierter Flächen- und Raumsysteme (Fabrikstrukturplanung).

Diese Planungsfelder bilden in ihrer konkreten Gestaltung das Fabrikkonzept. Ziele sind dabei die Sicherung einer hohen Wirtschaftlichkeit bei minimalen Durchlaufzeiten und Beständen sowie die termin- und qualitätsgerechte Herstellung von Produkten unter Vermeidung nicht wertschöpfender Tätigkeiten. Dabei sind ein logistikgerechter Produktions- und Materialfluss sowie eine bestmögliche Auslastung von Ausrüstungen, Flächen (Räumen) und Personal zu gewährleisten (Grundig 2018, S. 12).

Erste Ansatzpunkte für eine ideale Anordnung von Flächen können grafische Verfahren wie das Kreisverfahren nach Schwerdtfeger liefern (s. Abb. 3.14). Bei diesem Verfahren werden die Objekte auf einem Kreis angeordnet und deren Materialflussbeziehungen durch Pfeile bzw. Verbindungslinien markiert. Die Linienstärke gilt dabei als das Maß der Transportintensität. Durch eine anschließende Umgruppierung der Objekte auf dem Kreis wird

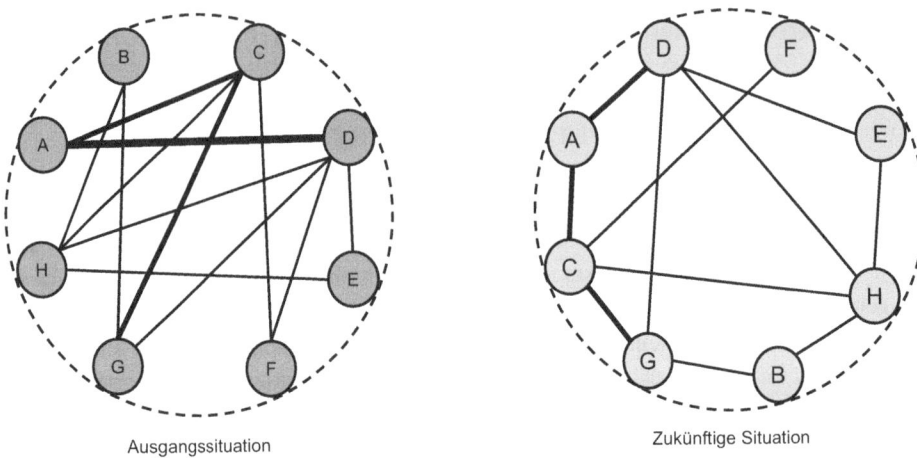

Ausgangssituation   Zukünftige Situation

Abb 3.14 Kreisverfahren nach Schwerdtfeger

schrittweise versucht, eine Anordnungsstruktur zu erreichen, bei der transportintensiv ver-
knüpfte Objekte auf dem Kreisumfang möglichst abstandsminimal – d. h. auf kurzer Distanz
zueinander – aneinander liegen, sodass transportintensive Verbindungslinien nicht durch den
Kreis, sondern linienförmig tangential auf dem Kreisumfang angeordnet sind. Im Ergebnis
entstehen durch die ideale Anordnung der Flächen möglichst kurze Wegstrecken.

Auf einer urbanen Fläche können diese Objekte zum Beispiel Schulen, Wohnquartiere,
Einkaufsmöglichkeiten, Kinos oder Theater und eben neu zu planende und anzuordnende
Verkehrsknotenpunkte sein, deren ideale Standorte es zu identifizieren gilt, um eine mög-
lichst ideale Anordnung mit kurzen Wegen zu realisieren.

Materialflussplanung

Im unternehmerischen Kontext ist die Zielsetzung jeder Materialflussplanung ein Materialfluss mit minimierten Kosten. Dabei gilt es, eine möglichst technisch funktionelle, wirtschaftliche und organisatorisch einfache Lösung zu finden. Wesentliche Gestaltungsgrundsätze sind dabei u. a. (Martin 2006, S. 26):

- Erhöhung der Flächen- und Raumnutzung
- Vermeidung von Kreuzungen und Gegenverkehr im Materialfluss
- Zweckmäßigkeit der Transporteinheiten
- kurze Wege
- konstante Transportgeschwindigkeiten
- ausgelastete Transportmittel
- Vermeiden von Lagern bzw. Lagerflächen

Ähnliche Grundsätze gilt es auch bei der Planung des Verkehrsflusses in einer Stadt zu
berücksichtigen. Die Nutzung der vorhandenen Flächen muss sinnvoll verbessert, die

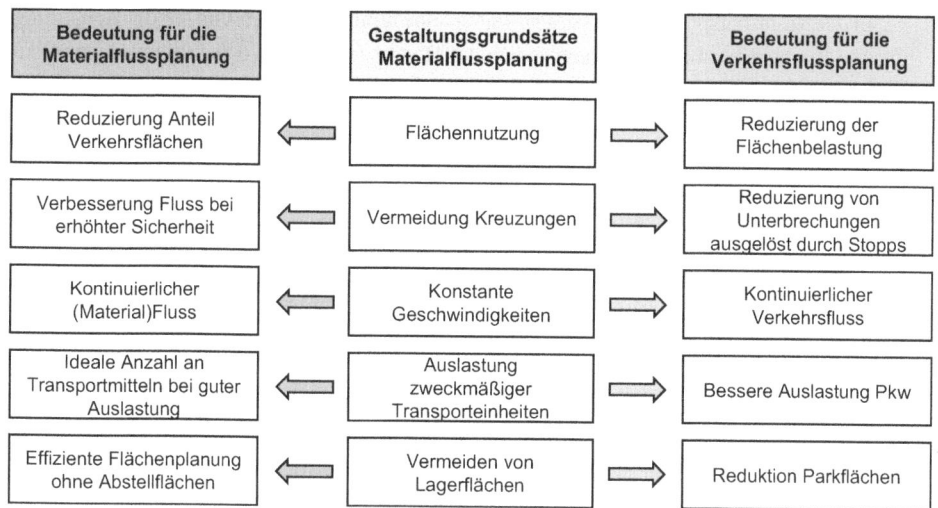

Abb. 3.15 Bedeutung der Gestaltungsgrundsätze der Materialflussplanung für ein Verkehrssystem

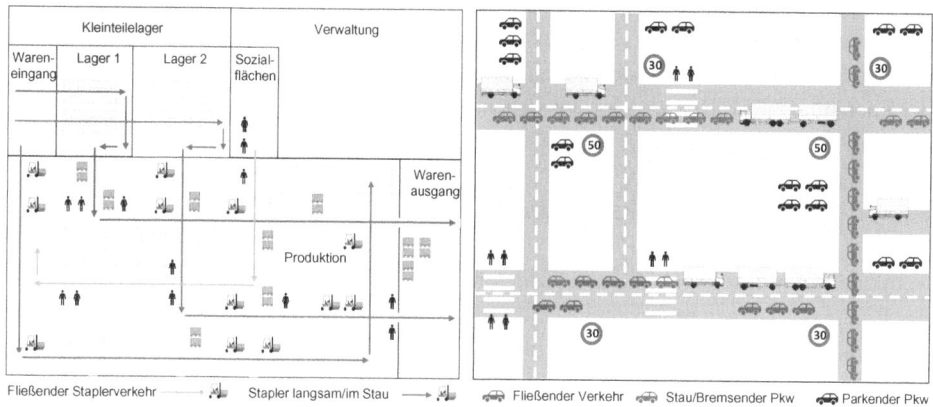

Abb. 3.16 Fluss in Produktion und Verkehr im Vergleich

Zweckmäßigkeit der Transporteinheiten (Pkw) erhöht und in einem Gesamtsystem aus möglichst konstanten Geschwindigkeiten sowie ideal ausgelasteten Transportmitteln realisiert werden. (s. Abb. 3.15)

Bei der Definition und Konfiguration von innerbetrieblichen Verkehrswegen (Fußwege, Rampen, Fahrstraßen, Gleise) ist darauf zu achten, dass es sowohl reine Fußwege und reine Fahrwege als auch gemeinsame Fuß- und Fahrwege gibt, die nach DIN 18225 und den Arbeitsstätten-Richtlinien eindeutig gekennzeichnet sein müssen. Es lassen sich also gewisse Parallelen zwischen der innerbetrieblichen Materialflussplanung und der Verkehrsflächen- und Verkehrsflussplanung in einem urbanen Raum erkennen, die auf eine gewisse Übertragbarkeit der Ansätze und Methoden hinweisen (s. Abb. 3.16)

▶   In der Mobilitätsplanung muss es gelingen, eine ähnliche Sensibilität für die Bedeutung und Kosten sowohl der Fläche als auch des Raums (s. Abschn. 3.6.2 und im Kap. 4) zu schaffen und unternehmerische Planungsansätze und -gedanken zu übertragen.

3.5   Netzwerke und deren Optimierung

Durch anhaltende Globalisierung und die damit einhergehende zunehmende Arbeitsteilung müssen in der Konsequenz die erstellten Produkte und Leistungen wieder zusammengeführt werden. Logistiknetzwerke bieten die Chance, genau diese Anforderungen zu erfüllen. Das gilt für alle Bereiche der Leistungserstellung, von der Beschaffung über die Produktion bis zur Distribution. Durch die Zusammenarbeit aller im Netzwerk Beteiligten können für die Unternehmen positive Resultate erzielt werden – neue Märkte erschlossen, Märkte erweitert und Kosten durch die Verlagerung der Produktion gesenkt werden. Zudem kann der Zugang zu Rohstoffen, Know-how und Arbeitskräften ausgebaut werden.

Durch diese Entwicklungen laufen die heutigen Transportströme vorrangig in großen, globalen Netzwerken ab. Deren Bestandteile sind wichtige Parameter in der Planung. Dabei handelt es sich im Wesentlichen um Knoten (Standorte, Filialen, Lager) und Kanten (Verkehrswege), die die Knoten miteinander verbinden. Globale und regionale Verkehrsnetze unterscheiden sich dabei nicht in ihren Bestandteilen, sondern vor allem hinsichtlich der Anzahl der Knoten auf möglicherweise verschiedenen Ebenen (Stufen) und der gesamten Ausdehnung.

3.5.1   Logistiknetzwerkstrukturen

Vertikale Netzwerke – vom kleinen Zulieferer bis zu den letztendlichen Abnehmer*innen des Produkts – können sehr komplexe Strukturen annehmen und sind entsprechend schwierig zu planen und zu betreiben. Logistiknetzwerke erstrecken sich dabei von den Knotenpunkten der Zulieferer über Zwischenknoten wie Produktionsstandorten und Lagern bis hin zu den Endknoten bei Kund*innen oder dessen Filialen (s. Abb. 3.17).

Das Logistiknetzwerk wird dabei auf den entsprechenden Kanten – abgebildet durch Straße, Schiene, See- oder Luftweg – von Waren-, Güter- und Personenströmen durchlaufen, die durch Informations- und Datenströme ausgelöst, gesteuert und kontrolliert werden (Gudehus 2012, S. 568 und Bretzke 2020, S. 33). Hinzu kommen Finanzströme zwischen allen Partner*innen des gesamten Netzwerks.

Logistiknetzwerke können anhand verschiedenster Charakteristika unterschieden werden. Dabei sind bei der Netzwerkplanung vor allem drei Merkmale von besonderer Bedeutung:

- Aufbau: zentral – dezentral
- Stufigkeit: direkt – einstufig – zweistufig (bzw. mehrstufig)
- Ausdehnung: regional – national – international

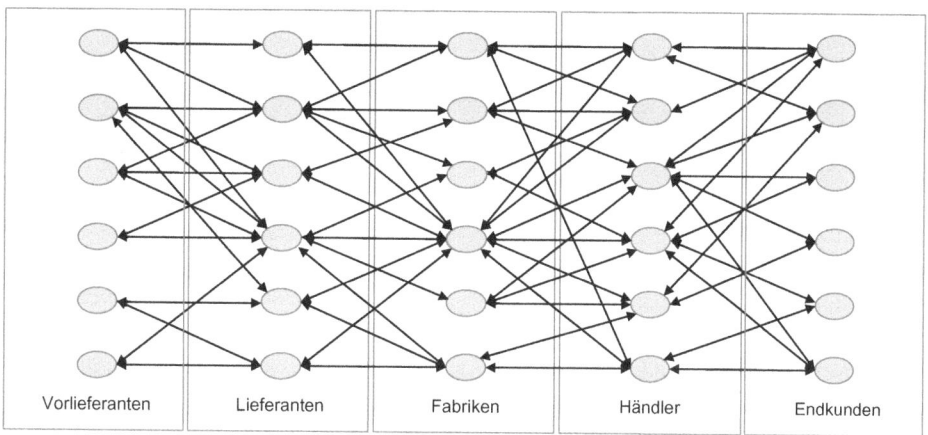

Abb. 3.17   Mehrstufiges Logistiknetzwerk

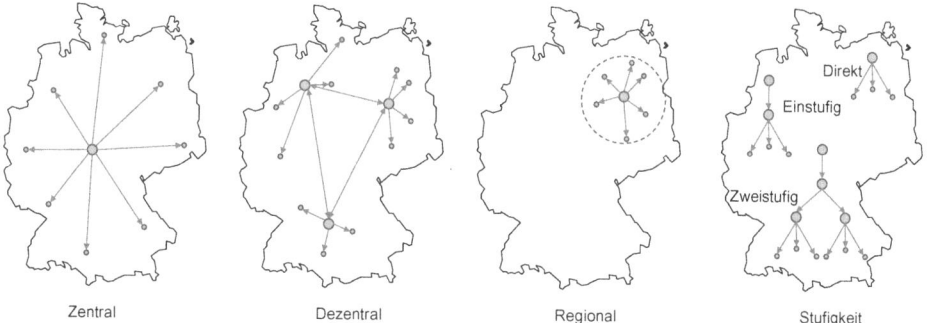

Abb. 3.18   Zentrale, dezentrale, regionale, nationale Netzwerkstrukturen und ihre Stufigkeit

Diese Strukturfaktoren sind sowohl für den Aufbau als auch für die daraus entstehenden Kosten wie Lager- und Transportkosten von maßgeblicher Bedeutung.

Zentraler vs. dezentraler Aufbau

Grundsätzlich lassen sich Netzwerkstrukturen zentral oder dezentral aufbauen und gestalten. Ein zentrales Netzwerk agiert dabei über einen zentralen Knoten (Lager), der in der Distribution z. B. für die Verteilung sämtlicher Waren verantwortlich ist. Bei einem dezentralen System wird dies über mehrere in einem Netzwerk befindliche Knoten abgewickelt (s. Abb. 3.18).

Vorteile einer zentralen Struktur sind vor allem die geringen Lager- und Bestandskosten, auf die im Folgenden nicht weiter eingegangen werden soll. Wesentlicher Nachteil eines zentralen Aufbaus sind aber die weiten Wege zum Zielpunkt, die unmittelbar zu hohen Transportkosten führen. Gerade im Hinblick auf ein neu zu gestaltendes Mobilitätsnetzwerk scheint eine dezentrale, aus mehreren Mobilitätshubs bestehende Netzwerkstruktur von erheblichem Vorteil zu sein.

Stufigkeit

Der zweite entscheidende Gestaltungsfaktor eines Netzwerks ist dessen Stufigkeit – also die Entscheidung, über wie viele Zwischenstufen (Lager) das Produkt vom Ausgangsknoten (Produktion) zum Zielknoten (Filiale, Kunde) gelangt. Prinzipiell können in der Praxis drei Ausprägungen beobachtet werden:

- Direktnetzwerke
- einstufige Netzwerke
- zweistufige Netzwerke

Theoretisch vorstellbar sind auch drei- oder mehrstufige Netzwerke. Für die Erläuterung der Folgen spielen diese aber keine weitere Rolle. Wesentliche Konsequenz aus der Stufigkeit sind vor allem die mit der Struktur in Verbindung stehenden Logistikkosten – hier vor allem Lager- bzw. Kapitalbindungs- und Transportkosten.

In einem Direktverkehrsnetzwerk erfolgt der Güterfluss direkt von der Quelle zur Senke zwischen allen am Netzwerk beteiligten Knoten. Aufgrund der teilweise weiten Wege direkt vom Versender zu den Kund*innen entstehen hohe Transportkosten. Zusätzlich entgeht dem Versender die Chance, seine Lieferungen zu bündeln, da die Abnehmer*innen meist nur geringe Mengen oder gar Einzelprodukte beziehen.

Bei einer Zwischenstufe wird das Produkt über ein Zentral- oder Regionallager an die Kund*innen ausgeliefert. Durch die zusätzliche Stufe ergeben sich zwei Vorteile auf Seiten der Transportkosten: zum einen reduzieren sich die Wege durch die größere Nähe des Lagers zum Zielort und zum anderen besteht für den Hersteller die Möglichkeit, die Warensendungen zur nächsten Lagerstufe zu bündeln. Statt Einzelsendungen an die Endkund*innen auszuliefern, kann er hier besser ausgelastete Fahrzeuge mit einer größeren Anzahl an Produkten zur Bevorratung in Zentral- oder Regionallager liefern (s. Abb. 3.19).

Wird die Stufigkeit weiter erhöht – zum Beispiel auf ein zweistufiges Netzwerk – verkürzen sich die Wege zu den Abnehmer*innen weiter, was durch die erneut kürzeren Wege weitere positive Auswirkungen auf die Transportkosten nach sich zieht. Zudem gibt es hier neben dem Bündelungspotenzial zwischen Produktion und erster Lagerstufe, weitere Bündelungseffekte zwischen erster und zweiter Lagerstufe.

Im Gegensatz dazu verändern sich die Lager- und Bestandkosten in die andere Richtung – umso mehr Lagerstufen eingebaut werden (und damit Lager), desto höher sind die Lagerkosten.

▶   Es kann also festgehalten werden: Je mehr Stufen ein Transportnetzwerk hat, desto geringer sind die Transportkosten und umso höher die Lager- und Bestandskosten.

Ausdehnung

Neben den beiden erstgenannten Faktoren spielt auch die Größe bzw. die Ausdehnung im Rahmen der Netzwerkplanung eine entscheidende Rolle. Je größer die zu bedienende Fläche, desto mehr Knoten müssen tendenziell geplant werden, um die aus den entstehenden Strecken Kosten so gering und ideal wie möglich zu gestalten. Gerade bei einer Planung

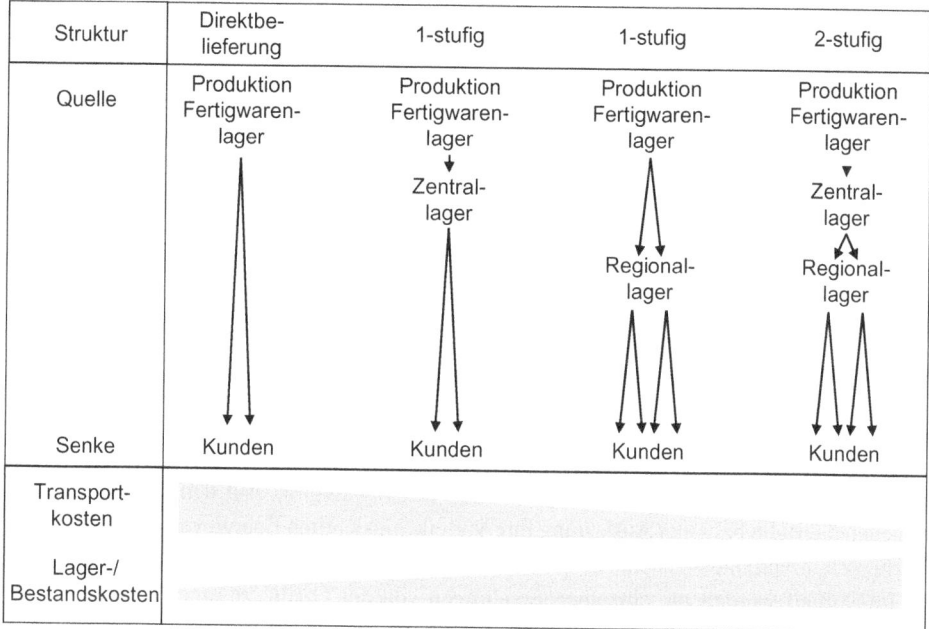

Struktur	Direktbe-lieferung	1-stufig	1-stufig	2-stufig
Quelle	Produktion Fertigwaren-lager	Produktion Fertigwaren-lager Zentral-lager	Produktion Fertigwaren-lager Regional-lager	Produktion Fertigwaren-lager Zentral-lager Regional-lager
Senke	Kunden	Kunden	Kunden	Kunden
Transport-kosten				
Lager-/ Bestandskosten				

Abb. 3.19 Zusammenhang zwischen Stufigkeit von Netzwerken und Transport- sowie Bestandskosten

auf einer urbanen Fläche spielt die Erreichbarkeit (und damit kurze Wege) des nächsten Netzwerknotens (Mobilitätshubs) eine zentrale Rolle. Dabei können bereits minimale Anpassungen der Planung können in großen Netzwerken bereits bedeutend Kosten reduzieren und Zeit einsparen (Butz et al. 2010, S. 21)

Dabei muss auch berücksichtigt werden, dass Netzwerke nicht ausschließlich Kostenverursacher, sondern die Grundlage einer erfolgreichen Logistik sind und das Potenzial beinhalten, effizient die Anforderungen der Kund*innen zu erfüllen und dadurch auch den Erfolg des Unternehmens entscheidend zu beeinflussen (Miebach 2009, S. 19).

3.5.2 Transporte via Hubs – Hub- and Spoke-Netzwerke

Wie bereits erwähnt, besteht ein unmittelbarer Zusammenhang zwischen Transportstrecke und den daraus resultierenden Kosten. Aus wirtschaftlicher Sicht ist die Transportdauer also von zentraler Bedeutung. Die Abfolge von verschiedenen technisch und organisatorisch verbundenen Abläufen, in denen Personen oder Güter von der Quelle zur Senke transportiert werden, wird als Transportkette bezeichnet (DIN 30781 1989, S. 3).

Dabei kann – analog zu den Netzwerkstrukturen – zwischen einstufigen und mehrstufigen Transportketten unterschieden werden. Bei einer Sonderform der mehrstufigen Transportkette – dem Kombinierten Verkehr – findet zusätzlich ein Wechsel des Verkehrsmittels

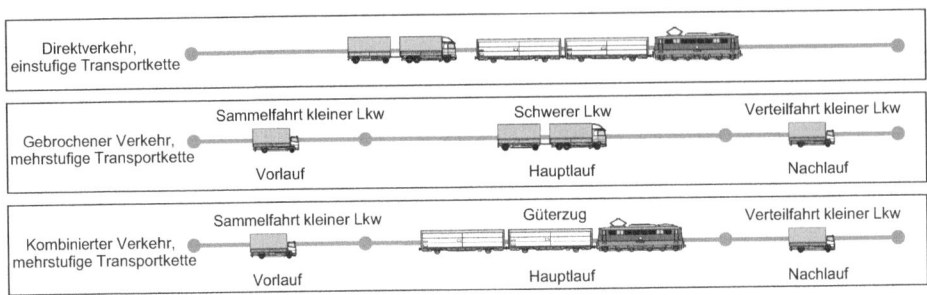

Abb. 3.20 Ein- und mehrstufige Transportketten

von Vor- zu Haupt- und Nachlauf statt (s. Abb. 3.20). Gerade Ferntransporte werden üblicherweise in Vor-, Haupt- und Nachlauf aufgeteilt, um die jeweiligen Verkehrsmittel entsprechend ihrer Vorteile einzusetzen. So hat der Lkw aufgrund der sehr guten Flächenerschließung Vorteile bei der Einsammlung von Waren in einer Region. Auf dem Hauptlauf kann dagegen die Bahn bei guter Auslastung ihre Vorteile hinsichtlich Energieverbrauch (geringer Verbrauch in Verhältnis zur transportierten Menge) und Emissionsbelastung ausspielen.

Im Vorlauf werden die einzelnen Sendungen von der Quelle zu einem Lagerstandort gebracht. Dies kann als Direktlieferung oder im Rahmen einer Sammeltour als Milkrun erfolgen (s. Abschn. 3.6.1). Dabei werden Sendungen mit gleichem Ziel, hier der Sammelstation, nacheinander von den jeweiligen Lieferanten (Quelle) abgeholt und dann gemeinsam zum Hub transportiert.

Im Hauptlauf werden die an den Hubstandorten zusammengefassten Waren über eine große Entfernung wiederum zu einem Hubstandort transportiert, von dem aus die Sendungen im sogenannten Nachlauf den jeweiligen Empfängern zugestellt werden. Dies kann analog zum Vorlauf via Verteiltour oder Direktlieferung erfolgen. Die Hubstandorte sind meist in Zentren mit hohem Transportaufkommen gelegen und mit Direktverkehren verbunden (Pfohl 2010, S. 161 und Warmer 2017, S. 10).

Letztlich entsteht aus der Verknüpfung einzelner Transportketten ein Transportnetz. Sender und Empfänger bilden dabei die Quellen und Senken. Die bereits erwähnten Konten des Netzwerkes können dabei Hubstandorte sein – Drehkreuze, zu denen Güter von verschiedenen Sendern mit gleichem Ziel transportiert werden, um diese dann gemeinsam zu befördern (Warmer 2017, S. 10). An einem Hubstandort kann beim Umschlag sowohl der Wechsel der Ladungsträger als auch des Transportmittels erfolgen (VDI 4404 2007, S. 7–8 und Gudehus 2012, S. 893).

Hub-and-Spoke-Netzwerke basieren auf einem zentralen Depot – dem Hub – das zentral die Sortierung und den Austausch zwischen allen regionalen Depots übernimmt (s. Abb. 3.21). Vor allem Kurier-, Express- und Paketdienstleister (KEP), wie DHL, arbeiten typischerweise in dieser Netzwerkform. Pakete werden in einer Region eingesammelt und in einem Frachtpostzentrum sortiert und auf einen Lkw für den Hauptlauf umgeschlagen. Im Zielfrachtpostzentrum werden die eingehenden Pakete nach Zielgebieten sortiert und im Nachlauf auf die Kund*innen verteilt.

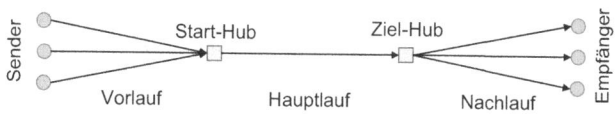

Abb. 3.21 Struktur eines Hub- and-Spoke-Netzwerks

Es hat sich also eine Netzwerkform etabliert, die ideal für die Abwicklung von Warenströmen ist und vermutlich auch sinnvoll im Personenverkehr eingesetzt werden kann. Die sorgfältige und detaillierte Netzwerk- und Transportplanung kann letztlich dazu beitragen, Transportkosten zu reduzieren, die Lieferzeiten zu verkürzen und die Kund*innenzufriedenheit zu steigern.

Dabei ist die Anzahl und Lage der benötigten Hubs von besonderer Bedeutung, um die entstehenden Strecken so ideal wie möglich und das Gesamtsystem so effizient wie möglich zu gestalten. Über die Anzahl und Lage lässt sich eine Nähe zu den Nutzer*innen (im Warennetzwerk können dies Filialen und Lieferanten sein – im Personenverkehr eher Wohn- und Arbeitsorte) herstellen, um so Transportrouten zu gestalten, die möglichst kurz und schnell zu absolvieren sind.

Darüber hinaus spielt die Art der Transportmittel eine wesentliche Rolle. Die richtige Wahl der Transportmittel hängt u. a. von den zu transportierenden Gütern, den Transportkosten und anderen Faktoren ab. Es ist von besonderer Bedeutung, die am besten geeigneten Transportmittel auszuwählen, um die Effizienz und Wirtschaftlichkeit des Transportprozesses zu maximieren. Das gilt gleichermaßen für den Personenverkehr – zu große Fahrzeuge (Pkw) bei schlechter Auslastung stellen keine effiziente Option für den urbanen Raum dar.

Jedoch muss berücksichtigt werden, dass die Verfügbarkeit von Transportkapazitäten ein entscheidender Faktor ist. Ohne dies ist ein reibungsloser Transportprozess nicht möglich. Im Personenverkehr führt das jedoch zu dem Dilemma, dass jederzeit verfügbare Kapazitäten bedeuten, ungenutzte Fahrzeuge mit einer enormen, ineffizienten Belastung der Verkehrsfläche einhergehen.

Insgesamt spielt die Netzwerkplanung in der Logistik eine wichtige Rolle bei der Verbesserung der Effizienz und Wirtschaftlichkeit von logistischen Prozessen und bei der Steigerung der Kund*innenzufriedenheit. Der Aufbau eines gut durchdachten, regionalen, urbanen Netzwerks kann also wesentlich zum reibungslosen Verkehrsfluss in einer Region beitragen.

3.5.3 Standortplanung – Knoten im Netzwerk

Der Standort ist ein zentrales Element im Rahmen der Netzwerkplanung. Eine sorgfältige Planung und ideale Positionierung kann dazu beitragen, durch kürzere Wege Transportkosten zu reduzieren, die Lieferzeiten zu verkürzen und die Kund*innenzufriedenheit zu steigern.

Die Standortentscheidung für einen neuen Betrieb hängt von den Zielen des Unternehmens und von den speziellen Aufgaben des Betriebs ab. Für reine Logistikbetriebe, wie Lager, Umschlagterminals und Logistikzentren, ist das Ziel der Standortwahl vor allem die Minimierung der Logistikkosten. Die standortabhängigen Logistikkosten sind die Summe der Betriebskosten des Standorts und der Transportkosten für die Zulauf- und Auslauftransporte des Logistikbetriebs. Der optimale Logistikstandort verfügt im Ergebnis über die minimale Summe aus Betriebskosten und Transportkosten (Gudehus 2012, S. 871).

Im Rahmen einer Standortplanung können jedoch zahlreiche Faktoren eine entscheidende Rolle spielen. Je nach Verwendungszweck des geplanten Standorts (Produktion, Lager, Filiale, Mobilitätshub) können u. a. makroökonomische Faktoren (Verfügbarkeit von Arbeitskräften, Marktpotenzial) und Kostenfaktoren (Personalkosten, Logistikkosten) zum Tragen kommen.

In einem ersten Ansatz lassen sich diese Faktoren zu vier Bereichen gruppieren, die vorrangig berücksichtigt werden müssen:

- Nähe: Die geografische Nähe zu entweder Quellen oder Senken ist, wie bereits erwähnt, ein entscheidender Erfolgsfaktor für eine bessere Erreichbarkeit und damit für Lieferzeiten und Transportkosten. Abhängig davon, ob ein Netzwerk im Rahmen der Beschaffung oder der Distribution – oder wie in diesem Fall eines Personenverkehrsnetzes – kann sich die geforderte Nähe auf Lieferanten, Kund*innen, Filialen oder eben Wohnorte und Arbeitsplätze beziehen.
- Infrastruktur: Eine gute Anbindung an Verkehrsinfrastruktur ist für transportintensive Dienstleistungen ein wesentlicher Aspekt. In einem solchen Fall ist ein zukünftiger Standort idealerweise an gut ausgebaute Straßen, Schienenwegen und Häfen kann die Transportkosten und -zeiten verringern.
- Kosten: Der Standort sollte so gewählt werden, dass die Gesamtkosten (z. B. für Miete, Steuern, Arbeitsplätze) möglichst gering sind.
- Fachkräfte: Es ist wichtig, einen Standort zu wählen, an dem Fachkräfte verfügbar sind, um den logistischen Prozess reibungslos zu gestalten.

In der Mathematik sind zahlreiche Ansätze zur Lokalisierung optimaler Standorte entstanden – vorrangig für die Platzierung von Depots, Lager- und Produktionsstätten entwickelt. Dabei wird oftmals vor allem die günstige Lage hinsichtlich Betriebskosten, Transportkosten oder des Serviceniveau berücksichtigt (Mattfeld und Vahrenkamp 2014, S. 100).

So kann beispielsweise anhand eines Center-Problems ein optimaler Standort dadurch bestimmt werden, dass an dem entsprechenden „Center-Knoten" die Distanz zum davon entferntesten (Kund*innen-) Knoten so gering ist wie bei keinem anderen im Netzwerk. Dieser sogenannte „Center of Gravity"-Ansatz ist eine Methode, die verwendet wird, um den optimalen Standort für eine Einrichtung oder ein Netz von Einrichtungen zu bestimmen. Die Idee hinter dem „Center of Gravity"-Ansatz ist, dass der beste Standort derjenige ist, der am nächsten an der geografischen Mitte der Nachfrage liegt, die die Einrichtung oder das Netz von Einrichtungen bedienen wird. Er bietet sich daher auch für die Identifikation möglicher Standorte für Mobilitätshubs an, die dann in der Mitte einer möglichen Verkehrsnachfrage bei einer besonders hohen Bevölkerungsdichte liegen.

Um das „Center of Gravity" zu bestimmen, werden zunächst die geografischen Koordinaten aller Orte, die von der Einrichtung bedient werden sollen, erfasst. Dann werden diese Koordinaten gewichtet, indem man jedem Ort ein Gewicht entsprechend seiner Nachfrage zuweist. Die gewichteten Koordinaten werden dann addiert und durch die Gesamtzahl der Orte dividiert, um die Mitte der Nachfrage zu erhalten. Der COG-Ansatz ist besonders nützlich, wenn es darum geht, den Standort für eine Einrichtung oder ein Netz von Einrichtungen zu bestimmen, die von vielen verschiedenen Orten aus genutzt werden. Er hilft dabei, den Standort so zu wählen, dass er möglichst nah an der Mitte der Nachfrage liegt, um zum Beispiel den Nutzen für die Anwohner*innen zu maximieren.

Der Standort, der dem „Center of Gravity" am nächsten liegt, wird dann als der beste Standort für die Einrichtung oder das Netz von Einrichtungen betrachtet. Basierend auf dieser ersten Entscheidung können dann die oben genannten Faktoren zu Anwendung kommen und geprüft werden. Der so ermittelte Schwerpunkt muss im Ergebnis nicht automatisch über den erforderlichen Verkehrsinfrastrukturanschluss verfügen, sodass anschließende Modifikationen (geografische Verschiebungen) notwendig sein können.

Eine Abwandlung hiervon sind Warehouse-Location-Probleme, bei denen anstelle der Distanzen zwischen Knoten direkt die Transportkosten je nachgefragter Einheit mit der Nachfragemenge multipliziert werden. Darüber hinaus werden Fixkosten für eröffnete Standorte berücksichtigt (Mattfeld und Vahrenkamp 2014, S. 185).

Ein weiterer Ansatz zur Standortplanung ist das Steiner-Weber-Modell – ein Algorithmus, der entwickelt wurde, um die optimalen Standorte für Einzelleistungen oder Einrichtungen in einem gegebenen Gebiet zu bestimmen. Es wurde ursprünglich von dem Mathematiker Jakob Steiner und dem Ökonomen Heinrich Weber entwickelt und ist auch als das „Steiner-Problem" bekannt (Eiselt und Marianov 2014, S. 6).

Das Modell geht davon aus, dass jeder Standort einen bestimmten Nutzen hat, der sich aus der Distanz zu den Einrichtungen berechnet, die von ihm aus erreicht werden können. Der Nutzen eines Standorts ist umso größer, je näher er an den Einrichtungen liegt. Das Modell sucht also nach Standorten, die möglichst nah an den Einrichtungen liegen und somit möglichst hohe Nutzen haben.

Das Steiner-Weber-Modell kann zur Standortplanung von Einzelleistungen, wie eines Krankenhauses oder einer Schule verwendet werden. Es ist besonders nützlich, wenn es darum geht, den Nutzen der Standorte für die Bevölkerung in einem Gebiet zu maximieren, indem man sicherstellt, dass die Einrichtungen so nah wie möglich an den Menschen liegen.

Zwischen der Standortplanung und der Tourenplanung (s. Abschn. 3.6.2) besteht ein unmittelbarer Zusammenhang. Die Standorte beeinflussen die Ergebnisse einer Tourenplanung erheblich und haben somit einen deutlichen Einfluss auf die Transportkosten.

Es muss also beides im Zusammenhang betrachtet werden. So ist eine von den Touren losgelöste Standortplanung nachweislich oft suboptimal für die Gesamtkosten. Neben variablen Transportkosten spielen jedoch auch Fixkosten für die Errichtung und den Betrieb der jeweiligen Einrichtungen eine Rolle und limitieren damit oftmals deren Anzahl im Netzwerk. Gleichzeitig sollen aber in der Regel bestimmte Servicelevel, z. B. in Bezug auf die Lieferzeit zu den Kund*innen, erreicht werden. Die zu platzierenden Standorte müssen also eine entsprechend hohe Abdeckung des Liefergebiets gewährleisten bzw. es müssen hinreichend viele Standorte eröffnet werden.

Darüber hinaus können die Ergebnisse einer Tourenplanung (durch die berechneten Transportkosten) unmittelbaren Einfluss auf Wahl des Standorts haben. Es kann also zu einer Modifikation der Standortwahl aufgrund der Tourenplanungsergebnisse kommen, d. h. Standort- und Tourenplanung können sich gegenseitig beeinflussen.

Ein Ansatz zur gleichzeitigen Berücksichtigung von Aspekten sowohl der Standort- als auch der Tourenplanung ist das „location-routing problem" (LRP). Dieser Ansatz ist jedoch von seiner Struktur her wesentlich schwieriger als die reinen Modelle der Standortplanung, weil nicht einfach (gewichtete) Abstände vom potenziellen Depot zu den Nachfrageknoten, sondern vielmehr Touren durch die Knoten gebildet werden müssen, wodurch es zu durchaus anderen Standortentscheidungen kommen kann (Jäger 2017, S. 80 f.). Weitere aufwändigere Verfahren im Rahmen des Operations Research sind zwar möglich, spielen im Rahmen der vorliegenden Thematik jedoch eine untergeordnete Rolle. Es soll hierbei vor allem darum gehen, ein methodisches Verständnis einfacher Ansätze zu vermitteln, deren Erkenntnisse sich auf die Fragestellung der zukünftigen urbanen Mobilität übertragen lassen.

▶   Die Bildung von Netzwerken mit ideal platzierten Knoten (Mobilitätshubs) erleichtert den Zugang zu alternativen Verkehrsmitteln und vereinfacht den Umstieg auf umweltfreundlichere Alternativen.

3.6   Transportoptimierung

In der Logistik sind in den vergangenen Jahrzehnten zahlreiche Ansätze zur Optimierung von Transporten entstanden, die vor allem folgende Ziele im Fokus haben:

a) Reduzierung der zurücklegten Strecke
b) Reduzierung der Anzahl der Fahrten
c) Erhöhung der Lkw-Auslastung
d) Minimierung der Fahrzeit
e) Minimierung der eingesetzten Fahrzeuge
f) Erhöhung des Lieferservices
g) Reduzierung des Schadstoffausstoßes

Dabei haben die Ziele a) – e) vor allem die Reduzierung der Kosten im Fokus. Die Reduzierung der zurückgelegten Strecke und die Anzahl der Fahrten haben dabei u. a. vor allem wesentlichen Einfluss auf die variablen Kosten des Transports wie die Treibstoff- und Betriebskosten. Eine Reduktion der eingesetzten Fahrzeuge dagegen beeinflusst vor allem die fixen Kosten wie Fahrzeugwartung und Kfz-Steuer. Die Erhöhung des Lieferservices ist ein wichtiger qualitativer Aspekt der Transportoptimierung und kann über eine Verkürzung der Lieferzeit oder eine Erhöhung der Lieferzuverlässigkeit erreicht werden.

Ein wesentlicher Ansatz in der Logistik Praxis ist die **Frequenzreduzierung**. Der erste Hinweis auf eine mögliche falsche Transportabwicklung eine regelmäßig hohe Frequenz (z. B. immer 5x pro Tag oder 1x pro Woche). Hinzu kommt, dass diese Fahrten meist schlecht ausgelastet sind und dadurch zusätzlich zu hohen Kosten führen können. Meist wird diese Regelmäßigkeit aus bestimmten Gründen festgelegt, aber im Verlauf der Zeit nicht an geänderte Bedingungen angepasst. So kann es sein, dass trotz Mengenschwankungen im Transport oder Veränderungen bei der Kund*innenstruktur (Anzahl und Lage der Kund*innen) keine eigentlichen Anpassungen bei der Frequenz vorgenommen werden. Die Reduktion der Frequenz – z. B. von 5 auf 3 Fahrten pro Woche – geht automatisch mit einer deutlichen Reduktion der Transportkosten einher. Zum einen durch die reduzierte Fahrtenanzahl und zum anderen durch gleichzeitig bessere Auslastung der verbleibenden Fahrten. Im Personenverkehr würde dies eine, teils freiwillige, Verringerung der Fahrten mit dem Pkw bedeuten. So hat zum Beispiel der Verzicht auf 20 % der beruflichen Fahrten mit dem Pkw einen enormen Einfluss auf die persönlichen Kosten (Treibstoff, Verschleiß) und gleichzeitig positive Effekte auf die sogenannten externen Kosten wie Staus und Umweltbelastungen. Externe Kosten müssen nicht von der sie verursachenden Privatperson, sondern von der Gesellschaft getragen werden.

Ein weiterer wesentlicher Aspekt in der Logistik ist die **Verpackungsoptimierung** – sowohl hinsichtlich Größe als auch Gewicht. So kann zum Beispiel durch die Reduktion von Luft die Verpackungsgröße reduziert werden und somit mehr Einheiten in einem Behälter oder auf eine Palette geladen werden. Wenn wiederum mehr Einheiten auf eine Palette verladen werden können, dann erhöht das auch das Sendungsvolumen des Transports und damit die Auslastung des Lkw – was ebenfalls zu einer Kostensenkung beiträgt. Auch wenn dies ein wesentlicher Ansatz im Güterverkehr ist, ein Äquivalent lässt sich für den Personenverkehr hier nicht finden.

Die **Beladungsoptimierung** ist ein weiterer wichtiger Ansatz im Gütertransport. Dabei muss unter anderem berücksichtigt werden, inwieweit die Höhe der verwendeten Behälter (gestapelt) und die Höhe der verwendeten Lkw-Trailer zueinander passen. Ziel ist es, den Füllgrad eines Trailers durch die Kombination verschiedener (z. B. leichter und schwerer) Behälter zu erhöhen oder durch die Stapelung passender Behälter die Höhe des Fahrzeugs besser auszunutzen. Durch die bessere Auslastung der Lkw können nachfolgende Transporte wegfallen und damit zur Kostensenkung beitragen. Aus der Beladungsoptimierung im Güterverkehr ergeben sich nur insofern Parallelen, dass daraus Bestrebungen abgeleitet werden müssen, den „Füllgrad" in einem Pkw gezielt zu erhöhen (s. Abb. 3.22).

Zwei weitere Konzepte – der Milkrun und das Hub-Konzept – sind von besonderer Bedeutung in der Logistik und lassen auch weitere Ansätze zum Transfer auf den Personenverkehr erkennen. Daher werden sie in den folgenden Abschnitten (s. Abschn. 3.6.2 und 3.6.3) etwas ausführlicher behandelt.

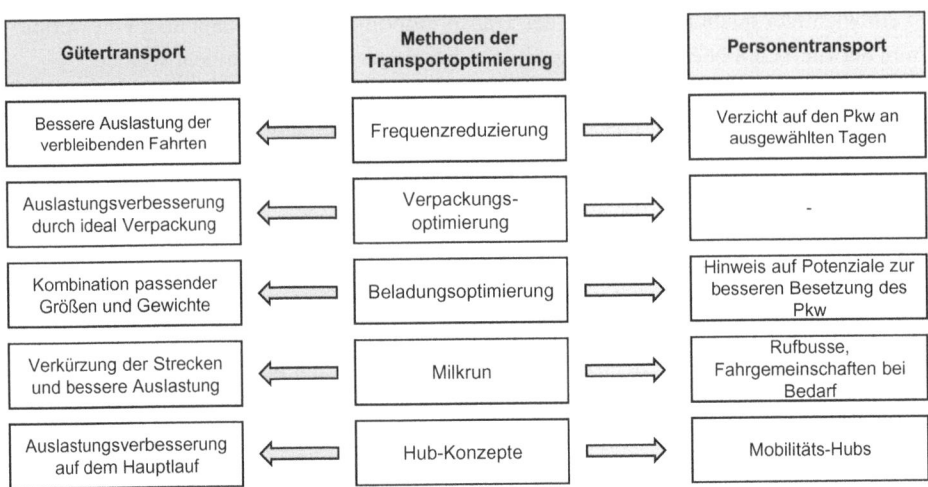

Abb. 3.22 Bedeutung ausgewählter Methoden der Transportoptimierung für den Güter- und Personenverkehr

3.6.1 Milkrun-Konzept

Der Ursprung des Begriffs „Milkrun" liegt – wie vermutlich zu vermuten – im frühen Milchhandel. Bei der Auslieferung der frischen Milch in Flaschen wurde die Ware der Reihe nach an die Kund*innen auf einer festgelegten Tour vom Milchmann ausgeliefert. Wenn die Kund*innen eine leere Milchflasche vor die Tür gestellt haben, wurde diese gleichzeitig gegen eine volle Flasche Milch ausgetauscht (Piontek 2013, S. 175).

Ähnlich dem Prinzip des Milchflaschentauschs ist beim heutigen Milkrun meist ein Behältertausch integriert (Klug 2010, S. 225). Dies bedeutet, dass für jeden vollen Behälter, der mitgenommen wurde, entsprechend ein leerer Behälter angeliefert wird. Dies hat den Vorteil, dass die Zulieferer nicht über Extratouren mit Leergut versorgt werden müssen. Auch ist keine aufwendige Planung und Steuerung des Leerguts erforderlich (Baudin 2005, S. 137).

Heute bezeichnet ein Milkrun also ein periodisches Transportkonzept mit festen Ankunfts- und Abfahrtszeiten und einem integrierten Behältertausch. Das eigentliche Konzept ist dabei nicht auf ein Transportmittel festgelegt. Aufgrund der hohen Verfügbarkeit des Verkehrsträgers Straße und damit einhergehend einer sehr guten Erreichbarkeit von Versand- und Empfangsorten sowie der großen Flexibilität der Verkehrsmittels wird das Milkrun-Konzept meist mit Lkw betrieben (Klug 2010, S. 213). Dabei ist es nicht von Bedeutung, ob im Rahmen von Beschaffungsverkehren die Ware über mehrere Lieferanten an- oder in der Distribution über mehrere Kund*innen ausgeliefert wird (s. Abb. 3.23).

Der Milkrun kann dabei sowohl zur Einsammlung (Beschaffung) oder zur Verteilung (Distribution) von Waren eingesetzt werden, bei der Sendungen bzw. Teilladungen von mehreren Lieferstellen abgeholt oder zu mehreren Kund*innen ausgeliefert werden. Dabei werden sowohl Kund*innen bzw. deren Filialen, Lieferanten und Logistik-Dienstleistern – die den Milkrun betreiben – in einem Tourenverlauf integriert.

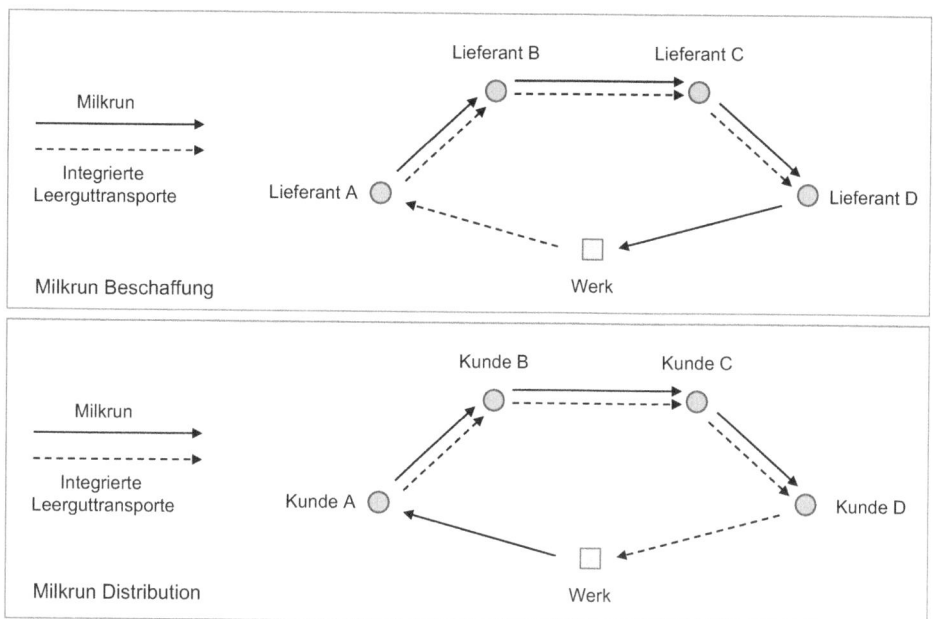

Abb. 3.23 Milkrun in Beschaffung und Distribution

Die Be- und Entladung findet innerhalb definierter Zeitfenster an vorher vereinbarten Liefertagen statt. Zeitkorridore müssen vorgehalten werden und sind notwendige zeitliche Vorgaben zur schnellen und reibungslosen Abwicklung an den Rampen der Lieferanten und Empfängern (Wildemann und Niemeyer 2023, S. 3).

Der Milkrun kommt vor allem dann zum Einsatz, wenn Direktverkehre nicht ausreichend wirtschaftlich gefahren werden können. Im Unterschied zum Milkrun bezeichnet der Direkt-transport einen Transport zwischen Absender und Empfänger ohne Anfahrt eines weiteren Ab-senders oder Empfängers. Ein Direkttransport wird üblicherweise nur dann eingesetzt, wenn das entsprechende Volumen des Transportmittels im Planungszeitraum sehr hoch ausgelastet ist – bei dauerhaft geringen Volumina bietet sich hingegen der Milkrun an (Grunewald 2015, S. 34). Während bei Standardtransporten Auslastungen zwischen 40–70 % erreicht werden, können bei sorgfältiger Planung und Steuerung der Milkrun-Transporte Lkw-Auslastungen von bis zu 90 % ermöglicht werden (Wildemann und Niemeyer 2023, S. 2).

Für einen Direkttransport muss das Transportvolumen zudem über die Zeitverlauf sehr stabil sein. Schwanken die Transportbedarfe zu stark, muss entweder Bestand oder zusätzli-che Transportkapazität zum Ausgleich vorgehalten werden. Beides führt jedoch zu zusätzli-chen Kosten, was den Direkttransport unwirtschaftlich macht. Ein Ausgleich mit Volumen von anderen Zulieferern, wie beim Milkrun, ist nicht möglich (Klug 2010, S. 223).

Durch die Konsolidierung mehrere Transporte in einem Milkrun wird also die Kapazi-tätsauslastung im Vergleich zu Einzeltransporten gesteigert und gleichzeitig die zurückzu-legende Entfernung reduziert. Folgendes Beispiel verdeutlicht die Voraussetzungen und Effekte einer guten Milkrun-Planung. Bei drei Lieferanten, die jeweils geringe Transport-

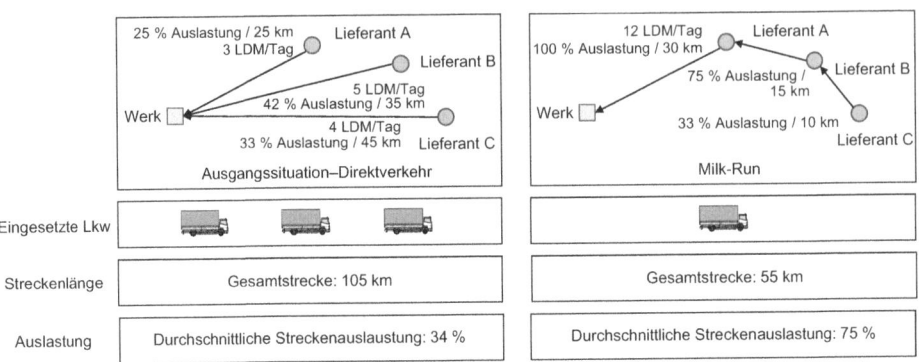

Abb. 3.24 Direktverkehr und Milkrun im Vergleich

mengen liefern (hier werden 3, 5 und 4 Lademeter angenommen – bei einer Gesamtkapazität von etwa 12 Lademetern je Lkw), würden täglich also drei relativ schlecht ausgelastete (25 %, 42 % und 33 %) Direkttransporte bedeuten.

Werden jetzt diese drei Lieferanten in einen Milkrun integriert, dann ergeben sich am Ende drei wesentliche Effekte (s. Abb. 3.24):

- Reduktion der eingesetzten Lkw von 3 auf 1 (– 66 %): Durch den Wegfall von 2 Lkw werden die Kosten deutlich gesenkt. Zusätzlich können zwei Fahrer*innen eingespart werden, was einen weiteren positiven Effekt auf die Transportkosten hat.
- Reduktion der gefahrenen Strecke von 105 auf 55 km (– 47,5 %): Die deutlich geringe Strecke hat wesentlichen Einfluss auf die variablen Kosten des (u. a. Treibstoff) Transports.
- Erhöhung der durchschnittlichen Streckauslastung von 34 % auf rund 75 %: Die bessere Auslastung des Lkw verringert die Transportkosten pro transportierter Einheit (Palette, Produkt).

Dem entgegen steht zumindest ein erhöhter Planungs- und Koordinationsaufwand, der die Kostensenkungen aber nicht kompensieren kann. Damit ein Milkrun zuverlässig geplant werden kann, gelten im Wesentlichen drei Voraussetzungen:

- Die Frequenzen der bisherigen Direkttransporte sollten gleich oder ähnlich sein: In diesem Beispiel wird in allen drei Fällen täglich gefahren.
- Volumina der Direkttransporte eignen sich zur Zusammenlegung: Wenn von einer idealen Auslastung i. H. v. 12 Lademetern (LDM) ausgegangen werden kann, dann dürfen die Einzelsendungen diese Kapazität nicht überschreiten. Im vorliegenden Beispiel erreichen die 3, 5 und 4 LDM genau diese Grenze
- Berücksichtigung der Stoppkosten: Bei jedem Stopp bei einem zusätzlichen Lieferanten, der in den Milkrun integriert ist, entstehen Stoppkosten durch die Verweildauer des Fahrzeugs samt Fahrer*in und die entsprechende Beladungszeit. Diese Kosten müssen berücksichtigt werden – sind diese Stoppkosten höher als die bisherigen Transportkosten des Lieferanten im Direktverkehr, dann macht eine Integration in einem Milkrun keinen Sinn.

3.6.2 Methodische Ansätze der Tourenplanung – Sweep- und Savings-Verfahren

Zur Planung und Bildung von Milkruns sind analog zur Standortplanung in der Mathematik Algorithmen entwickelt worden, die teils komplexe Tourenplanungsprobleme lösen können. Für ein schnelles und einfaches Verständnis der Methodik, reicht es aus, das zu lösende Grundproblem und die entstandenen Lösungsverfahren in ihren Grundzügen zu erläutern.

Im Wesentlichen können zwei Grundproblemtypen unterschieden werden:

- Kantenorientierte Probleme
- Knotenorientierte Probleme

Kantenorientierte Probleme sind dadurch gekennzeichnet, dass alle Kanten (Straßen) ohne größere Umwege (im Sinne von mehrfach durchlaufenen oder -fahrenden Kanten) mindestens einmal zu durchfahren sind. Ein Problem, dass typischerweise bei Briefträger*innen auftaucht, deren Aufgabe es ist, die Post entlang der Straße (Kante) auf beiden Seiten zu verteilen. Dabei ist der/die Briefträger*in natürlich darin interessiert, Straßen nicht doppelt abzulaufen und am Ende den gesamten Weg so kurz wie möglich zu halten.

Bei knotenorientierten Problemen müssen hingegen Knoten in einem Netzwerk angefahren werden. Dabei kann zusätzlich unterschieden werden, ob eine Rückkehr zum Ausgangsknoten stattfinden muss (geschlossene bzw. offene Tour) und ob ein mehrfacher Besuch der Knoten zulässig bzw. notwendig ist. Touren mit lediglich einem Besuch der jeweiligen Knoten werden dabei als hamiltonscher Zyklus oder Weg bezeichnet (Mattfeld und Vahrenkamp 2014, S. 229–230).

Fokus sowohl im Güterverkehr als auch im Personenverkehr sind die knotenorientierten Probleme, wo einzelne Lieferanten oder Kund*innen in einem Netzwerk erreicht werden müssen. Gleiches gilt für den Personenverkehr, wo z. B. der Wohnort mit dem Arbeitsplatz, der Hochschule, dem Kino oder dem Arzt auf einer Route verbunden werden soll.

Ausgangspunkt der Lösungsansätze ist das sogenannte Rundreiseproblem – das als Travelling Salesman Problem (TSP) bezeichnet wird. Grundannahme ist dabei, dass ein Handlungsreisender nacheinander eine fest vorgegebene Zahl von Städten oder Kund*innen besuchen muss und am Schluss seiner Reise wieder an seinen Ursprungsort zurückkehren möchte (Mattfeld und Vahrenkamp 2014, S. 231 f.). Dabei wird nach einer idealen Reihenfolge der Städte mit einer insgesamt minimalen Fahrtstrecke gesucht. Das TSP ist also in die Kategorie der knotenorientierten Rundreisen mit einer geschlossenen Tour und einem hamiltonschen Zyklus einzuordnen, also einer Tour, die zum Ausgangspunkt zurückkehrt und dabei alle Knoten genau einmal besucht. Dabei wird vor allem das Reihenfolgeproblem gelöst, d. h. in welcher Reihenfolge werden die anzufahrenden Kund*innen idealerweise angefahren, um dabei eine möglichst minimale Strecke zu fahren. Abb. 3.25 verdeutlicht zwei unterschiedliche Reihenfolgen der gleichen Lieferanten in zwei verschiedenen Routen, die am Ende unterschiedliche Längen aufweisen (s. Abb. 3.25).

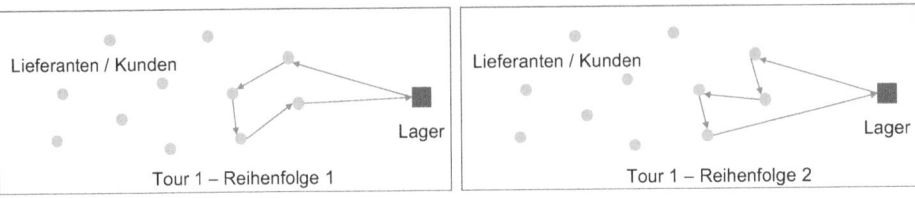

Abb. 3.25 Milkrun in Beschaffung und Distribution

Das Auffinden einer kürzesten Rundreise erfordert die Kenntnis über die Entfernungen auf den Kanten (Straßen) zwischen Knoten (Kund*innenstandorten). Diese Entfernungen werden dabei üblicherweise in einer Entfernungsmatrix angegeben. Dabei spielt es keine Rolle, ob es sich um Abholfahrten (z. B. Abholung von Paletten) oder um Auslieferfahrten (z. B. Auslieferung von Paketen) handelt – beide Fragestellungen lassen sich mit der Kernidee des TSP abbilden und lösen.

Gleichzeitig spielt es keine Rolle, ob es sich um außerbetriebliche Straßentransporte oder um den innerbetrieblichen Materialfluss handelt. Auch bei der Kommissionierung von mehreren Aufträgen in einem Lager geht es um die Identifikation der minimalen Wege unter Berücksichtigung mehrerer Stopps zur Einsammlung der Artikel durch den bzw. die Kommissionierer*in.

Das TSP ist also Grundlage für zahlreiche Fragestellungen der Streckenoptimierung und kann daher auch für Ansätze zur Verbesserung des Verkehrsflusses und der Streckenreduzierung im Personenverkehr genutzt werden.

Das Vehicle Routing Problem (VRP) ist eine Variante des TSP, das sich mit der Planung von Touren für eine bestimmte Anzahl von Fahrzeugen beschäftigt. Es geht darum, einen oder mehrere Fahrzeuge von einem Startpunkt aus zu planen, um eine gegebene Anzahl von Kund*innen oder Zielen zu besuchen. Die Rückkehr zum Ausgangspunkt ist im Gegensatz zum TSP nicht zwingend erforderlich, aber dennoch möglich. Dabei gilt es, die Gesamtkosten der Touren zu minimieren.

Es gibt verschiedene Variationen des VRP, die sich durch die spezifischen Anforderungen und Einschränkungen unterscheiden, die an die Touren gestellt werden. Dazu zählen u. a.:

- Capacitated VRP (CVRP): Die eingesetzten Fahrzeuge verfügen über eine Kapazitätsgrenze, d. h. jedes Fahrzeug kann nur eine bestimmte Menge an Gütern transportieren.
- Time-Windows VRP (TWVRP): Kund*innen haben bestimmte Zeitfenster, in denen sie erreicht werden müssen.
- Multi-Depot VRP (MDVRP): Mehrere Ausgangs- und Rückkehrpunkte, statt nur einem, erhöhen die Lösungskomplexität deutlich.

Bei einem MDVRP mit mehreren Depots ist neben der richtigen Reihenfolge zusätzlich noch zu entscheiden, von welchem Depot aus Kund*innen bedient werden, d. h. es muss zusätzlich ein Zuordnungsproblem gelöst werden (s. Abb. 3.26).

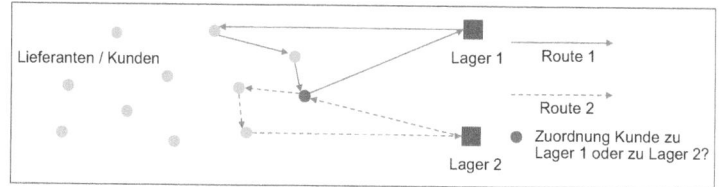

Abb. 3.26 Zuordnungsproblem bei mehr als einem Standort (Depot)

Menge		2	3	5	2	2	7
	0	1	2	3	4	5	6
0		32	62	35	71	62	73
1			41	50	84	92	101
2				52	72	106	132
3					36	53	90
4						60	113
5							58
6							

Abb. 3.27 Entfernungsmatrix und grafische Darstellung des Beispiels

Das VRP gilt als eines der schwierigsten und komplexesten Optimierungsprobleme in der Logistik und der Transportplanung. Zur Lösung wurden verschiedene Ansätze und Algorithmen entwickelt, darunter exakte Methoden, wie das Branch-and-Bound-Verfahren, und Approximationsalgorithmen, wie das Sweep- und das Savings-Verfahren. Exakte Verfahren erfordern jedoch einen deutlich höheren Aufwand. Daher werden für das grundsätzliche Verständnis sowohl der Sweep- als auch der Savings-Algorithmus erläutert.

Sweep-Verfahren

Der Sweep-Algorithmus von Gillett und Miller (1974) ist ein koordinatenorientiertes Verfahren, bei dem die Knoten in Form von kartesischen Koordinaten oder Polarkoordinaten vorliegen. Der Algorithmus geht davon aus, dass die Standorte des Depots und der Kund*innen durch Koordinaten so gegeben sind, dass das Depot im Ursprung des Koordinatensystems liegt. Die Entfernungen zwischen den Standorten und zum Depot werden als Luftlinie (euklidische Entfernung) ermittelt (Mattfeld und Vahrenkamp 2014, S. 279).

Die Kund*innen werden anschließend nach aufsteigenden Polarwinkeln (d. h. gegen den Uhrzeigersinn) sortiert und entsprechend durchnummeriert. Das folgende Beispiel verdeutlicht die Methode und das Vorgehen genauer (s. Abb. 3.27).

Das Verfahren ist ein sequenzielles Verfahren, d. h. es werden alle möglichen Lösungen nacheinander entsprechend der Nummerierung durchgerechnet. Bei 10 Kund*innen bedeutet das 10 Rechnungen (Iterationen), bei 12 Kund*innen demzufolge 12 Rechnungen. Im gewählten Beispiel gelten folgende Rahmenbedingungen.

- Abholung von Paletten bei den Kund*innen (die jeweilige Anzahl ist in der Matrix angegeben)
- 6 Kund*innen
- 1 Fahrzeug mit der Kapazitätsgrenze 10
- maximal 1 Besuch je Knoten (Hamiltonscher Zyklus)

Die erste Iteration beginnt mit der Tour beim Kunden 1. Dort werden 2 abzuholende Paletten eingeladen und anschließend zum nächsten Kunden weitergefahren. Beim Kunden 2 werden 3 Paletten eingeladen und schließlich zum Kunden 3 weitergefahren, wo 5 Paletten abgeholt werden. Das Fahrzeug mit der Kapazität 10 ist jetzt voll beladen und kehrt zum Depot zurück. Es wird also folgende erste Route gefahren:

Depot (0) – 1 – 2 – 3 – 0 mit einer Gesamtlänge von 160 km und 10 Paletten (2/3/5)

Die zweite Route beginnt beim nächsten Kunden in der Reihenfolge (4) – dort werden 2 Paletten aufgenommen – und geht weiter zum Kunden 5 (erneut 2 Paletten). Der nächste folgende Kunde wäre der Kunde 6. Dort sind allerdings 7 Paletten abzuholen – was die Kapazitätsgrenze überschreiten würde (bisher sind schon 4 Paletten an Bord). Die Option, dennoch zu Kunden 6 zu fahren, um zumindest den Wagen wieder bis 10 aufzufüllen ist jedoch nicht möglich. Das Verfahren sieht vor, dass maximal 1 Besuch je Knoten (Kunden) realisiert wird. Würden wir zum jetzigen Zeitpunkt zu Kunden 6 fahren und einen Teil der Paletten mitnehmen, müssten wir in der nächsten Route nochmal zu Kunden 6 fahren, um die letzte fehlende Palette abzuholen – das ist laut Verfahren nicht möglich. Die zweite Route schließt also mit einer Auslastung von 4 Paletten bereits nach Kunden 5 ab:

Depot (0) – 4 – 5 – 0 mit einer Gesamtlänge von 193 km und 4 Paletten (2/2)

In der dritten und letzten Route wird der letzte Kunde 6 in einer Hin- und Rückfahrt realisiert:

Depot (0) – 6 – 0 mit einer Länge von 146 km (Hin- und Rückfahrt, 2 * 73 km) und 7 Paletten

Damit ist der erste Rechenschritt abgeschlossen, die ermittelte Tour hat eine Gesamtlänge von 499 km (s. Abb. 3.28).

Die weiteren Schritte erfolgen nach dem gleichen Prinzip. Der nächste – zweite – Rechenschritt beginnt beim Kunden 2 und wird gegen den Uhrzeigersinn unter der Berücksichtigung der Kapazitätsgrenze des Lkw zu Routen komplettiert. Der dritte Rechenschritt beginnt bei 3 usw. bis alle Varianten (6) durchgerechnet sind. Die Ergebnisse der Berechnungen sind in Abb. 3.29 und 3.30 zu sehen. Günstigste Lösung mit minimaler Strecke ist demzufolge Iteration 2 mit 478 km.

Savings-Verfahren

Das Savings-Verfahren von Clarke und Wright (1964) ist das wohl bekannteste und in der Praxis am häufigsten eingesetzte heuristische Lösungsverfahren für knotenorientierte Tourenprobleme. Das Verfahren zählt – im Gegensatz zum Sweep-Verfahren (sequenzielles Verfahren) – zu den Parallelverfahren, weil die Zuordnung zum Fahrzeug und die Reihenfolgebildung simultan erfolgen (Mattfeld und Vahrenkamp 2014, S. 284).

Menge	2	3	5	2	2	7
	0	1	2	3	4	5	6
0		32	62	35	71	62	73
1			41	50	84	92	101
2				52	72	106	132
3					36	53	90
4						60	113
5							58
6							

Gesamtlänge: 499 km

Abb. 3.28 Ergebnis des Sweep-Algorithmus beim ersten Rechenschritt (1. Iteration)

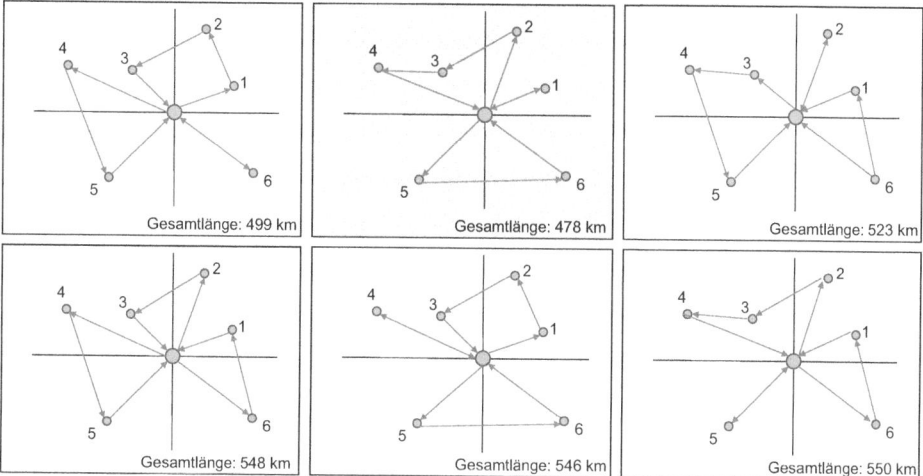

Gesamtlänge: 499 km   Gesamtlänge: 478 km   Gesamtlänge: 523 km

Gesamtlänge: 548 km   Gesamtlänge: 546 km   Gesamtlänge: 550 km

Abb. 3.29 Grafische Darstellung der Touren des Sweep-Algorithmus bei 6 Kunden

Tour 1	Route 1 = 32 km + 41 km + 52 km + 35 km = 160 km Route 1 = 71 km + 60 km + 62 km = 193 km Route 1 = 73 km * 2 = 146 km	= 499 km	
Tour 2	Route 1 = 62 km + 52 km + 36 km + 71 km = 221 km Route 1 = 62 km + 58 km + 73 km = 193 km Route 1 = 32 km * 2 = 64 km	= 478 km	
Tour 3	Route 1 = 35 km + 36 km + 60 km + 62 km = 193 km Route 1 = 73 km + 101 km + 32 km = 206 km Route 1 = 62 km * 2 = 124 km	= 523 km	
Tour 4	Route 1 = 71 km + 60 km + 62 km = 193 km Route 1 = 73 km + 101 km + 32 km = 206 km Route 1 = 62 km + 52 km + 35 km = 149 km	= 548 km	
Tour 5	Route 1 = 62 km + 58 km + 73 km = 193 km Route 1 = 32 km + 41 km + 52 km + 35 km = 160 km Route 1 = 71 km + 60 km + 62 km = 193 km	= 546 km	
Tour 6	Route 1 = 73 km + 101 km + 32 km = 205 km Route 1 = 62 km + 52 km + 36 km + 71 km = 221 km Route 1 = 62 km * 2 = 124 km	= 550 km	

Abb. 3.30 Routenplan und Strecken der 6 Touren des Beispiels

Kernidee des Verfahrens ist der Ansatz, dass durch das Integrieren von zwei Kund*innen in einer Route eine Streckenersparnis entsteht (s. Abb. 3.31). Statt in bisher zwei Direktverkehren (jeweils Hin- und zurück), werden zwei Kund*innen in einer Route zusammengefasst, woraus sich eine Reduzierung der gefahrenen Strecken und der Länge ergibt. Zur Verdeutlichung werden die gleichen Daten des Beispiels aus der Sweep-Lösung verwendet.

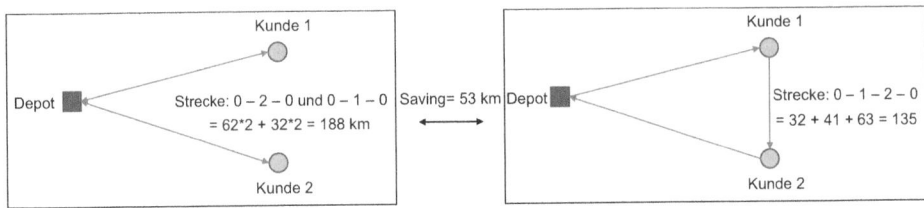

Abb. 3.31 Streckenersparnis im Savings-Verfahren bei der Kombination der Kunden 1 und 2

Tour	1 – 2	1 – 3	1 – 4	1 – 5	1 – 6	2 – 3	2 – 4	2 – 5	2 – 6	3 – 4	3 – 5	3 – 6	4 – 5	4 – 6	5 – 6
Saving km	53	17	19	2	4	45	61	18	3	70	44	18	73	31	77
Rang	5	11	9	14	12	6	4	10	13	3	7	10	2	8	1

Abb. 3.32 Streckenersparnis im Savings-Verfahren aller Kundenkombinationen

Ausgangssituation:

- Vom Depot zu Kunde 1 und zurück: 64 km
- Vom Depot zu Kunde 2 und zurück: 124 km
- Ergebnis: 4 Strecken (0 – 1 und 1 – 0/0 – 2 und 2 – 0) und insgesamt 188 km

Ersparnis durch zusammenfassen der Kunden 1 und 2 in einer Route:

- Vom Depot zu Kunde 1: 32 km (0 – 1)
- Von Kunde 1 zu Kunde 2: 41 km (1 – 2)
- Von Kunde 2 zurück zum Depot: 62 km (2 – 0)
- Ergebnis: 3 Strecken (0 – 1/1 – 2/2 – 0) und insgesamt 135 km

Die Ersparnis durch die Zusammenführung der Kunden 1 und 2 in einer Route führt zu einer Ersparnis (Saving) i. H. v. 53 km. Der Effekt entsteht durch den Wegfall zweier Strecken (1 – 0 und 0 – 2) und das Hinzufügen der neuen Strecke zwischen Kunden 1 und 2 (1 – 2).

Diese Ersparnis wird im Savings-Verfahren für alle möglichen Kundenkombinationen berechnet und im Anschluss absteigend sortiert. Beginnend mit der höchsten Ersparnis werden dann die Routen gebildet. Dabei wird sowohl die Kapazitätsgrenze des Lkw i. H. v. 10 Einheiten als auch die Bedingung „maximal ein Besuch pro Knoten" berücksichtigt. Die Ersparnisse aller möglichen Kundenpaare aus der Beispielaufgabe sind in Abb. 3.32 abzulesen.

Im Anschluss werden, beginnend mit der höchsten Ersparnis (Rang 1 – die Kundenkombination 5 – 6), unter Berücksichtigung der Kapazitäten die Touren gebildet. Da bei Kunden 5 (2 Paletten) und 6 (7 Paletten) abzuholen sind ist dies die erste abgeschlossene Route. Der nächsthöchste Rang (Kunden 4 – 5) kann aufgrund der Kapazitätsüberschreitung (2 weitere Paletten bei Kunden 4) nicht mehr integriert werden. Danach wird dem nächsthöchsten Rang

Menge		2	3	5	2	2	7
	0	1	2	3	4	5	6
0		32	62	35	71	62	73
1			41	50	84	92	101
2				52	72	106	132
3					36	53	90
4						60	113
5							58
6							

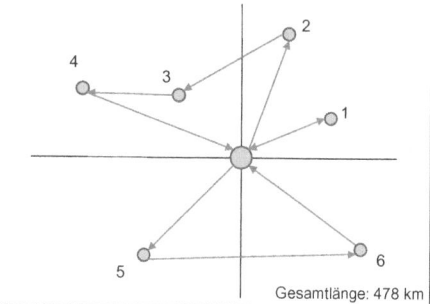

Gesamtlänge: 478 km

Abb. 3.33 Ergebnis des Savings-Verfahrens

fortgesetzt – dies ist in dem Fall nicht die Kombination 4 – 5 auf Platz 2, da der Kunde 5 bereits in der ersten Route (5 – 6) integriert wurde und nicht mehr angefahren werden muss. Das heißt, alle Kombinationen, die nach der ersten Route einen der beiden Kunden 5 oder 6 enthalten, können nicht mehr berücksichtigt werden. Der nächsthöchste Rang ist also die Kombination 3 – 4 auf Rang 3. Im Ergebnis ergeben sich folgende Routen (s. Abb. 3.33):

Route 1: 0 – 5 – 6 – 0/Route 2: 0 – 2 – 3 – 4 – 0/Route 3: 0 – 1 – 0/Gesamtlänge: 478 km

Das Savings-Verfahren ist aufgrund seiner Schnelligkeit bei der Berechnung wesentliche Grundlage zahlreicher Softwarelösungen und kommt in der Praxis vorrangig zum Einsatz.

3.6.3 Hub-Konzepte – Sammelladung und Gebietsspedition

Neben dem Milkrun-Konzept haben sich vor allem sogenannte Hub-Konzepte in der Transportplanung etabliert. Kerngedanke ist dabei, dass mehrere Lieferanten aus unterschiedlichen Gebieten zu einem weit entfernten Abnehmer (Werk) liefern. Die Betonung liegt dabei auf weit entfernt – sonst wäre bei einem einfachen Blick auf Abb. 3.34 (links) auch ein Milkrun vorstellbar. Bei weiten Entfernungen ist die Strecke aber nur unter besonderen Bedingungen (zweite/r Fahrer*in) realisierbar – was wirtschaftlich meist nicht sinnvoll ist.

Die – meist kleinen Liefermengen – werden über einen Hub zu einem Hauptlauf gebündelt, der dann besser ausgelastet die weite Strecke zum Ziel fährt. Genauso wie beim Milkrun sind hier zwei wesentliche Voraussetzungen:

• Die Häufigkeit der Fahrten von Lieferanten (Frequenzen) sind ähnlich oder gleich.
• Die zu transportierenden Volumina eignen sich zur Zusammenlegung. Dabei ist auch darauf zu achten, dass die Gewichte zueinander passen und es zu keiner Überlastung des Lkw auf dem Hauptlauf kommt.

Das Hauptpotenzial zur Kostensenkung liegt beim Hub-Konzept in der Reduzierung der gesamten Streckenlänge und der Auslastungserhöhung auf dem Hauptlauf Hub – Ziel

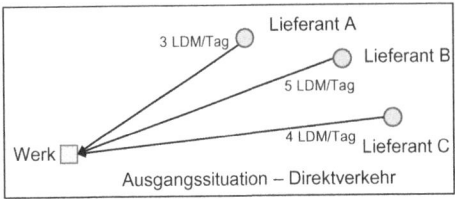 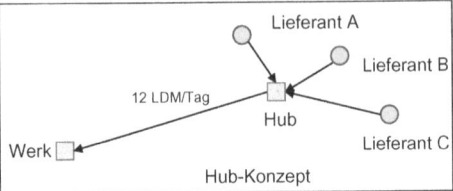

Abb. 3.34 Direktverkehr und Hub-Konzept im Vergleich

(Werk). Allerdings muss berücksichtigt werden, dass am zusätzlichen Hub Kosten für das Handling und gegebenenfalls Kapitalbindungskosten für eine kurzfristige Lagerung entstehen.

Bei Hub-Konzepten können im Wesentlichen zwei Ansätze unterschieden werden:

- Sammelladungstransporte
- Gebietsspedition

Ähnlich dem Milkrun wird beim **Sammelguttransport** Material von mehreren Zulieferern eingesammelt. Die Lieferung erfolgt jedoch nicht direkt an den Kunden, sondern das Material wird über einen oder mehrere Umschlagspunkte angeliefert. Zuerst wird das Material aus einem Zuliefergebiet eingesammelt und zu einem Umschlagspunkt gebracht. Dieser Transport ist der sogenannte Vorlauf (Schulte 2013, S. 201). Der Vorlauf kann per Direkttransport oder Milkrun erfolgen (Klug 2010, S. 225).

Der Transport zwischen zwei Umschlagspunkten wird in einen Vorlauf, Hauptlauf und einen Nachlauf unterteilt. Dienstleister für Sammelguttransporte können dabei sowohl im Vorlauf als auch im Nachlauf tätig sein, demzufolge auch an jedem Umschlagspunkt. Ist ein Dienstleister im Vorlauf der Transportkette im Einsatz, dann ist dieser für das Sammeln bzw. Konsolidieren von Sendungen im Nahbereich verantwortlich. Im Nachlauf hingegen ist die Aufgabe, Sendungen im Nahverkehr an die Empfänger zu verteilen. In beiden Fällen erstreckt sich der Tätigkeitsbereich des Dienstleisters auf einen Umkreis bis zu 80 km (Schulte 2013, S. 182).

Im Umschlagspunkt wird das Material nach Zielorten sortiert und entsprechend auf Lkw verladen. Dabei kann der Zielort direkt der Empfänger oder ein weiterer Umschlagspunkt sein. Dieser Abschnitt des Transports wird Hauptlauf genannt. Beim Transport zu einem Umschlagspunkt enthält der Lkw Material für mehrere Empfänger, sodass im empfangsnahen Umschlagspunkt das Material wiederum nach Zielorten sortiert und verladen wird (s. Abb. 3.35).

Im Nachlauf wird das Material vom empfangsnahen Umschlagspunkt zu den Empfängern transportiert (Schulte 2013, S. 201). Auch hier können wiederum Milkruns eingesetzt werden (Klug 2010, S. 225).

Der größte Aufwand – sowohl technisch als auch kostenseitig – ist in einer Transportkette mit zwei Umschlagspunkten das Sammeln, Verteilen und Umschlagen. Der Transport im Fernverkehr hingegen ist effizient, weil in der Regel Transportmittel mit großer Kapazität wie Wechselbrücken zum Einsatz kommen.

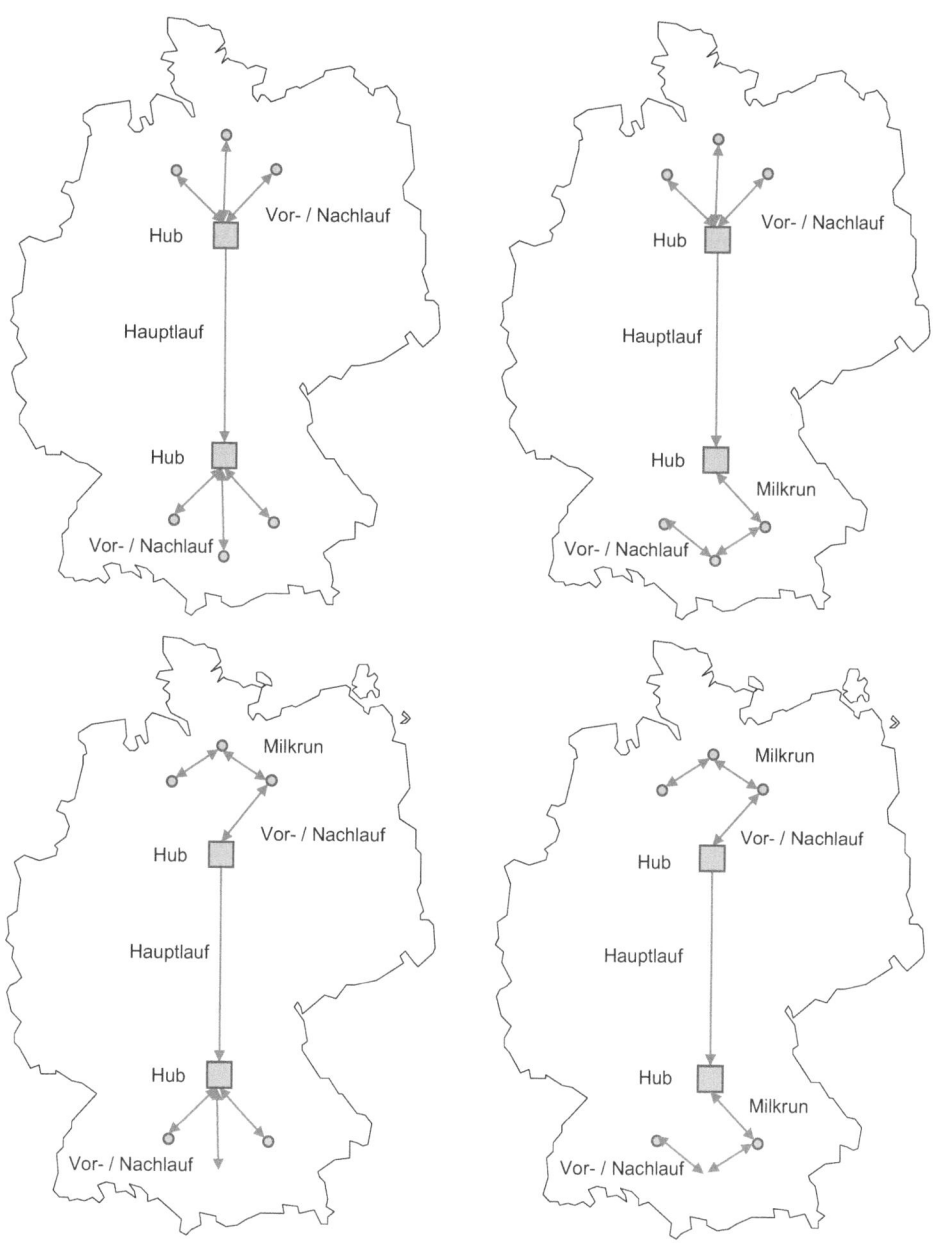

Abb. 3.35 Varianten von Sammelladungsverkehren

Durch diesen mehrstufigen Transport wird nicht nur auf Seiten der Absender gebündelt, wie dies beim Milkrun der Fall ist, sondern auch auf Seiten der Empfänger. Damit kann dieses Transportkonzept bei kleineren Transportvolumen als beim Milkrun eingesetzt werden. Durch die frühe Konsolidierung der Transportvolumen können Skaleneffekte bereits bei kleinen und schwankenden Transportvolumen erzielt werden (Klug 2010, S. 226 und Grunewald 2015, S. 36). Vor allem Kurier-, Express- und Paketdienstleister wie Fedex oder DHL arbeiten nach diesem Prinzip.

Ein weiterer Unterschied zum Milkrun ist der Leergutprozess. Die Planung für das Leergut erfolgt meist unabhängig von der Warenlieferung. Zwar nehmen die ankommenden Lkw im Werk auf ihrer Rückfahrt meist Leergut mit, die Beauftragung erfolgt aber losgelöst vom Warentransport und auch Menge. Art und Ziel der leeren Behälter sind komplett losgelöst vom abgelieferten Material (Klug 2010, S. 352).

Im Gegensatz zum Sammelladungstransport unterscheidet sich die Gebietsspedition dadurch, dass die verschiedenen Lieferungen nach der Sammlung nicht einzelnen Empfängern geliefert werden, sondern die einzelnen Lieferungen zu einer Ladung zusammengefasst und einem Empfänger aus dem Gebiet zugestellt werden (LIS 2023). Sammelguttransporte und Gebietsspedition unterscheiden sich also hinsichtlich der der Anzahl der Umschlagspunkte. Wenn eine Transportverbindung über zwei Umschlagspunkte läuft, so handelt es sich um Sammelguttransporte. Gebietsspeditionskonzepte benutzen grundsätzlich einen Umschlagspunkt (s. Abb. 3.36).

Ein Ziel, das mit dem Einsatz der Gebietsspedition verfolgt wird, ist einerseits die Konzentration möglichst vieler Einzelsendungen auf die eingesetzten Transportmittel, um dadurch die Anzahl der eingehenden Fahrzeuge am Werk zu reduzieren.

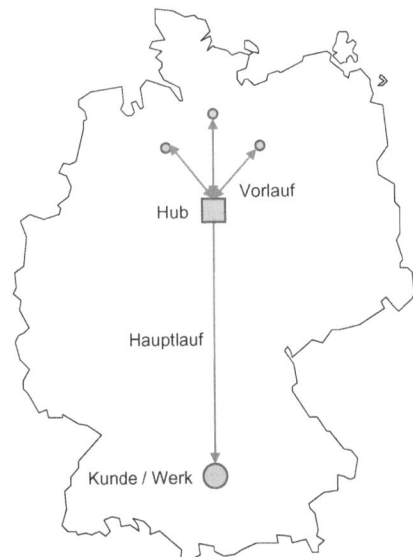

Abb. 3.36 Gebietsspeditionskonzept

> Für den Personenverkehr und entsprechende Mobilitätskonzepte bieten sich vor allem die aus dem Güterverkehr etablierten Sammelguttransporte als mögliche Lösungskonzepte an. Über die ideale Anordnung mehrerer Knoten in einem urbanen Raum kann unter Berücksichtigung einer guten Erreichbarkeit der gewünschten Abfahrts- und Zielorte (Wohnort, Arbeitsplatz, Schule, Hochschule, Kino, Sportstätten) eine verbesserte Mobilität bei vor allem kürzeren Transportzeiten erreicht werden.

Literatur

Arnold D, Furmans K (2009) Materialfluss in Logistiksystemen, 6. Aufl. Springer, Berlin

Bär R, Purtschert P (2014) Lean Reporting: Optimierung der Effizienz im Berichtswesen. Springer Vieweg, Wiesbaden

Baudin M (2005) Lean logistics. the nuts and bolts of delivering materials and goods, 1. Aufl. Productivity Press, New York

Becker H (2006) Phänomen Toyota. Springer, Berlin/Heidelberg, S 263

Becker T (2008) Prozesse in Produktion und Supply Chain optimieren, 2., neu bearb. u. erw. Aufl. Springer, Berlin

Bertagnolli F (2020) Lean Management, Einführung und Vertiefung in die japanische Management-Philosophie, 2., überarb. u. erw. Aufl. Springer Gabler, Wiesbaden

Bretzke WR (2020) Logistische Netzwerke, 4. Aufl. Springer Vieweg, Berlin/Heidelberg

Brunner FJ (2017) Japanische Erfolgskonzepte KAIZEN, KVP, Lean Production Management, Total Productive Maintenance, Shopfloor Management, Toyota Production System, GD3 – Lean Development, Hrsg. Kurt Matyas, 4., überarb. Aufl. Praxisreihe Qualitätswissen, Carl Hanser Verlag GmbH & Co. KG, München, S 3–4, S. 64–67, S 105

Butz C, Groß W, Hayden C, Zesch F (2010) Der Einfluss des Ölpreises auf Distributionsnetzwerke von Industrie und Handel. 4flow AG, Berlin

DIN 30781 (1989) Deutsches Institut für Normung, DIN 30781, Teil 1, Transportkette; Grundbegriffe

Eiselt HA, Marianov V (2014) Pionieering developments in location analysis. In: Eiselt HA, Marianov V (Hrsg) Foundations of location analysis. Springer, New York/Dordrecht/Heidelberg/London

Erlach K (2020) Wertstromdesign – Der Weg zur schlanken Fabrik, 3. Aufl. Springer, Heidelberg, S 32

Erne R (2019) Lean Project Management – Wie man den Lean-Gedanken im Projektmanagement einsetzen kann. Springer Gabler, Wiesbaden, S 73

Gröbner M (2015) Gemeinsamkeiten und Unterschiede von Just-in-time-, Just-insequence- und One-piece-flow-Produktionskonzepten. In: Dickmann P (Hrsg) Schlanker Materialfluss mit Lean Production, Kanban und Innovationen, 3. Aufl. Springer Vieweg, Berlin/Heidelberg

Grundig C-G (2018) Fabrikplanung. Planungssystematik, Methoden, Anwendung, 6., akt. Aufl. Carl Hanser, München

Grunewald M (2015) Planung von Milkruns in der Beschaffungslogistik der Automobilindustrie, Produktion und Logistik. Springer Fachmedien, Wiesbaden, S 33–38

Gudehus T (2012) Logistik 2: Netzwerke, Systeme und Lieferketten, 4. Aufl. Springer Vieweg, Berlin/Wiesbaden

Helmold M (2021) Kaizen, Lean Management und Digitalisierung – mit den japanischen Konzepten Wettbewerbsvorteile für das Unternehmen erzielen. Springer Gabler, Wiesbaden, S 23–24

Jäger S (2017) Netzwerk-Design für Lkw Komplettladungsverkehre unter Berücksichtigung ökonomischer und sozialer Aspekte, Dissertation. Springer Gabler, Wiesbaden, S 80–82

Klug F (2010) Logistikmanagement in der Automobilindustrie. Grundlagen der Logistik im Automobilbau. Springer, Berlin

Koether R, Meier K-J (2020) Lean Production für die variantenreiche Einzelfertigung. Springer Gabler, Wiesbaden, S 6

Liker JK (2008) Der Toyota-Weg: 14 Managementprinzipien des weltweit erfolgreichsten Automobilkonzerns, 5. Aufl. Finanz Buch Verlag GmbH, München

LIS (2023) Logistische Informationssysteme, Gebietsspedition. https://www.lis.eu/lexikon/gebietsspedition/. Zugegriffen am 20.01.2023

Loos P (2019) Kanban, Enzyklopädie der Wirtschaftsinformatik. https://wi-lex.de/index.php/lexikon/inner-und-ueberbetriebliche-informationssysteme/sektorspezifische-anwendungssysteme/produktionsplanungs-und-steuerungssystem/fertigungssteuerung/kanban/. Zugegriffen am 06.01.2023

Martin H (2006) Transport- und Lagerlogistik – Planung, Struktur, Steuerung und Kosten von Systemen der Intralogistik, 6., vollst. überarb. Aufl. Vieweg, Wiesbaden, S 26–27

Mattfeld D, Vahrenkamp R (2014) Logistiknetzwerke – Modelle für Standortwahl und Tourenplanung, 2., akt. u. überarb. Aufl. Springer Gabler, Wiesbaden

Miebach Consulting Group (2009) Global logistics trends study 2009 – go local for performance Frankfurt am Main

Pfohl HC (2010) Logistiksysteme: Betriebswirtschaftliche Grundlagen. Springer, Heidelberg

Piontek J (2013) Bausteine des Logistikmanagements. Supply Chain Management, E-Logistics, Logistikcontrolling. NWB, Herne

Regber H, Zimmermann K (2007) Change-Management in der Produktion: Prozesse effizient verbessern im Team, 2. Aufl. mi-Wirtschaftsbuch, Landsberg am Lech

Schulte C (2013) Logistik. Wege zur Optimierung der Supply Chain, 6., überarb. u. erw. Aufl. Franz Vahlen, München

Sinsel A (2020) Das Internet der Dinge in der Produktion. Springer Vieweg, Berlin

Sturm J (2022) Ikigai – Das japanische Geheimnis eines glücklichen und langen Lebens: Die japanische Philosophie für mehr Resilienz, Glück, Erfüllung und Selbstfindung. Independently published, S 4–11

Tekada H (2012) Das Synchrone Produktionssystem, 7. Aufl. Franz Vahlen, München

Thomsen EH (2006) Lean Management: Arbeitsbuch aus der Reihe General Management der Supply Management Group. SMG Publishing AG und Verlag Wissenschaft und Praxis, Gallen, S 7

Warmer C (2017) Analyse, Gestaltung und Optimierung des Transports von Teilladungen im interkontinentalen Seeverkehr. Springer Gabler, Wiesbaden

Werner H (2013) Supply Chain Management Grundlagen, Strategien, Instrumente und Controlling, 5., überarb. u. erw. Aufl. Springer Gabler, Wiesbaden, S 342

Wildemann H, Niemeyer A (2023) Logistikkostensenkung durch auslastungsorientierte Konsolidierungsplanung. https://www.tcw.de/uploads/html/publikationen/aufsatz/files/Logistikkostensenkung_Milkrun_Niemeyer.pdf. Zugegriffen am 10.01.2023

Womack JP, Jones DT (2003) Lean thinking. Free Press, New York

Handlungsempfehlungen für die „Mindful Mobility" der Zukunft

4

Zusammenfassung

Das vierte Kapitel bringt die Herausforderungen und Aufgaben des zweiten Kapitels mit den Ansätzen aus der Logistik aus dem dritten Kapitel zusammen und filtert die Essenz für ein erfolgreiches Konzept heraus. Dieses Kapitel soll zu Diskussionen und zum Reflektieren anregen. Vor allem aber werden Maßnahmen und Handlungsempfehlungen abgeleitet, die in den kommenden 15 Jahren eine innovative Mobilität in urbanen Räumen wie Berlin ermöglichen können. Der wesentliche Gedanke dabei: Es muss eine „Mindful Mobility" entstehen, die Rücksicht auf die Bedürfnisse der beteiligten Verkehrsteilnehmer*innen nimmt. Unabhängig davon, ob es sich um Interessen der Autofahrer*innen, Fahrradfahrer*innen, Fußgänger*innen oder Nutzer*innen des Öffentlichen Personennahverkehrs (ÖPNV) handelt. Gleichzeitig muss mehr Rücksicht auf die Ressourcen im urbanen Raum genommen werden. Dabei wird auch die Frage beantwortet, wie dem enormen Flächenverbrauch begegnet werden kann und welche Vorschläge kurz-, mittel- und langfristig umsetzbar sind. Hinsichtlich der einzelnen Maßnahmen muss mit Augenmaß und einer gewissen Ausgewogenheit vorgegangen werden – so sind einige Schritte attraktiv, andere restriktiv, wiederum andere motivierend. Ausgangspunkt ist die Bestimmung eines Reifegrades des betrachteten urbanen Raums, denn jede Stadt ist individuell und unterschiedlich gut für die Herausforderungen der Urbanisierung vorbereitet. Das vorgestellte Konzept kann nicht nur im Beispielraum Berlin zur Anwendung kommen, sondern situativ an andere Gegebenheiten angepasst werden.

Aufgrund der aufgezeigten Parallelen kommt es darauf an, zu prüfen inwieweit die gewonnenen Erkenntnisse aus den Lean-Ansätzen, der Transportoptimierung und der Netzwerkplanung auf das Verkehrsgeschehen in einem urbanen Raum übertragen werden können. Es gilt insbesondere, die Ansätze hinsichtlich Verschwendung, Effizienz und Auslastung anwendbar zu gestalten und positive Effekte für Umwelt, Verkehr und Gesellschaft zu erzielen. Eine große Herausforderung besteht darin, mobilitätsbezogenen Bedürfnissen gerecht zu werden und gleichzeitig sicherzustellen, dass grundlegende Funktionen des Daseins, wie Wohnen, Arbeiten, Lernen, Einkaufen und auch Spielen durch geeignete Mobilitätsangebote, erfüllt werden.

Dabei muss vor allem berücksichtigt werden, dass eine nunmehr rund 70 Jahre während, gezielte Entwicklung hin zu einer individuellen Mobilität nicht in wenigen Jahren rückgängig gemacht werden kann – trotz aller Notwendigkeit und Dringlichkeit. Die Formen der individuellen Mobilität eröffneten neue Möglichkeiten: durch die Massenmotorisierung in den 50er-Jahren konnten Menschen größere Strecken individuell zurücklegen und weiter entfernt von ihrer Tätigkeitsstelle wohnen. Eine Abkehr davon ist nicht ohne Weiteres erreichbar – sie setzt eine notwendige Verhaltensänderung der Nutzer*innen, die nur über einen langen Zeitraum und mit zahlreichen attraktiven Optionen und Anreizen erreicht werden kann, voraus.

Es gilt also, die derzeitige Situation mit ausgewählten Ansätzen und Maßnahmen im Sinne von Umwelt, Gesellschaft und Wirtschaft neu zu gestalten und Entwicklungen teilweise rückgängig zu machen. Kern der Ansätze muss dabei der Gedanke der Mindfulness – der Rücksichtnahme – sein, gegenüber allen Beteiligten, den Ressourcen und der Umwelt. Konzepte mit innovativen Maßnahmen, die Bedürfnisse und Sorgen der Menschen berücksichtigen und ernst nehmen, können zu einer Meinungs- und damit Verhaltensänderung beitragen.

Ausgangspunkt der Entwicklung eines Leitfadens und konkreter Handlungsempfehlungen ist zunächst ein Zielszenario: Wie sieht der urbane Raum im Jahr 2038 aus, wie werden sich Mobilität und Verkehr, wie werden sich Umweltbelastungen, Unfälle und Zeiten im Verkehr verändern? Aus diesem Bild lassen sich letztlich Ziele und mögliche Maßnahmen fokussiert ableiten. Warum jedoch 2038? Die folgenden Handlungsempfehlungen und Maßnahmen werden unterschieden in kurz- (5 Jahre), mittel- (10 Jahre) und langfristige Ansätze (15 Jahre) und führen, ausgehend vom Jahr 2023, am Ende zur Erreichung des gewünschten Ziels – im Jahr 2038.

Der zugrunde liegende Gedanke entstammt der Szenariotechnik, die vor allem eingesetzt wird, um zukünftige Entwicklungen anhand von Zukunftspfaden beschreiben und mögliche Strategien ableiten zu können. Das hier zum Einsatz kommende Szenario ist eine Sonderform der Szenariotechnik – ein normatives Szenario. Ein normatives Szenario gibt dem Anwender die Möglichkeit, herauszuarbeiten was geschehen müsste, um den speziellen Zukunftszustand (hier das Mobilitätsszenario Berlin 2038) eintreten zu lassen. Ausgehend von diesem Bild können rückwärtsgerichtet – von einem bestimmten Zeitpunkt aus (hier die Situation 2023) – auf einem Zeitpfad (wie erwähnt kurz-, mittel- und langfristig) Ziele, Bereiche und Faktoren ermittelt werden, die eine Entwicklung hin zu diesem Ziel-Szenario 2038 ermöglichen oder erleichtern können.

4.1   Szenario Berlin-Brandenburg 2038

Es ist Montag, der 15.03.2038, 7 Uhr 30. Stefan*ie sitzt an ihrem Küchentisch ihrer Wohnung in Birkenwerder (Brandenburg) und genießt ihren morgendlichen Kaffee. Vor nicht mal 10 Jahren hätte sie zu diesem Zeitpunkt bereits im Stau auf der A 100 gestanden – und dies seit bereits 30 min. Heute hat sie ihre Fahrt zur Arbeit individuell per App geplant und kann sich dabei auf eine konstante Fahrtzeit verlassen, egal welchen intermodalen Mobilitätsmix sie verwendet. Denn der Verkehr in Berlin ist seit einigen Jahren im Fluss.

Obwohl die Zahl der Einwohner*innen in Berlin wie erwartet auf knapp 4 Mio. angestiegen ist, ist der Verkehr gleichzeitig um 30 % zurück gegangen. Erreicht wurde dies durch einen kontinuierlichen Rückgang der Pkw-Neuzulassungen – erst im letzten Jahr wurde die Schallmauer von 1 Mio. Pkw unterschritten und liegt heute bei rund 990.000 Pkw (– 20 %). Aufgrund der vielfältigen, attraktiven Mobilitätsoptionen in Berlin verzichten die Bewohner*innen zunehmend auf einen eigenen Pkw (s. Abb. 4.1). Ein weiterer positiver Effekt: die Stauzeiten haben sich erheblich verkürzt und Unfälle sind deutlich zurück gegangen.

Dabei ist zeitgleich seit einigen Jahren ein deutlicher Trend zu kleineren, stadtverträglichen Pkw zu erkennen. Fahrzeuge wie der Toyota Yaris, der Smart fortwo und neue Modelle wie der VW IDeal oder der Ford Serval führen die Zulassungsstatistiken an. Zusätzlich erobern Kleinst-Pkw den Markt und den urbanen Raum – allesamt ausschließlich elektrisch betrieben. Die Flächenbelastung sowohl des fließenden als auch des parkenden Verkehrs ging dadurch deutlich zurück.

Die Luftqualität in Berlin hat sich deutlich verbessert. Sogar die nochmal verschärften Grenzwerte der WHO aus dem Jahr 2032 werden eingehalten und im Großteil des Jahres sogar unterschritten (s. Abb. 4.2)

Das etablierte umweltorientierte Verkehrsmanagementsystem mit intelligenten Signalschaltanlagen, einem standardisierten und reduzierten Grundtempo, autofreien Bereichen, intelligenter Parkraumbewirtschaftung und tageszeitabhängigen Fahrspurenfreigaben für den Rad-, Bus- und Warenverkehr sorgt für die Einhaltung der Schadstoffgrenzwerte. Gleichzeitig wurde so ein verbesserter Verkehrsfluss erzielt und die Anzahl der Staus deutlich reduziert. Die digitale Steuerung des gesamten Oberflächenverkehrs vermeidet die Überlastung des Straßenverkehrssystems.

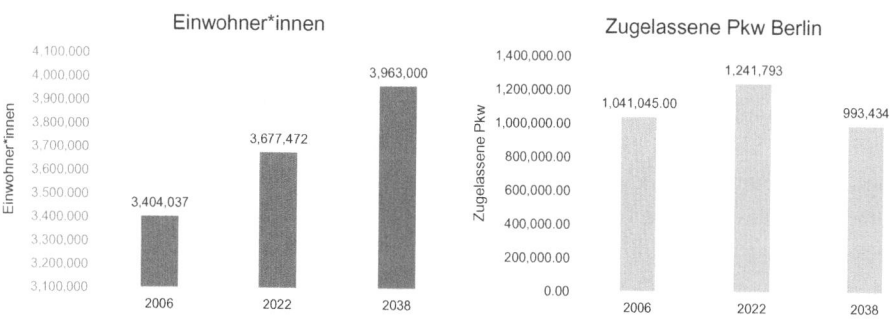

Abb. 4.1   Einwohner*innen und zugelassene Pkw in Berlin 2038

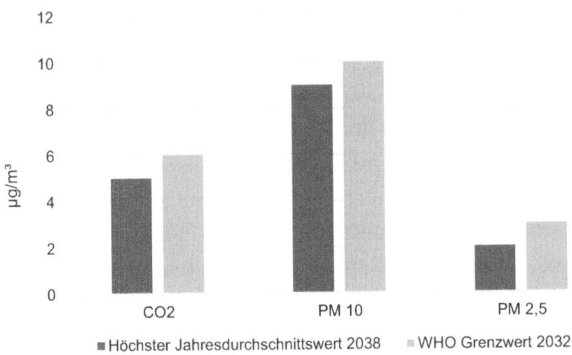

Abb. 4.2 Luftschadstoffe in Berlin 2038 im Vergleich zu den Grenzwerten der WHO

Zurück zu Stefan*ie: sie nutzt für die tägliche Planung ihrer Fahrten nach und in Berlin ihre Mobilitäts-App „Berlin Move". Basierend auf aktuellen Verkehrsdaten werden minutengenau alle Kombinationen zwischen Wohn- und Arbeitsort ermittelt und die jeweils zeitlich günstigste vorgeschlagen. Die dabei geplanten Zeiten werden zu 99,9 % erreicht – diese Zuverlässigkeit ist wesentlicher Anreiz für die tägliche Nutzung der App.

Heute plant Stefan*ie eine intermodale Fahrt zur Arbeit mit drei Verkehrsmitteln. Den Weg zur S-Bahn-Station legt sie heute mit dem E-Bike zurück. Dort stehen ihr zwei Optionen zur Verfügung: das Abstellen des Fahrrads witterungs- und diebstahlgeschützt in einem Fahrradhof oder die kostenlose Mitnahme in der S-Bahn. Heute entscheidet sie sich dafür, das Fahrrad abzustellen und den abschließenden Weg vom Zielbahnhof ins Büro zu Fuß zurückzulegen.

Das E-Bike war im vergangenen Monat eine Prämie des Mobilitätspasses „Mindful Miles" für das Sammeln von Kilometern ohne Pkw – per Fahrrad, Bus, Bahn oder zu Fuß. Dabei ist sie heute auch noch kostengünstiger unterwegs als früher. Selbst wenn sie ihren privaten Pkw (den sie sich mit 3 Nachbar*innen teilt) zu ausgewählten Terminen nutzt, hat sie aufgrund der deutlich zurückgegangenen Anzahl an Fahrzeugen, kaum Schwierigkeiten einen Parkplatz in der Nähe ihres Ziels zu finden. Durch die verringerte Größe der Fahrzeuge – bei gleichzeitigem Rückgang der Neuzulassungen – reduziert sich der Flächenbedarf des motorisierten Individualverkehrs (MIV) um über 10 % (s. Abb. 4.3).

Über Parkgebühren muss sich Stefan*ie keine weiteren Gedanken machen – alle notwendigen Mobilitätsleistungen und -kosten sind in einem Mobilitätsbillet Berlin als Bestandteil der „Berlin Move"-App enthalten.

Am Feierabend hat sie sich spontan mit ihrer Kollegin, die heute im Homeoffice gearbeitet hat, zum Sport und Abendessen verabredet. Mit dem vom Arbeitgeber am Arbeitsplatz zur Verfügung gestellten Fahrrad macht Sie sich auf den Weg und sammelt so weitere Kilometer für ihre nächste Prämie. Nach einem gelungenen Abend geht es per S-Bahn zurück nach Hause. Das Fahrrad des Arbeitgebers übergibt sie unkompliziert an ihre Kollegin, die damit wie geplant am nächsten Tag zur Arbeit fährt.

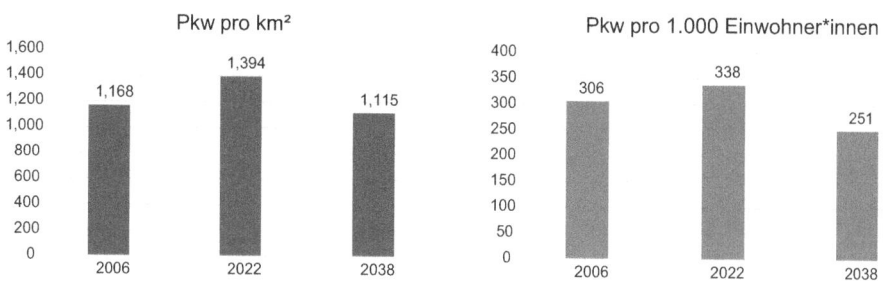

Abb. 4.3 Flächeninanspruchnahme Pkw, Anzahl Pkw pro 1000 Einwohner*innen Berlin 2006–2038

4.2 Vier wesentliche Zielsetzungen

Metropolen wie Berlin müssen sich im Interesse kommender Generationen zu solchen zukunftsorientierten, flexiblen urbanen Räumen entwickeln. Aber auch andere, kleinere Regionen haben die Chance und das Potenzial sich zu einer Modellregion zu entwickeln.

Berlin hat auf diesem Weg bereits erste Schritte unternommen und ein Mobilitätsgesetz zur Förderung einer umweltfreundlicheren Mobilität erlassen, um die Mobilitätswende hin zu einer nachhaltigen, verkehrsgerechten Stadt zu erreichen. Dabei liegt der Fokus auf der stärkeren Berücksichtigung des Rad- und Fußverkehrs, des ÖPNV sowie auf Mobilitätskonzepten wie Sharing und dem Einsatz neuer Technologien zur Realisierung des autonomen Fahrens. Dadurch sollen zum einen mehr Investitionen und Umbauten für alternative Mobilitätslösungen ermöglicht werden und zum anderen der motorisierte Individualverkehr (MIV) verringert werden. Zudem zielt das Mobilitätsgesetz durch Straßenumbaumaßnahmen darauf ab, Verkehrsunfälle zu reduzieren und die Radverkehrsinfrastruktur zu verbessern. Zusätzlich soll die Wende zu einer klimafreundlichen Mobilität u. a. durch Busse mit rein elektrischem Antrieb vorangetrieben werden. Im Wesentlichen zielen diese Maßnahmen vor allem auf eine Verdrängung und Restriktion (Push) des MIV ab – Anreize (Pull) kommen dabei bisher zu kurz. Kernziele der Initiative sind also vor allem:

- die Entlastung der Umwelt durch die Verbesserung der Luftqualität und die
- Wahrung der Unversehrtheit durch die Reduktion von Unfällen.

Diese Ziele können und müssen – im Sinne einer deutlichen Verbesserung der Situation in urbanen Räumen – um zusätzliche Zielsetzungen ergänzt und erweitert werden. Dabei kann eine gegenseitige Hebelwirkung (s. Abschn. 4.6.2) die Effekte verbessern oder verstärken. Die beiden weiteren wesentlichen, übergeordneten Ziele sind dabei:

- die Verbesserung des Verkehrsflusses und
- die Vermeidung von Verschwendung.

Im Ergebnis müssen innovative und nachhaltige Lösungen durch einen systematischen Ansatz und eine integrierte Betrachtung verschiedener Ansätze entstehen. Die interdisziplinäre Herangehensweise kann dabei der Schlüssel zum Erfolg sein und somit gleichzeitig Effizienz und Verhaltensänderung erreichen.

Um das beschriebene Szenario in rund 15 Jahren zu erreichen, müssen aus diesen Zielsetzungen zunächst Kernstrategien abgeleitet werden. Fokus dabei: eine bedürfnisgerechte Mobilität für alle – bei gleichzeitig weniger Verkehr. Dafür ist ein breit gefächertes Maßnahmenpaket erforderlich, das den Einsatz der Produktionsfaktoren des Verkehrssystems (s. Abschn. 2.2.3) zur Erfüllung der Mobilitätsbedürfnisse sinnvoller und effizienter gestaltet.

4.3   Strategische Ansätze für die Mobilität der Zukunft

Die gezielte Veränderung des Mobilitätsverhaltens soll den Schwerpunkt vom privaten Pkw hin zu gemeinschaftlich genutzten Verkehrsmitteln verschieben. Dafür sind u. a. auch Konzepte erforderlich, die das Verkehrsaufkommen verringern, ohne dabei die betroffenen Personen schwerwiegend in ihrem Alltag zu beeinträchtigen bzw. die Mobilität des Einzelnen einzuschränken (Thibault et al. 2022, S. 8). Dabei wird das Mobilitätsverhalten im Wesentlichen durch das zur Verfügung stehende Verkehrsangebot – bestehend aus der vorhandenen Verkehrsinfrastruktur und verschiedenen Verkehrsdienstleistungen (ÖPNV, Taxidienste, Carsharing) geprägt (Forschungsgesellschaft für Straßen- und Verkehrswesen 2017, S. 2 f.). Eine Veränderung des Verhaltens kann also u. a. auch durch eine Neugestaltung des Angebots initiiert werden.

Basierend auf diesen grundsätzlichen Zielvorstellungen und den methodischen Erkenntnissen des 3. Kapitels können im Wesentlichen drei strategische Richtungen, mit denen die Ziele erreicht werden können, identifiziert werden.

Die **Effizienzstrategie** zielt vor allem darauf ab, Produktionsfaktoren des Verkehrssystems sinnvoller einzusetzen, um negative Effekte zu reduzieren oder zu vermeiden. Die Reduzierung des Flächenbedarfs bei gleichzeitiger voller Funktionsfähigkeit des Verkehrssystems kann zum Beispiel dazu beitragen, die wirtschaftliche und gesellschaftliche Funktionsfähigkeit der Stadt durch einen dann effizienteren und funktionierenden Personenverkehr sicher zu stellen oder sogar zu verbessern. Zudem kann eine bessere Effizienz der eingesetzten Verkehrsmittel, zum Beispiel eine höhere durchschnittliche Auslastung des Pkw, wesentlich zur gesteigerten Funktionsfähigkeit des Verkehrssystems beitragen.

Die **Vernetzungsstrategie** setzt auf eine stärkere Verbindung der einzelnen, zur Verfügung stehenden Verkehrsmittel, um die jeweiligen Vorteile auf ihrem Streckenabschnitt zur Geltung kommen zu lassen. Durch die bessere Erreichbarkeit verschiedener Verkehrsmittel in einem Knotenpunkt wird unter anderem auch eine Verlagerung von einem Verkehrsmittel auf ein anderes erleichtert. Durch zusätzliche verbindende Knoten, die von den Anwohner*innen besser erreichbar sind, können gefahrene Strecken reduziert werden.

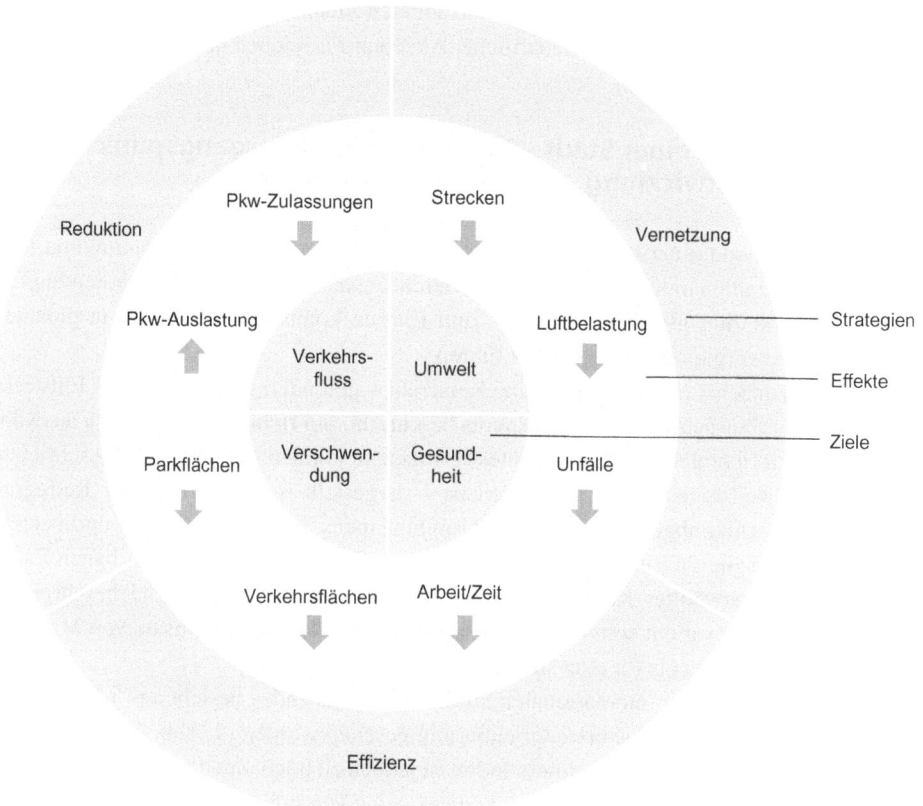

Abb. 4.4 Ziele – Strategien – Effekte

Das Entfernen von schädlichen Elementen aus einem System im Sinne der **Redukti-onsstrategie** (z. B. durch einen Rückgang der Neuzulassungen) führt dazu, dass sich die verbleibenden Elemente freier bewegen können und die Belastung der vorhandenen Flä-chen (Verkehrs- und Parkflächen) zurückgeht. Durch die Reduktion wird das System also einfacher und schlanker (lean) und hat gleichzeitig auch weitere positive Wirkungen auf den Strategieansatz „Effizienz" (s. Abb. 4.4).

So wird durch die Reduktionsstrategie (Rückgang der Neuzulassungen, Anzahl der Fahrten) die Effizienz der vorhandenen Flächen verbessert. Andersherum hat eine verbes-serte Effizienz der Pkw-Nutzung (Erhöhung der Auslastung des Pkw von 1,4 auf 2,0 Per-sonen oder höher) durch Fahrgemeinschaften oder privates Sharing eine ebenfalls reduzie-rende Wirkung zur Folge (Verzicht auf einen eigenen Pkw).

Eine Balance zwischen technologischen, organisatorischen, finanziellen und gesell-schaftlichen Lösungen kann dazu beitragen, dass eine tiefgreifende Bewusstseins- und Verhaltensänderung in der Gesellschaft stattfindet und sich somit negative Auswirkungen des Verkehrs deutlich reduzieren und die vorrangigen Ziele hinsichtlich Ressourceneffizienz, Umweltbelastung und gesellschaftlicher Akzeptanz erreichen lassen.

4.4   Reifegrad einer Stadt – Maßzahl für den Ausgangspunkt einer Entwicklung

Urbane Räume sind unterschiedlich weit entwickelt. Allein Flächenausdehnung und Einwohner*innenzahlen unterscheiden sich gravierend, sodass nicht alle Maßnahmen in gleichem Maß und zum gleichen Zeitpunkt zum Einsatz kommen können und in gleichen Zeiträumen zu vergleichbaren Effekten führen.

So muss zunächst ein Maßstab – eine Kennzahl – gefunden werden, die den Entwicklungsstand des betrachteten urbanen Raums beschreibt, um richtige Maßnahmen auswählen und in den richtigen zeitlichen Kontext bringen zu können. Es muss also beschrieben werden, wie weit eine Region entwickelt ist – dargestellt im Reifegrad. Der Reifegrad wird dabei letztlich abgebildet in einem Mobilitätsindex für urbane Räume und besteht wiederum aus weiteren Einzelgrößen – sogenannten Teil-Indices –, die den urbanen Raum hinsichtlich ausgewählter Kriterien quantitativ und qualitativ ausreichend beschreiben. Der Mobilitätsindex dient somit sowohl als Ausgangspunkt für den Einsatz von Maßnahmen als auch als Hinweis für eine sinnvolle zeitliche Reihenfolge.

Ein im Rahmen einer internationalen Studie ermittelter Index besteht aus 5 Teilkategorien und kann damit als eine erste Orientierung gesehen werden (s. Abb. 4.5). Die Komplexität des Urban Mobility Readiness Index ist jedoch zu hoch, um daraus Entwicklungspotenziale oder Maßnahmen ableiten zu können – eine Vereinfachung ist daher notwendig.

Dimension	Erfasste Kennzahlen (Auswahl)
Soziale Auswirkungen	• Pendelzeit • ÖPNV-Auslastung • Fahrzeugbesitz • Fahrzeugbelegung • Bevölkerungsdichte • Verkehrssicherheit und Luftqualität
Infrastruktur	• Dichte der Öffentlichen Verkehrsmittel • Begehbarkeit einer Stadt • Stärke Bildung multimodaler Netze
Marktattraktivität	• Wettbewerbsfähigkeit und Durchdringung von Sharing-Economy-Geschäftsmodellen • Multimodale App – Reife und Verfügbarkeit • Internetanbindung
System-Effizienz	• Betriebszeiten ÖPNV • Erschwinglichkeit öffentlicher Verkehrsmittel • Zuverlässigkeit des öffentlichen Verkehrs • Verkehrsmanagement.
Innovation	• Autonome Fahrzeuge • Elektrifizierung • Konnektivität • Investitionen der Regierung in Technologien • Attraktivität für Start-ups

Abb. 4.5 Dimensionen und Ausprägungen des Urban Mobility Readiness Index 2022. (Forschungsgesellschaft für Straßen- und Verkehrswesen 2017, S. 3)

Unter Berücksichtigung der bisher herausgearbeiteten Herausforderungen und basierend auf dem Fokus der vorgestellten Ziele und möglichen Strategien, lassen sich für die vorliegende Fragestellungen andere Dimensionen bzw. Teilindices herausarbeiten.

Ziel des Mobilitätsindex (MI) ist, das Entwicklungspotenzial einer urbanen Region basierend auf einer aktuellen Situation und bestehenden Herausforderungen und Optionen aufzuzeigen. Um eine einfache Handhabung bei der Anwendung in verschiedensten Regionen zu ermöglichen, wird der MI möglichst kompakt gestaltet und besteht aus vier Einzelkennzahlen, die zwei Dimensionen zugeordnet werden können. Die Kennzahlen

- Urbanisierungsindex (Bevölkerungsdichte in Einwohner*innen pro km^2) und
- Flächenbelastungsindex (Pkw-Dichte pro km^2 Gesamtfläche/Verkehrsfläche)

gelten als Herausforderungsindices. Je höher der Index, desto größer ist die Herausforderung und umso dringender die Notwendigkeit, eine Veränderung herbeizuführen. Dabei ist bereits berücksichtigt, dass Herausforderungen wie die Luftbelastung oder Unfälle grundsätzlich anerkannt und z. B. durch die Verkehrsdichte abgebildet und inkludiert sind. Die Kennzahlen

- ÖPNV-Index (Quantität des Angebots) und
- Mikromobilitätsindex (Quantität des Angebots)

sind hingegen Chancen-Indices. Je höher dieser Wert, desto größer ist die Möglichkeit Alternativen zu entwickeln und Optionen für die Herausforderungen bereitzustellen. Im ungünstigsten Fall steht ein hoher Herausforderungsindex einem niedrigen Chancen-Index gegenüber. Je Kategorie wird eine Bewertung zwischen 1–3 Punkten vorgenommen. Die jeweilige Bewertung ergibt eine Gesamtpunktzahl, die den Mobilitätsindex widerspiegelt und somit Anhaltspunkt für die Anwendbarkeit von Strategien ist (s. Abb. 4.6).

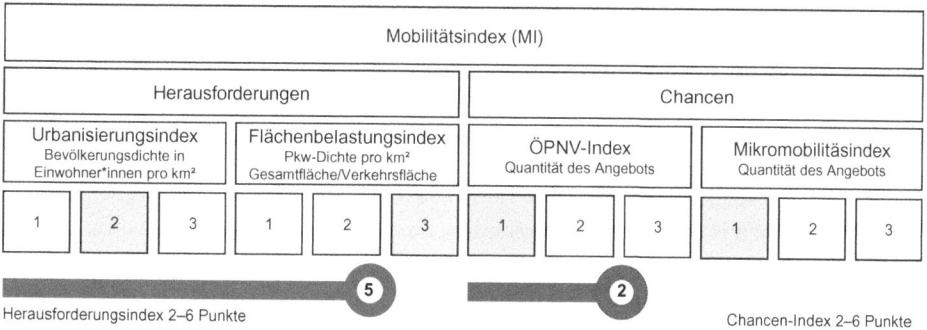

Abb. 4.6 Herausforderungs- und Chancen-Index für urbane Räume

4.4.1   Urbanisierungsindex

Die zunehmende Urbanisierung (s. Abschn. 2.1.3) macht deutlich, dass weltweit zunehmend Menschen in sogenannten Mega-Cities leben werden und sich zahlreiche heutige Städte und Großstädte zu solchen Mega-Cities entwickeln werden. Mit zunehmendem Wachstum verschärfen sich die Herausforderungen – daher beziehen sich die beschriebenen Indices vor allem auf urbane Räume einer bestimmten Größe.

Der heutige Begriff Stadt bzw. Großstadt wird diesen Anforderungen nicht mehr gerecht. Die Definition dieser Begriffe ist seit den 50er-Jahren unverändert. Demnach sind städtische Siedlungen in der Bundesrepublik Deutschland laut amtlicher Statistik:

- Gemeinden mit Stadtrecht ab 2000 Einwohner*innen
- Kleinstadt 5000–20.000 Einwohner*innen
- Mittelstadt 20.000–100.000 Einwohner*innen
- Großstadt mehr als 100.000 Einwohner*innen (Haas et al. 2022).

Heute gängige Begriffe, wie Metropole oder Mega-City, sind demnach gar nicht vorgesehen. Die dynamischen Entwicklungen der letzten Jahrzehnte lassen aber erkennen, dass diese Kategorisierung mittlerweile nicht mehr ausreicht und im Rahmen neuer Konzepte erweitert werden muss. Daher wird hier von folgender Kategorisierung ausgegangen:

- Stadt: 100.000–500.000 Einwohner*innen
- Großstadt: 500.000–1.000.000 Einwohner*innen
- Metropole: 1.000.000–3.000.000 Einwohner*innen
- Mega-City: > 3.000.000 Einwohner*innen

Der Fokus liegt dabei auf Metropolen ab einer Einwohner*innenzahl von 1 Mio. oder größer. Dabei handelt es sich nicht nur um die Kernsiedlung, sondern auch um Gebiete einschließlich Um- und Hinterland (s. Abschn. 2.1.2).

Die Abgrenzung ist insofern wichtig, weil die benötigte Kennzahl (Einwohner*innen pro km²) auch bei kleineren Siedlungen wie Kleinstädten sehr hoch sein kann – aber aufgrund der geringen absoluten Einwohner*innenzahl keine Rolle im Sinne der Mobilität urbaner Räume spielt. Trotzdem können die entwickelten Handlungsempfehlungen auch in kleineren Städten oder Regionen Anwendung finden.

Die Urbanisierungsindex ist also die Einwohner*innendichte bezogen auf die Gesamtfläche des urbanen Raums und beschreibt die „Belastung" der Fläche: Einwohner*innen pro km² Gesamtfläche.

4.4.2 Flächenbelastungsindex

Ähnlich wie der Urbanisierungsindex ist der Flächenbelastungsindex eine Kennzahl, die eine Belastung der Fläche widerspiegelt – hier allerdings durch die Nutzung der zur Verfügung stehenden Verkehrsflächen durch die Verkehrsmittel, vorrangig den Pkw.

Durch die kontinuierlich steigenden Pkw-Zulassungszahlen und die stetig wachsende Flächeninanspruchnahme durch immer größere Abmessungen des Pkw entsteht zunehmend ein Missverhältnis zwischen der zur Verfügung stehenden Verkehrsfläche – die nicht ohne weiteres ausgebaut werden kann – und den darauf fahrenden und parkenden Fahrzeugen. Dieses Missverhältnis führt zu den typischen Herausforderungen in urbanen Räumen: Parkplatzmangel, Staus und Unfälle.

Die Flächenbelastungsindex beschreibt also die Flächenbelastung des Pkw an der zur Verfügung stehenden Verkehrsfläche: zugelassene Pkw pro km² Verkehrsfläche.

4.4.3 ÖPNV-Index

Das ÖPNV-Angebot ist ein wesentlicher Faktor bei der Entwicklung neuer Mobilitätslösungen. Eine Vielzahl an Alternativen erleichtert das Umsteigen und einen möglichen Verzicht auf einen eigenen Pkw. Dabei spielt sowohl die Quantität (Anzahl verschiedener Verkehrsmittelangebote) als auch die Qualität (Taktung, Vernetzung) eine wesentliche Rolle.

Im Rahmen des ÖPNV-Index und der Entwicklung möglicher neuer Konzepte ist vorrangig das vorhandene Angebot von besonderer Bedeutung – wobei die Vernetzung in unmittelbarem Zusammenhang mit der Anzahl der Angebote steht. Je höher die Anzahl verschiedener Verkehrsmittel im ÖPNV, desto höher zumindest die Möglichkeit diese miteinander zu vernetzen. Bei der Quantität des Angebots können u. a. die Länge des Streckennetzes oder die Anzahl der Haltestellen herangezogen werden (s. Abb. 4.7).

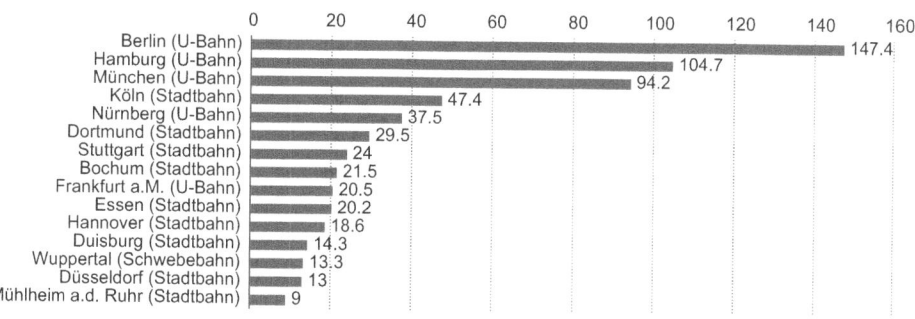

Abb. 4.7 Länge U-Bahnnetze in Deutschland (in km). (World Metro Database 2018, nach Statista)

Der ÖPNV-Index unterscheidet hinsichtlich der Quantität des ÖPNV-Verkehrsmittelangebots:

- 1 Punkt: 1 Angebot (z. B. Bus)
- 2 Punkte: 2 Angebote (z. B. Bus und U-Bahn)
- 3 Punkte: 3 Angebote (z. B. Bus und 2 Schienenangebote – U-Bahn, S-Bahn, oder Straßenbahn)

4.4.4 Mikromobilitätsindex Fahrrad/zu Fuß

Der Mikromobilitätsindex beschreibt vor allem das Angebot hinsichtlich des Fahrradverkehrs, zudem werden Fußwege oder Mikro-Sharing-Angebote wie E-Scooter berücksichtigt. Da das Angebot und die Qualität schwer individuell zu bemessen sind, können hier bereits existierende Indices herangezogen werden. Zwei wesentliche Indices sind der Copenhagenize Index und der Bicycle Cities Index (s. Abb. 4.8).

Der Copenhagenize Index vergibt Städten Punkte für ihre Ansätze und Lösungen, das Fahrrad als akzeptiertes und praktisches Verkehrsmittel zu etablieren. Dabei werden Kennzahlen wie die Implementierung von Fahrradinfrastruktur, die Anzahl an Bike-Sharing-Systemen und die Einschränkung der Autonutzung zugunsten des Fahrradverkehrs betrachtet (Copenhagenize 2022).

Der Global Bicycle Cities Index (GBCI) (s. Abb. 4.8) analysiert die Bedingungen für das Radfahren hinsichtlich 5 Kategorien (Global Bicycle Cities 2022):

- Wetter
- prozentuale Fahrradnutzung
- Unfallzahlen
- Sharing-Angebote
- Aktionstage zugunsten des Fahrrads

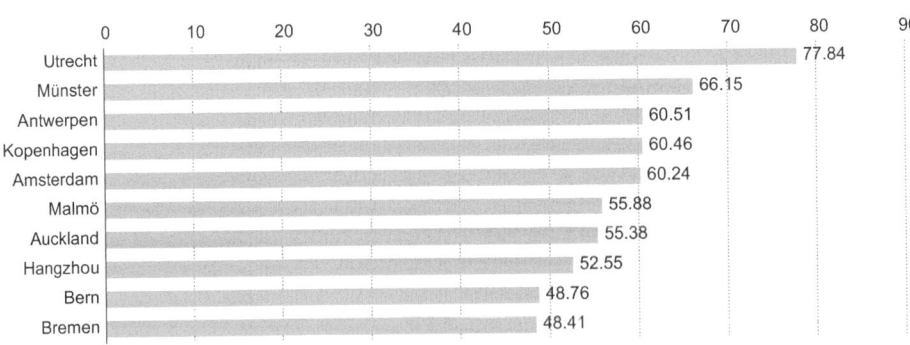

Abb. 4.8 Global Bicycle Cities Index (GBCI). (Gobal Bicycle Cities Index 2022, nach Statista)

Welcher Index letztlich als Grundlage genutzt wird, spielt vorerst keine Rolle – beide Indices sehen Städte wie Kopenhagen, Amsterdam und Utrecht in den TOP 5 und kommen daher zu ähnlichen Bewertungen. Für die weitere Verwendung wurde hier der Global Bicycle Cities Index und dessen prozentuale Bewertung als Maßstab genommen und in eine ebenfalls dreistufige Skala übertragen:

- 1 Punkt: GBCI < 60
- 2 Punkte: GBCI 60–75 %
- 3 Punkte: GBCI > 75 %

Alles Indices vereint, ergeben den Mobilitätsindex des betrachteten urbanen Raums (s. Abb. 4.9).

4.4.5 Exemplarischer Mobilitätsindex Berlin

Um sowohl den Herausforderungs- als auch den Chancen-Index zu verdeutlichen, wird die Kennzahl am Beispiel Berlins dargestellt. Der Indexwert 6 auf Seiten der Herausforderungen verdeutlicht, wie weit die Urbanisierung in Berlin vorangeschritten ist, was sich in einer hohen Bevölkerungs- und Pkw-Dichte widerspiegelt. Dies bietet vor allem Ansatzpunkte hinsichtlich Reduktions- und Effizienzstrategien. Auf Seite der Chancen bietet Berlin aufgrund des umfassenden ÖPNV-Angebots zahlreiche Optionen vor allem hinsichtlich Vernetzungsstrategien bei den vorhandenen Verkehrsmitteln. Der Rückstand bei der Fahrradmobilität bietet noch zusätzliches Potenzial (s. Abb. 4.10).

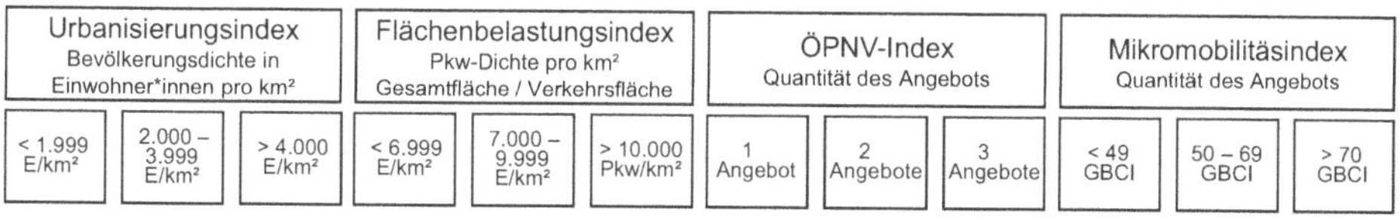

Abb. 4.9 Übersicht Kennzahlen Mobilitätsindex

Indextyp	Index	Ausprägung Berlin	Punkte	Summe
Herausforderung	Urbanisierungsindex	Einwohner*innen pro km² – 4.127	3	6
	Flächenbelastungsindex	Pkw pro km² Verkehrsfläche – 12.295	3	
Chance	ÖPNV-Index	ÖPNV-Angebot – Bus, U-Bahn, S-Bahn, Straßenbahn	3	4
	Mikromobilitätsindex	Nach Global Bicycle Cities Index – 42,59	1	

Abb. 4.10 Indextypen Herausforderung und Chance

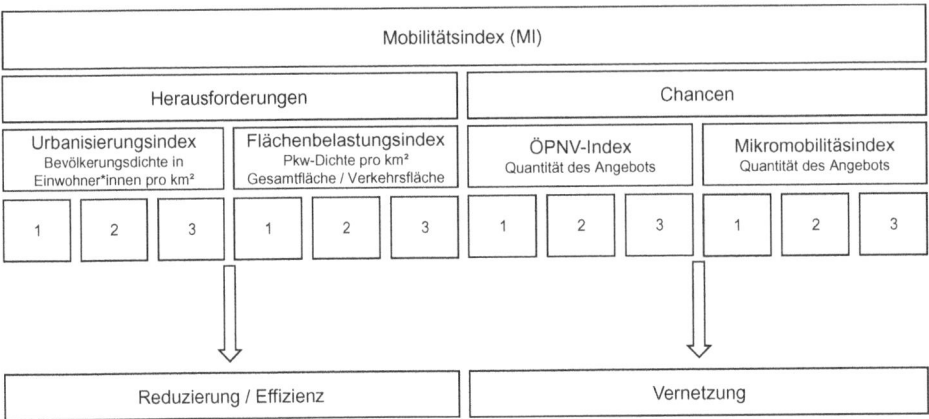

Abb. 4.11 Strategien basierend auf den Indices

Je höher der Herausforderungsindex, desto erfolgversprechender erscheinen Reduktions- und Effizienzansätze. Ein hoher Chancenindex bietet dagegen mehr Optionen hinsichtlich Vernetzung der Verkehrsmittel (s. Abb. 4.11).

▶   Die Identifikation des Reifegrads einer Stadt ist der Ausgangspunkt für die Entwicklung von Strategien und die Auswahl geeigneter Maßnahmen für die Transformation zur urbanen „Mindful Mobility".

4.5   Einflussfaktoren – Maßnahmen

Um ein Mobilitätskonzept zu etablieren, das multimodales und intermodales Verhalten und damit die Nutzung von Alternativen zum motorisierten Individualverkehr fördert, ist die Umsetzung verschiedener Maßnahmen im Rahmen der Reduzierungs-, Effizienz- und Vernetzungsstrategien essenziell. Basierend auf den ermittelten Indices können anhand der in Abschn. 4.2 vorgestellten Strategieoptionen Maßnahmen abgeleitet werden. Kerngedanke dabei ist, die methodischen Erkenntnisse aus dem 3. Kapitel in Konzepte und Maßnahmen zu übertragen und hinsichtlich ihrer Wirkung zu beurteilen.

Der Fokus liegt dabei auf den Zielen Vermeidung von Verschwendung, Entlastung der Umwelt, Verbesserung des Verkehrsflusses und Verbesserung von Sicherheit und Gesundheit. Dabei sind vor allem die Ressourcen Flächen (Verkehrsflächen wie Straßen und Parkplätze), Kapazitäten (Auslastung der Verkehrsmittel) und Zeit (Kosten durch Stau) im Fokus der Betrachtung.

Neben den ausgewählten Faktoren spielt ein weiterer wesentlicher Aspekt eine zentrale Rolle: Wenn ein bereits umfassendes System zur Nutzung zur Verfügung steht – warum wird es nicht ausreichend stark genutzt? Dabei gilt es vor allem zu beachten, welche psychologischen Gründe bzw. Hindernisse die stärkere Nutzung z. B. des ÖPNV erschweren bzw. eine stärkere Nutzung verhindern.

Neben der Auswahl geeigneter Strategien und Maßnahmen muss auch entschieden werden, zu welchem Zeitpunkt und mit welchem zeitlichen Horizont diese eingesetzt werden. Dabei werden, wie im Rahmen planerischer Konzepte üblicherweise, drei Phasen betrachtet:

- kurzfristig (5 Jahre),
- mittelfristig (10 Jahre)
- langfristig (15 Jahre)

Bestimmte Einflussfaktoren erfordern einen zeitlichen Horizont/Einordnung, um Wirkung erzielen bzw. überhaupt sinnvoll eingesetzt werden zu können. Da die derzeitige durchschnittlichen Pkw-Nutzungsdauer bei rund 10 Jahren liegt (s. Abb. 4.12), ist eine frühere Option zur Neuanschaffung unrealistisch, da dies bei den Anschaffungskosten eines Pkw für viele Menschen wirtschaftlich nicht realisierbar ist. Alle Maßnahmen, die vorrangig darauf abzielen, einen neuen Pkw anzuschaffen (Wechsel auf einen kleineren Pkw oder mit E-Antrieb) sind also eher im mittel- bis langfristigen Bereich (10–15 Jahre) sinnvoll anzusiedeln.

Auf dem Weg zum Zielszenario können sich im Verlauf des Betrachtungszeitraums von 15 Jahren Veränderungen ergeben – entweder ausgelöst durch unerwartete externe Einflüsse oder durch die Feststellung, dass zu Beginn eingesetzte Maßnahmen nicht die erhoffte Wirkung zeigen.

Einige Maßnahmen entfalten ihre Wirkung wiederum erst zu späteren Zeitpunkten, sodass der Entwicklungsverlauf bis zum Zielszenario 2038 nicht unbedingt den gesetzten Erwartungen entspricht. Rückschläge und Fehlplanungen müssen berücksichtigt und korrigiert werden. So ist es von besonderer Bedeutung den Entwicklungsverlauf zu überwachen, Maßnahmen zu evaluieren und gegebenenfalls Modifikationen vorzunehmen oder

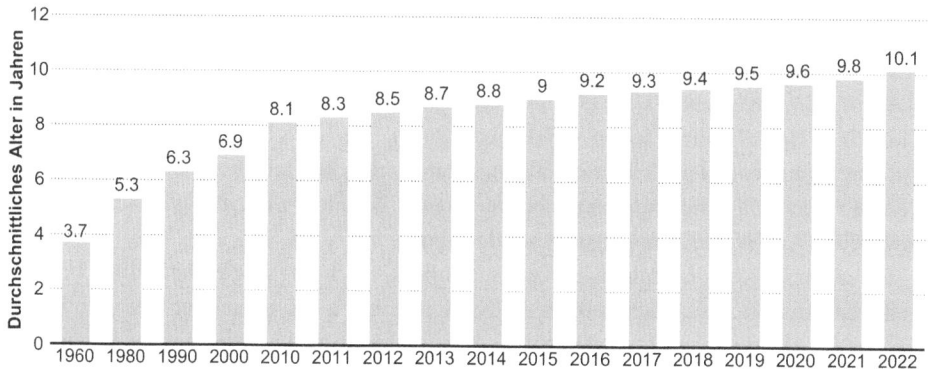

Abb. 4.12 Durchschnittliches Pkw-Alter in Deutschland. (KBA 2022, nach Statista)

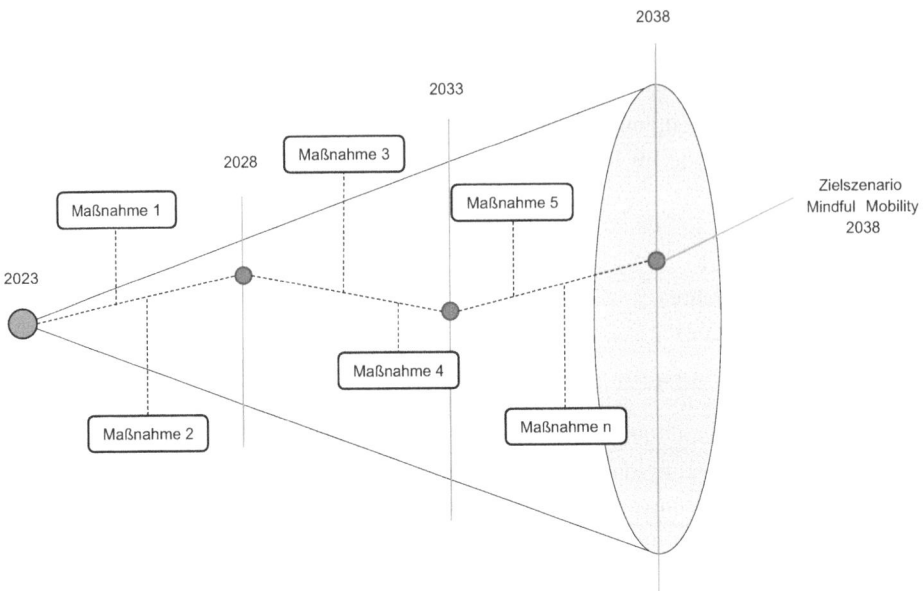

Abb. 4.13 Planungsphasen und Maßnahmeneinsatz zur Erreichung des Zielszenarios 2038

ergänzende Maßnahmen zu ergreifen, um den Pfad zum Zielszenario in die richtige Bahn zu lenken (s. Abb. 4.13).

Neben der zeitlichen Einordnung spielt die Frage, wie gewünschte Ziele erreicht werden sollen, eine entscheidende Rolle. Dabei werden im Wesentlichen zwei Ansätze verfolgt – Verdrängung (Push) oder Anreize (Pull). Der Ansatz der Push- und Pull-Strategie ist aus verschiedenen Bereichen bekannt – unter anderem in der Logistik (s. Abschn. 3.4.1), dem Marketing und auch der Migrationspolitik. Der grundsätzliche Gedanke ist in allen Bereichen ähnlich. Entweder wird ein Objekt aus einem Bereich durch Regeln, Verbote oder Vorgaben herausgedrängt (Push) oder durch Überzeugungsarbeit und Anreize in eine andere Alternative hineingezogen (Pull).

Übertragen auf eine verkehrliche Fragestellung bedeutet dies, dass die Nutzung des Pkw durch höhere Steuern oder höhere Parkgebühren dermaßen erschwert oder behindert wird, dass Nutzer*innen darauf verzichten (Push). Der gleiche Effekt (weniger Pkw-Nutzung) kann jedoch auch über einen günstigeren oder qualitativ besseren ÖPNV erzielt werden, indem das alternative Angebot attraktiver gestaltet wird und die Nutzer*innen durch diese Anreize davon überzeugt werden (Pull).

Ein ausgewogenes Mobilitätskonzept muss beide Richtungen gleichermaßen berücksichtigen. Ansätze, die ausschließlich auf Strafen, Einschränkungen oder Verboten basieren, treffen selten auf eine hohe Akzeptanz. Eine Balance aus Verboten und Anreizen kann zu einer erfolgreichen Umsetzung wesentlich beitragen.

4.5.1 Organisatorische Faktoren

Die folgenden Maßnahmen zur Erreichung des Zielszenarios „Mindful Mobility 2038" lassen sich in 4 Bereiche zusammenfassen: Organisation, Finanzen, Technik, Infrastruktur. Die jeweiligen Maßnahmen und deren potenzielle Wirkungen werden in den kommenden Abschnitten beschrieben und erläutert. Die Ansätze im Rahmen der „Organisation" zielen auf zwei Aspekte ab:

- eine bessere Organisation des Vorhandenen
- Identifikation neuer organisatorischer Ansätze

Homeoffice – Flexibles Arbeiten und Chancen für die Mobilität
Die Corona-Pandemie führte in Deutschland zu einer deutlich veränderten Mobilität. Mit Beginn im Jahr 2019 kann eine Veränderung der Mobilitätsbedürfnisse und damit einhergehend der Verkehrsverhaltens festgestellt werden. Lockdowns und verstärkte Regelungen für das Homeoffice von Mitarbeiterin*innen haben dazu geführt, dass die Beweglichkeit und die Notwendigkeit dafür deutlich eingeschränkt wurden.

Während Mitte März 2020 noch 9400 Staus mit einer Gesamtlänge von 14.500 km verzeichnet wurden, waren es eine Woche später nur noch 4000 Staus mit einer Länge von 4900 km (Kunkel und Witzenberger 2020). Parallel gingen die Fahrgastzahlen des öffentlichen Nahverkehres um 60–80 % zurück, in Ballungsräumen sank die Kfz-Belastung zudem um etwa 40 % und es wurden rund 50–70 % weniger Staus auf den Autobahnen erfasst (Schulz et al. 2021, S. 55). Diese Kennzahlen verdeutlichen die enormen Effekte eines veränderten Mobilitätsbedarfs. Ziel muss es sein, dies mit gezielten Maßnahmen aufrecht zu erhalten. Die Corona-Pandemie kann aus Verkehrssicht also auch als Chance für ein neues Denken bei Arbeit und Mobilität verstanden werden.

Durch die erlebten Erfahrungen können bisher etablierte und lieb gewonnene Verhaltensmuster, Routinen und Vorschriften (Arbeiten am Arbeitsplatz) langfristig aufgebrochen und gezielt verändert werden – sowohl auf Seiten der Politik und der Unternehmen als auf Arbeitnehmer*innenseite. Der gezielte Einsatz des mobilen Arbeitens bzw. des Homeoffice kann zukünftig zu einer nachhaltigen Reduktion der Verkehrsströme führen und Staus minimieren. Im Ergebnis werden dadurch auch CO_2-, Feinstaub- und Lärmemissionen reduziert.

Bei der Umsetzung dieses Ansatzes muss ein Weg von einer pandemischen, verpflichtenden Homeoffice-Regelung hin zu freiwilligen Lösungen in einem gesetzlichen Rahmen gefunden werden. Die gesetzliche Regelung in Österreich kann dabei als ein erster Ansatz verstanden werden. Hier steht die Freiwilligkeit nach wie vor im Vordergrund. Dabei geht es nicht um die juristisch genaue Ausformulierung, inklusive Regelungen zum Beispiel zu Ort, Arbeitszeit, Arbeitsmittel und Werbungskosten, sondern vielmehr um die Chancen und Potenziale einer solchen Lösung.

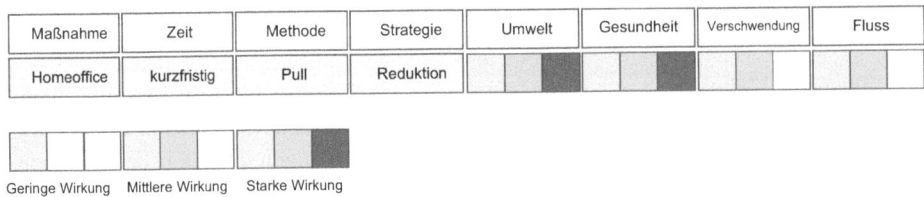

Abb. 4.14 Bewertung der Maßnahme „Homeoffice"

Wie die bereits oben genannten Kennzahlen zeigen: Eine entsprechende Regelung mit zum Beispiel 2 Tagen Homeoffice in der Woche kann erhebliche positive Auswirkungen haben:

- deutliche Entlastung der Verkehrsfläche
- besserer Verkehrsfluss und weniger Staus
- Rückgang der Luftbelastung aufgrund weniger Fahrzeuge und Fahrten
- größere Sicherheit durch geringere Unfallzahlen durch weniger Pkw

Eine flexible Arbeitszeitgestaltung und eine vermehrte Nutzung von Homeoffice kann also zu einer Entzerrung der Auslastungsspitzen in den Ballungsräumen führen. Zudem ist diese Maßnahme durchaus kurzfristig realisierbar und kann dabei zu einem Rückgang um etwa 20 % der Belastungen führen (s. Abb. 4.14).

Sharing – Fahrgemeinschaften wiederbeleben

Wie bereits im Abschn. „Sharing-Konzepte in Berlin" kritisch angemerkt, hat sich das heutige Sharing-Angebot von der Kernidee weit entfernt. Das Angebot von Dienstleistungen, basierend auf zusätzlichen Fahrzeugen im Stadtverkehr, konterkariert den eigentlichen Zielgedanken: die Nutzung vorhandener Ressourcen (in diesem Fall vorrangig des Pkw) durch mehrere Personen, entweder gleichzeitig (Fahrgemeinschaft) oder nacheinander bzw. abwechselnd.

Um diese gemeinschaftliche Nutzung zu fördern, müssen sowohl Anreize geschaffen (Nutzung bestimmter Fahrspuren nur für Fahrgemeinschaften) als auch Regelungen gefunden werden (zum Beispiel für Haftung oder Entfernungspauschalen), die eine solche Entwicklung ermöglichen und unterstützen.

Ziel ist es, die niedrige durchschnittliche Auslastung eines Pkw von derzeit 1,4 Personen auf 2,0 oder sogar darüber anzuheben. Die Anhebung der Auslastung um 0,6 Personen würde bereits zu einer deutlichen Reduktion der benötigen Fahrten bzw. Pkw um rund 30 % führen (1000 Personen würden sich statt auf 625 auf lediglich 500 Pkw verteilen).

Die dadurch erreichbare Reduktion der Pkw hätte sowohl deutliche Auswirkungen auf Umwelt und Gesundheit als auch auf die Verschwendung von Flächen und den Verkehrsfluss (Abb. 4.15).

Tempolimit – Modellregion Tempo 40

Ballungsräume wie Berlin sind durch eine Vielzahl von verschiedenartigen Tempolimits gekennzeichnet. Neben der grundsätzlich zulässigen Höchstgeschwindigkeit von 50 km/h gibt es aus den unterschiedlichsten Gründen zahlreiche weitere Abweichungen und Einschränkungen. Wichtigste Geschwindigkeit ist dabei Tempo 30, die neben der Entlastung der Umwelt vor allem zu mehr Sicherheit der Verkehrsteilnehmer*innen führen soll. Dabei kann die Geschwindigkeit zusätzlich noch nach Orten (Kitas, Schulen, Altersheime), Zeiträumen (8 – 16/22 – 6 Uhr) oder Umweltbedingen (Straßenschäden, Luftreinhaltung) differenziert werden. Hinzu kommt in Berlin die Stadtautobahn, auf der im Wesentlichen die Geschwindigkeiten 60 und 80 km/h gelten.

Darüber hinaus existieren verkehrsberuhigte Bereiche, in denen Schrittgeschwindigkeit gilt. In Summe ergibt sich in einem urbanen Raum ein sehr heterogenes Geschwindigkeitsbild, dass zudem komplex und im Sinne einer intelligenten Steuerung kaum zu bewältigen ist. Für einen verbesserten Fluss ist es notwendig, ein schlankes System zu gestalten und die Vielzahl an Geschwindigkeitsvarianten auf 3 Geschwindigkeitszonen zu reduzieren (s. Abb. 4.16):

- Reduktion der zulässigen Höchstgeschwindigkeit flächendeckend von 50 auf 40 km/h
- Tempo 70 auf der Berliner Stadtautobahn statt 60 oder 80
- Sperrung sensibler Bereiche für die Durchfahrt von Individualverkehr (s. Abschn. 4.5.4.5)

Maßnahme	Zeit	Methode	Strategie	Umwelt	Gesundheit	Verschwendung	Fluss
Sharing	kurzfristig	Pull	Effizienz / Reduktion				

Abb. 4.15 Bewertung der Maßnahme „Sharing"

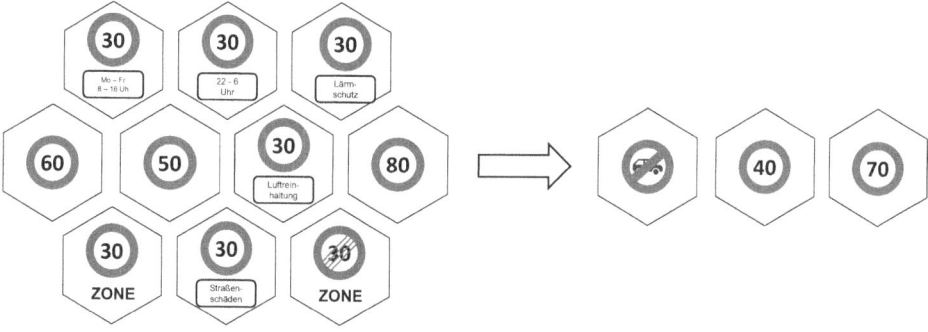

Abb. 4.16 Aktuelle und zukünftige Geschwindigkeitsbereiche

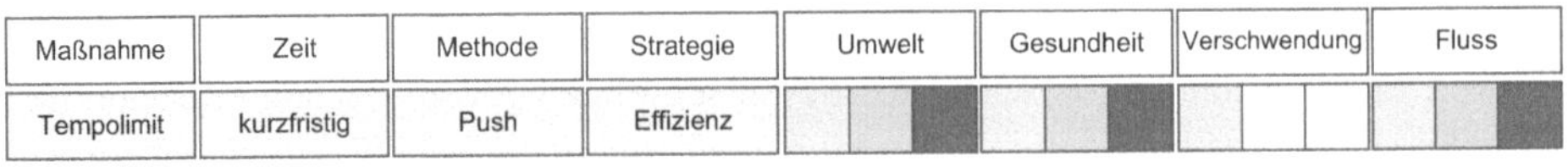

Maßnahme	Zeit	Methode	Strategie	Umwelt	Gesundheit	Verschwendung	Fluss
Tempolimit	kurzfristig	Push	Effizienz				

Abb. 4.17 Bewertung der Maßnahme „Tempolimit"

Die flächendeckende zulässige Höchstgeschwindigkeit von 40 km/h bedeutet eine Reduktion um 20 % gegenüber der bisherigen Geschwindigkeit und ersetzt zudem alle anderen Geschwindigkeiten in den verschiedenen Tempo-30-Varianten. Durch eine gesetzliche Neuregelung innerhalb der Straßenverkehrsordnung – hier § 39 Absatz 2 Satz 1 VwV-StVO – für ein übergreifendes Tempolimit bei 40 km/h, kann die Anzahl der Verkehrsschilder deutlich reduziert werden. Das System wird schlanker und übersichtlicher und sorgt so für eine bessere und einfachere Orientierung aller Nutzer*innen.

Neben der Einführung eines einheitlichen, flächendeckenden Tempolimits kann die Einführung autofreier Quartiere oder Bezirke zu einer deutlichen Entlastung beitragen (weitere Ausführungen hierzu s. Abschn. 4.5.4.5).

Durch die generelle Absenkung der Geschwindigkeit werden nachhaltig Umwelt- und Sicherheitsziele erreicht und der Verkehrsfluss durch ein schlankeres System verbessert. Zudem kann Tempo 40 zu einem verbesserten Sicherheitsgefühl beitragen (Hunger et al. 2007), wodurch ein Anstieg des Fahrradverkehrs erwartet werden kann (Kopatz 2016). Darüber hinaus kann ein Tempolimit von 40 km/h dazu führen, dass der Verkehr wieder besser fließt und es zu weniger Bremsvorgängen kommt. Dies führt zum einen zu einer allgemeinen Lärmreduktion und zum anderen werden Beschleunigungsvorgänge, welche enorme Mengen an Schadstoffen produzieren, deutlich reduziert (Kopatz 2016). Neben der Lärmreduktion sinkt auch die Unfallgefahr, da sich der Bremsweg im Vergleich zu Tempo 50 von 25 m auf 16 m um rund 36 % reduziert.

Diese Regelungen können auch bei vermehrtem Einsatz von Elektrofahrzeugen aufrechterhalten werden. Eine geringere Geschwindigkeit bedeutet grundsätzlich auch einen effizienteren Einsatz von Energie im Verkehr (s. Abb. 4.17).

Zulassungen beschränken – 1-Auto-Politik

Die nach wie vor steigende Anzahl von privaten Pkw in Berlin stellt die Fläche sowohl fließend als auch stehend vor immer größere Herausforderungen. Um eine Reduktion der Zulassungen zu bewirken, darf nicht ausschließlich auf Verdrängung und Verbote gesetzt werden. Es müssen Anreize geschaffen werden, um einen freiwilligen Verzicht zu erleichtern. Dies könnten Prämien in verschiedener Form sein – u. a. zum Beispiel ein dauerhaftes ÖPNV-Abo oder Bargeldprämien für den Verzicht auf einen Pkw für mindestens 10 Jahre.

Darüber hinaus muss das Angebot an Alternativen zum Beispiel durch eine effizientere Vernetzung (s. Abschn. 4.5.4.4) besser gestaltet werden. Sollte hingegen der Trend zum Zweitauto weiter ungebrochen bestehen (Aral 2018, S. 10), kann in einem zweiten Schritt durch strengere Eingriffe der Politik, zum Beispiel durch eine konsequente 1-Auto-Politik oder Limitationen bezüglich Größe und Gewicht (s. Abschn. 4.5.3), eine Veränderung herbeigeführt werden.

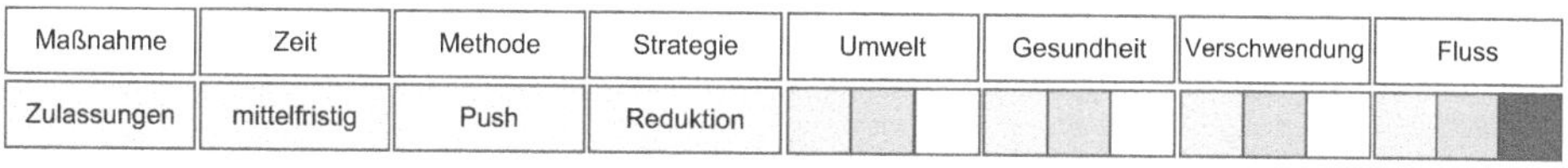

Maßnahme	Zeit	Methode	Strategie	Umwelt	Gesundheit	Verschwendung	Fluss
Zulassungen	mittelfristig	Push	Reduktion				

Abb. 4.18 Bewertung der Maßnahme „Zulassungen"

Durch eine reduzierte Anzahl an Fahrzeugen – trotz gleichzeitigem Bevölkerungswachstum – wird die Flächenverschwendung (Verkehrs- und Parkflächen) deutlich reduziert. Gleichzeitig führen weniger Elemente im Verkehrssystem zu einer Entlastung der Umwelt und einer Verbesserung der Sicherheit. Dafür muss erreicht werden, dass die Pkw-Anzahl kontinuierlich (unter 20 % des Vorniveaus) abgesenkt wird (s. Abb. 4.18).

ÖPNV – den richtigen Takt treffen

Der Öffentliche Personennahverkehr (ÖPNV) ist ein zentrales Element bei der Entwicklung attraktiver Alternativen zum eigenen Pkw. Der ÖPNV kann aus Sicht des Anwenders vor allem aus zwei Gesichtspunkten attraktiver gestaltet werden:

- bessere Verknüpfung mit anderen Verkehrsmitteln (Pkw, Fahrrad) (s. Abschn. 4.5.4.4)
- häufigeres Angebot

Ein dichteres, häufigeres Angebot setzt einen kürzeren Takt voraus, was vor allem zusätzliche Fahrzeuge und damit auch weitere Fahrer*innen bedeuten würde. Allerdings sind Verkehrsmittel mit eigenem, überschneidungsfreiem Verkehrsweg, wie die U-Bahn, geradezu prädestiniert für ein fahrerloses System. Dies erfordert keine zusätzlichen Fahrer*innen, bedeutet aber umfangreiche Investitionen in das Verkehrssystem.

Durch eine höhere Qualität der Dienstleistung ÖPNV durch einen kürzeren Takt, ließe sich vor allem ein Verlagerungseffekt erzielen, der letztlich eine Reduzierung der Pkw-Nutzung und damit eine Verbesserung der Verkehrsflächenbelastung durch Pkw zur Folge hat. Durch die in Summe geringe Wirkung auf das Gesamtsystem muss eine Investition sauber abgewogen werden und hätte einen eher langfristigen Charakter (s. Abb. 4.19).

Parken – Flächen effizient teilen

Die effiziente Nutzung der vorhandenen Parkflächen ist ein zentraler Ansatzpunkt zur Entlastung. Im Fokus stehen dabei neue Parkkonzepte, wie Parkplatz-Finder, -Sharing oder -Bezahlsysteme. Parkplatz-Finder sind Dienstleistungsangebote, die bei der Suche nach einem Parkplatz unterstützen – entweder z. B. in Parkhäusern (offstreet) oder an der Straße (onstreet). Während sich offstreet-Angebote vorrangig für die Suche und Buchung vor Reiseantritt eignen, unterstützt die onstreet-Suche aktuell in der näheren Umgebung. An diesem Angebot arbeiten mitunter Fahrzeughersteller und integrieren diese Funktion in Navigationssysteme.

Darüber hinaus kann das Angebot an Parkplatz-Sharing-Angeboten weiter ausgebaut werden. Dabei werden vor allem bereits existierende Flächen von Unternehmen, wie Ho-

Maßnahme	Zeit	Methode	Strategie	Umwelt	Gesundheit	Verschwendung	Fluss
ÖPNV	langfristig	Pull	Effizienz				

Abb. 4.19 Bewertung der Maßnahme „ÖPNV"

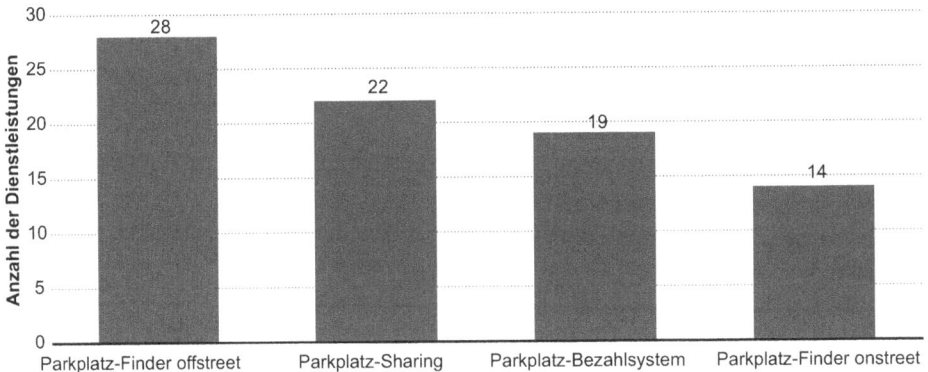

Abb. 4.20 Dienstleistungen im Bereich Parkplatzdienste weltweit nach Serviceart. (CoAM 2019, nach Statista)

tels, Supermärkten oder Krankenhäusern, die in der Regel nicht durch die Öffentlichkeit nutzbar sind, zugänglich gemacht (s. Abb. 4.20).

Diese Angebote sind vor allem Ansätze zur effizienteren Nutzung vorhandener Flächen. Die Effekte auf die anderen Ziele sind eher gering. Ein eigener, persönlich zugewiesener (Miete oder Eigentum) Parkplatz kann jedoch die Suchzeiten verringern und somit auch in kleinerem Umfang den Verbrauch und damit die Emissionen reduzieren.

Von allen erwähnten Ansätzen haben vor allem die Umsetzung des ursprünglichen Sharing-Gedankens, eine konsequente Umsetzung einer dauerhaften Homeoffice-Regelung und die Reduzierung der verschiedenen Tempo-Varianten wesentlichen Einfluss auf die vier zentralen Ziele. Zusätzlicher Vorteil: Alle Maßnahmen sind kurzfristig umsetzbar und führen zu unmittelbaren Verbesserungen (s. Abb. 4.21).

4.5.2 Finanzielle Ansätze

Neben organisatorischen Konzepten lässt sich die Verkehrssituation in unterschiedlichem Ausmaß auch durch finanzielle Ansätze direkt beeinflussen. Dazu zählen neben der gezielten Verteuerung von Angeboten auch das Schaffen von Anreizen durch gezielte Förderungen oder Boni.

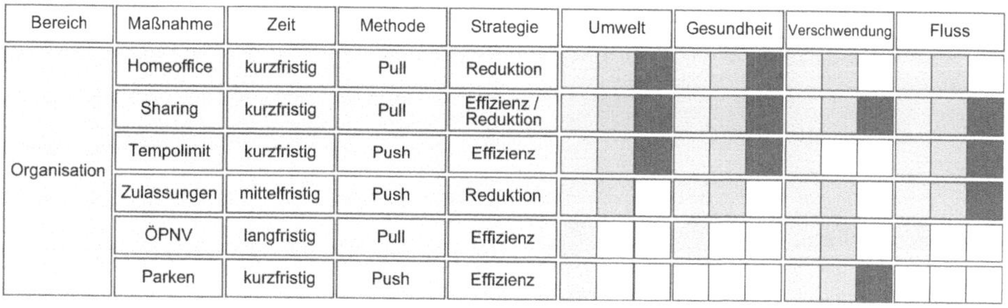

Bereich	Maßnahme	Zeit	Methode	Strategie	Umwelt		Gesundheit		Verschwendung		Fluss	
Organisation	Homeoffice	kurzfristig	Pull	Reduktion								
	Sharing	kurzfristig	Pull	Effizienz / Reduktion								
	Tempolimit	kurzfristig	Push	Effizienz								
	Zulassungen	mittelfristig	Push	Reduktion								
	ÖPNV	langfristig	Pull	Effizienz								
	Parken	kurzfristig	Push	Effizienz								

Abb. 4.21 Maßnahmenmatrix organisatorische Ansätze

Kfz-Steuer – tatsächliche Belastungen des urbanen Raums berücksichtigen

Die Kraftfahrzeugsteuer ist eine nicht zweckgebundene Verkehrsteuer, d. h. sie wird nicht für den Bau und die Erhaltung des Straßennetzes verwendet. Die Berechnung der Steuer für Pkw basiert dabei auf dem Hubraum des Motors, der Antriebsart und seit der Reform der Kfz-Steuer im Jahr 1985 zusätzlich auf Schadstoffemissionen wie dem CO_2-Ausstoß.

Insbesondere der Dieselskandal, beginnend im Jahr 2008, hat aber deutlich gemacht, dass die Kennzahl CO_2-Ausstoß als Bemessungsgrundlage ungeeignet ist. Ebenso sind Verbrauchswerte ungeeignet, da sie von zahlreichen Variablen abhängig sind und auf kein objektives Maß reduziert werden können. Die Umstellung der Kfz-Steuer auf unabhängig prüf- und messbare Kennzahlen ist wesentliche Grundlage für eine verursachungsgerechte Besteuerung von Fahrzeugen.

Gerade im Hinblick auf die knappe Ressource Fläche sind die wachsenden Abmessungen aktueller Pkw von besonderer Bedeutung. Ebenso spielt das kontinuierlich zunehmende Gewicht bei der Belastung der Infrastruktur und deren Instandhaltung eine zentrale Rolle. Darüber hinaus ist die seit Jahren stark wachsende Motorleistung ein klares Indiz für gleichzeitig steigende Verbräuche. Hier muss gerade in urbanen Räumen über Obergrenzen nachgedacht werden (s. Abschn. „Flächen- und Gewichtsbelastung"). Geeignete Kennzahlen wären daher:

- Abmessungen (Breite x Länge = Fläche)
- Gewicht
- Motorleistung
- Antriebsart (Diesel, Benzin, Wasserstoff, Elektro u. a.)

Die Differenzierung nach Fahrzeuggrößen würde eine verursachungsgerechtere Belastung je Pkw ermöglichen. Kleinst- oder kleine Fahrzeuge der Kategorie „Mini" können so steuerlich gegenüber der heutigen Situation bessergestellt werden – oder sogar gänzlich von einer Kfz-Steuer befreit werden. Fahrzeuge der Kategorie „Midi" können auf heutigem Niveau belassen werden, ab der Kategorie „Maxi" wäre die Erhöhung der Kfz-Steuer im Vergleich zur heutigen Situation hingegen erheblich. Die Kategorisierung kann dabei je-

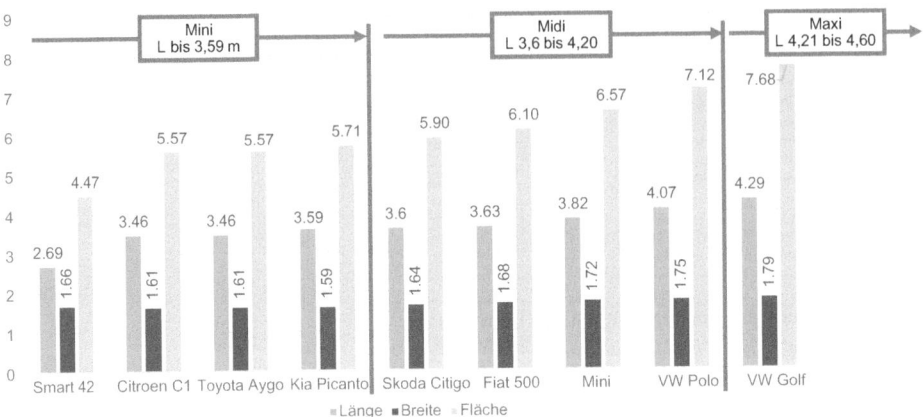

Abb. 4.22 Veränderung der Kfz-Steuer in Abhängigkeit von der Fahrzeuggröße

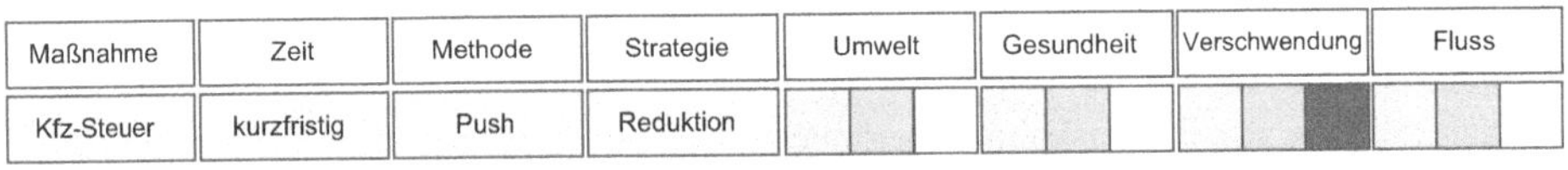

Maßnahme	Zeit	Methode	Strategie	Umwelt	Gesundheit	Verschwendung	Fluss
Kfz-Steuer	kurzfristig	Push	Reduktion				

Abb. 4.23 Bewertung der Maßnahme „Kfz-Steuer"

derzeit feiner oder anders abgestuft oder sogar durch weitere Kategorien nach oben erweitert werden.

Die Neugestaltung der Kfz-Steuer kann so zu einem zentralen Steuerungsinstrument werden – sowohl für Autofahrer*innen als auch produzierende Unternehmen. Einerseits kann sie zur Lenkung des Kaufverhaltens der Autofahrer*innen beitragen und andererseits Hersteller dazu führen, in kleineren, stadtverträglicheren Dimensionen zu denken (s. Abb. 4.22).

Dies kann langfristig dazu führen, dass kleinere, umweltverträgliche Pkw zukünftig das Stadtbild dominieren und deutlich zur Reduzierung der Verschwendung von Flächen im urbanen Raum beitragen (s. Abb. 4.23).

Förderungen – gezielter lenken

Die Förderung von Elektromobilität ist ein wichtiger Schritt, um den Einsatz von sauberen und emissionsfreien Fahrzeugen zu fördern und die Luftqualität in Städten zu verbessern. Zu den wesentlichen Förderungsmöglichkeiten zählen:

- Steuerbefreiungen oder -vergünstigungen für Elektrofahrzeuge
- öffentliche Förderprogramme für den Kauf von Elektrofahrzeugen
- Bereitstellung von finanziellen Anreizen für Unternehmen, die Elektrofahrzeuge einsetzen
- Verbesserung der Infrastruktur für Elektromobilität, durch den Ausbau von Ladestationen

Maßnahme	Zeit	Methode	Strategie	Umwelt			Gesundheit	Verschwendung	Fluss
Förderungen	kurzfristig	Pull	Effizienz						

Abb. 4.24 Bewertung der Maßnahme „Förderungen"

Insgesamt ist es wichtig, eine Kombination aus verschiedenen Maßnahmen zur Förderung von Elek-tromobilität zu ergreifen, um eine breite Akzeptanz und Nutzung von Elektrofahrzeugen zu erreichen. Das bisherige Konzept einer Prämie für den Kauf eines E-Fahrzeugs i. H. v. 9000 € war nicht zielführend. Statt eines Umstiegs auf ein E-Fahrzeug, das zudem kleiner ist, wurden vorrangig große Fahrzeuge und SUV gekauft und zugelassen. Die Reform der Prämie ab 2023 korrigiert diesen Fehler und koppelt die höchste Förderung (4500) an einem maximalen Kaufpreis von 40.000 €.

Über den Kaufpreis findet zumindest indirekt eine Kopplung an die Fahrzeuggröße statt – was bisher komplett unberücksichtigt blieb. Für Fahrzeuge mit einem Kaufpreis zwischen 40.000 und 65.000 € gibt es nur noch eine Förderung i. H. v. 3000 €, die Prämie für Hybrid-Fahrzeuge entfällt gänzlich. Über eine mögliche Prämie für die Abschaffung eines Pkw, z. B. durch ein lebenslanges ÖPNV-Ticket, kann der Verzicht auf einen eigenen Pkw forciert werden (s. Abb. 4.24).

Fahrzeugabhängige Kraftstoffpreise

Analog zur Kfz-Steuer, die auf die den objektiv messbaren Faktoren Abmessungen, Gewicht, Motorleistung und Antriebsart basieren sollte, ließen sich auch fahrzeugabhängige Kraftstoffpreise umsetzen. Dadurch würden diejenigen Pkw-Besitzer*innen belohnt werden, die kleine und leichte (beides hat Einfluss auf den Kraftstoffverbrauch) Fahrzeuge mit geringer Motorleistung benutzen. Vorstellbar wäre, dass der Kraftstoffpreis für Fahrzeuge der Kategorie „Mini" und „Midi" (s. Abb. 4.22) rabattiert wird (z. B. durch einen Preisabschlag i. H. v. 15 % auf den marktüblichen Kraftstoffpreis). Fahrzeuge der Kategorie „Maxi" zahlen hingegen einen Aufschlag. Durch diesen Mix aus Bonus und Malus ließe sich das Pkw-Kaufverhalten langfristig beeinflussen und die Tendenz zu kleineren Fahrzeugen in der Stadt positiv verstärken.

Für die technische Umsetzung wären Erkennungssysteme für Kfz-Kennzeichen an Tankstellen erforderlich, um das zu betankende Fahrzeug zu identifizieren und mit einer Datenbank abzugleichen. Nach diesem Abgleich kann der zu berechnende Kraftstoffpreise binnen kürzester Zeit abgerufen und den Kund*innen angezeigt werden. Ähnliche Systeme könnten auch für eine potenzielle City-Maut (s. Abschn. 4.5.2.4) zum Einsatz kommen (s. Abb. 4.25).

Maßnahme	Zeit	Methode	Strategie	Umwelt			Gesundheit	Verschwendung	Fluss
Kraftstoffpreise	mittelfristig	Push / Pull	Reduktion						

Abb. 4.25 Bewertung der Maßnahme „Kraftstoffpreise"

City-Maut

Die Einführung einer City-Maut ist eine weitere Option zur Beeinflussung des Mobilitäts-verhaltens – Fahrer*innen sollen dadurch entweder auf alternative öffentliche Transport-mittel ausweichen oder möglichst außerhalb der Stoßzeiten (Berufsverkehr) mit dem eige-nen Pkw in die Stadt fahren. Dabei ist der technische und finanzielle Aufwand je nach gewähltem System relativ gering und kann im Gegenzug deutliche Effekte erzielen. In Berlin kann die bereits bestehende Umweltzone ein erster Ansatzpunkt für eine City-Maut-Zone sein. Die Berechnung der Gebühren kann dabei ebenfalls auf den für die Kfz-Steuer entwickelten Kennzahlen, wie Länge, Breite, Gewicht und Motorleistung, basieren (s. Abschn. 4.5.2.1).

Zur Umsetzung und Kontrolle einer City-Maut gibt es verschiedene Lösungen, welche bereits heute in verschiedenen Städten zum Einsatz kommen. Voraussetzung ist dabei eine zuverlässige Fahrzeugerkennung, unabhängig von Umwelt- und Verkehrsbedingungen. Vorrangig eingesetzte Systeme sind:

- Kamerabasierte Kennzeichenerfassung
- Satellitenortung
- Vignetten

Für die Satellitenortung benötigt das zu erfassende Fahrzeug wie bei Navigationssystemen einen Sender und Empfänger, der mit der Mautzentrale kommunizieren und den notwen-digen Bezahlvorgang abwickeln kann. Bei der Kennzeichenerfassung werden keine zu-sätzlichen Fahrzeuggeräte benötigt, jedoch eine straßenseitige Infrastruktur mit Kameras zur Erfassung der Fahrzeuge (Leihs et al. 2014).

Eine technisch einfache Alternative ist hingegen die Einführung einer Vignette. Bei einem ganzjährigen Konzept ohne kürzere Zeiträume wäre das die einfachste (sie muss nur einmal pro Jahr erworben werden) und schnellste Form der Umsetzungsmöglichkei-ten. Durch die geringen Anforderungen ist die Vignette kostengünstiger und technisch deutlich weniger aufwändig. Allerdings handelt es sich bei der Vignette um eine zugangs-bezogene und fahrleistungsunabhängige Gebühr, die nicht zwingend zu einer Verkehrsre-duzierung führt.

Eine wesentliche Hürde stellt die geringe Akzeptanz einer City-Maut dar (s. Abb. 4.26), da diese vorrangig mit höheren Kosten und weniger mit dem eigentlichen Nutzen in Ver-bindung gebracht wird. Ein umfassendes System muss daher neben zusätzlichen Belastun-gen (Push) alternative, attraktive Optionen bieten (Pull), damit es kostengünstige und komfortable Alternativen gibt.

Das Konzept der City-Maut wurde bereits in einigen europäischen Städten erprobt und umgesetzt – dazu zählen u. a. London und Stockholm. In London wurde aufgrund des anhaltend hohen Stauaufkommens 2003 eine kamerabasierte Innenstadtmaut einge-führt. Die Mautzone umfasst ein Gebiet von 21 km^2 mit rund 200.000 Einwohner*innen

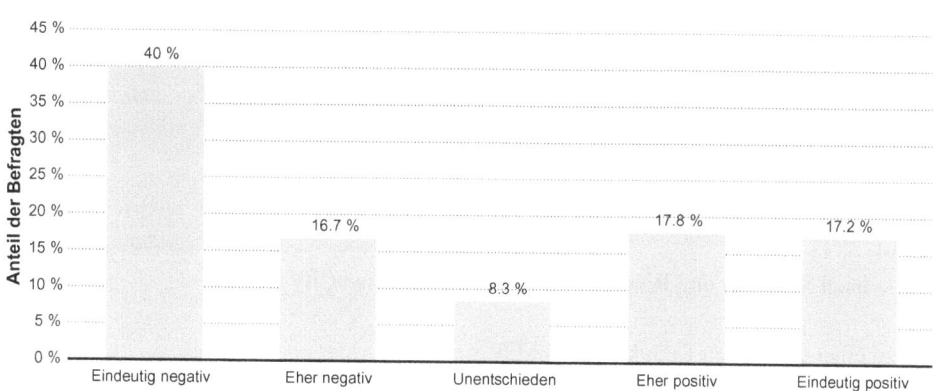

Abb. 4.26 Akzeptanz City-Maut. (Spiegel 2019, nach Statista)

(Randelhoff 2019). Eine 2007 eingeführte Erweiterung in der westlichen Innenstadt wurde aufgrund von Protesten der Einwohner*innen 2011 wieder abgeschafft. Seitdem ist das Mautgebiet seit Einführung unverändert (Mitusch 2020). Zeitraumabhängig wird eine Gebühr i. H. v. 15 britischen Pfund (GBP) pro Tag erhoben, die per Smartphone oder online mittels eines automatischen Bezahlsystems beglichen werden kann. Rabatte gibt es ausschließlich für Anwohner*innen der betroffenen Gebiete und für Elektrofahrzeuge (TfL 2022c). Aufgrund massiver Grenzwertüberschreitungen der Stickoxide wurde 2019 zusätzlich eine „Ultra Low Emission Zone" (ULEZ) für den gesamten Londoner Mautbereich eingeführt (Onto 2019). Kraftfahrzeuge unter 3,5 t, die den EU-Normen nicht entsprechen, müssen zusätzlich zur Innenstadtmaut ein Aufschlag von 12,5 GBP pro Tag entrichten (TfL 2022b). Für Fahrzeuge über 3,5 t, die nicht der Emissionsnorm EURO 6 entsprechen, muss darüber hinaus eine Zahlung von 100 GBP pro Tag geleistet werden (TfL 2022b). Letztere Gebühren für große Fahrzeuge gelten bereits auch für die im März 2021 eingeführte „Low Emission Zone" (LEZ), die den Großraum London beinhaltet (TfL 2022a).

Neben der Reduzierung des Verkehrsaufkommens um 33 % und dem damit einhergehenden Rückgang der Schadstoffbelastung (Feinstaub -7 %, Stickoxid -8 %, CO_2 -16 %) werden durch die Maut Einnahmen in dreistelliger Millionenhöhe erzielt (Leßmann et al. 2019, S. 7). Diese Beträge werden seit der Einführung konsequent für den Ausbau und die Modernisierung der öffentlichen Verkehrsmittel verwendet.

2006 wurde in Stockholm ebenfalls eine kamerabasierte Innenstadtmautzone von 35 km² mit etwa 330.000 Einwohner*innen eingeführt – zunächst für einen Probezeitraum von sieben Monaten (Eliasson 2014, S. 3). Aufgrund der positiven verkehrlichen Auswirkungen wurde von den Bürger*innen in einem Referendum entschieden, die City-Maut dauerhaft einzuführen (Hautzinger et al. 2011, S. 67). In Stockholm sank das Verkehrsaufkommen um 28 % und beschränkte sich dabei nicht nur auf die eigent-

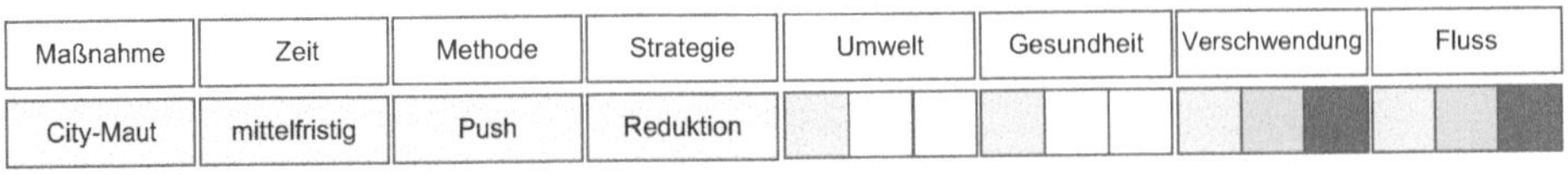

Maßnahme	Zeit	Methode	Strategie	Umwelt	Gesundheit	Verschwendung	Fluss
City-Maut	mittelfristig	Push	Reduktion				

Abb. 4.27 Bewertung der Maßnahme „City-Maut"

liche Mautzone, sondern beeinflusste auch die angrenzenden Straßen positiv (Eliasson 2014, S. 11).

Je nach Situation und Rahmenbedingungen kann eine City-Maut

- zu einer deutlichen Reduktion des MIV,
- zu einer verringerten Luftverschmutzung,
- zu einem deutlichen Anstieg der ÖPNV-Nutzung und
- zu hohen Mehreinnahmen führen.

Diese positiven Effekte können gleichzeitig die Akzeptanz bei der Bevölkerung verbessern (s. Abb. 4.27). Eine transparente Offenlegung der Verwendung von eingenommenen Gebühren und die dadurch möglichen Investitionen zur Verbesserung des ÖPNV können zusätzlich zu einem höheren Zuspruch beitragen (Hautzinger et al. 2011, S. 60 u. 71 und Achtnicht et al. 2018, S. 3).

Parken – den Wert der Fläche erkennen

Neben einer Verteuerung und Ausweitung der Parkraumbewirtschaftung (stundenweises Parken) in der Innenstadt ist auch eine Kostensteigerung für das Anwohnerparken ein zentrales Element zur Steuerung des Mobilitätsverhaltens. Derzeit kostet der Parkausweis für Anwohner*innen 20,40 € für zwei Jahre – d. h. pro Monat 0,85 € (Berlin 2022). Ein Betrag in der Höhe hat keinerlei steuernde Wirkung und deckt vermutlich nicht mal die Kosten des dahinter liegenden Verwaltungsaufwands.

Gerade der Vergleich mit anderen Städten zeigt, dass Berlin hier deutlich zu günstig ist. Städte, wie Amsterdam zeigen, dass der Wert der Fläche im Rahmen eines modernen Mobilitätskonzepts eine zentrale Rolle spielen kann und muss (s. Abb. 4.28).

Im Rahmen des Konzepts können hier vor allem die Abmessungen des Pkw berücksichtigt werden, weil sie einen unmittelbaren Bezug zur verwendeten Fläche haben (s. Abb. 4.29). Die Gebühren für Anwohnerparken und auch Kurzzeitparken können kurzfristig und stufenweise angehoben werden. Dabei muss auch über eine Anpassung der Bußgelder für Falschparken nachgedacht werden, da hier ein großes Missverhältnis zwischen derzeitigen Parkgebühren und Bußgeldern besteht (Gössling et al. 2022, S. 255).

Berlin Billet – alle Kosten und Leistungen aus einer Hand

Die bisherigen finanziellen Ansätze können separiert betrachtet und eingeführt werden. Im Sinne eines innovativen, umfassenden Mobilitätskonzepts wäre es aber zielführender eine Lösung umzusetzen, die sowohl Kosten als auch Leistungen unter einem Dach anbietet.

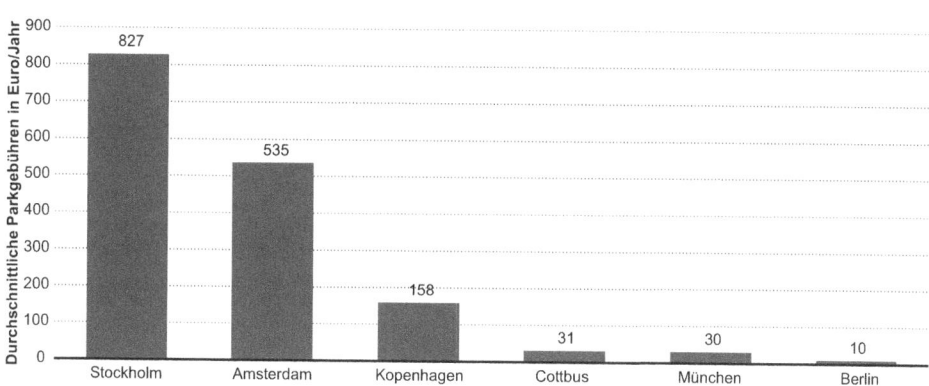

Abb. 4.28 Durchschnittliche Gebühren für Anwohnerparken in Europa im Vergleich. (Agora 2019, S. 12, nach Statista)

Maßnahme	Zeit	Methode	Strategie	Umwelt	Gesundheit	Verschwendung	Fluss
Parken	mittelfristig	Push	Reduktion				

Abb. 4.29 Bewertung der Maßnahme „Parken"

Dabei müssen verschiedene Aspekte der Mobilität berücksichtigt werden: Die Kosten für die Nutzung und den Besitz eines Pkw müssen transparenter werden und gleichzeitig angehoben werden, um den tatsächlichen Wert der Leistung zu verdeutlichen. Gleichzeitig muss deutlich gemacht werden, wofür die Mehreinnahmen aus Steuern, Anwohnerparken und Maut verwendet werden. Diese Einnahmen müssen zweckgebunden und unmittelbar in die alternativen Mobilitätslösungen wie ÖPNV und Fahrrad investiert werden.

Dabei kann einen Gebührendifferenzierung nach Fahrzeuggrößen vorgenommen werden. Kleine Fahrzeuge der Kategorie „Mini" erhalten entweder Rabatte oder werden von einzelnen Kosten (z. B. Parken) ausgenommen, sodass für Besitzer*innen solcher Fahrzeuge eine Kostenreduktion im Vergleich zur heutigen Situation entstehen kann. Fahrzeuge der Kategorie „Midi" würden sich hingegen nur leicht verteuern und ab der Kategorie „Maxi" wäre die Kostensteigerung im Vergleich zur heutigen Situation erheblich. Fahrzeuge mit Längenabmessungen über 4,20 m könnten nochmal deutliche Zuschläge zahlen. In Anlehnung an das Maut-System in London können auch zusätzliche Rabatte für reine E-Fahrzeuge berücksichtigt werden.

In Summe muss das Berlin Billet so gestaltet sein, dass es mittel- bis langfristig eine Anreizwirkung entfaltet, auf einen kleineren Pkw umzusteigen oder letztlich ganz auf einen Pkw zu verzichten. Eine zusätzliche Lenkungswirkung kann durch die Investition der Mehreinnahmen aus dem Berlin Billet in einen attraktiveren ÖPNV erzielt werden.

Darüber hinaus bietet das Billet weitere inkludierte Leistungen. So sind sowohl ein Ganzjahresticket des ÖPNV in der Gebühr enthalten als auch Buchungsleistungen für

Bereich	Maßnahme	Zeit	Methode	Strategie	Umwelt	Gesundheit	Verschwendung	Fluss
Finanziell	Kfz-Steuer	kurzfristig	Push	Reduktion				
	Förderungen	kurzfristig	Pull	Effizienz				
	Kraftstoffpreise	mittelfristig	Push / Pull	Reduktion				
	City-Maut	mittelfristig	Push	Reduktion				
	Parken	mittelfristig	Push	Reduktion				
	Berlin Billet	mittelfristig	Pull	Effizienz				

Abb. 4.30 Maßnahmenmatrix „Finanzen"

Sharing-Angebote im Mikromobilitätssektor. Um eine umfassende Lösung und einen leichten Zugang für alle Altersgruppen zu realisieren, muss das Billet mit einer Vignette (Pkw), einer App (Mobile Anwendungen) und in Form einer klassischen Scheckkarte mit NFC-Funktionalität (Near Field Communication) umgesetzt werden.

Zusätzlich können über ein Bonussystem „Mindful Miles" Strecken im Verkehr (ohne Pkw oder über die Bildung von Fahrgemeinschaften im Pkw) gesammelt werden. Die gesammelten Punkte können in Prämien von Kooperationspartnern (E-Bikes, Smartphones, Freifahrten Sharing-Anbieter) umgewandelt werden und so zu mehr Nutzung von alternativen Verkehrsmitteln motivieren (s. Abb. 4.30).

Studien haben gezeigt, dass zahlreiche Verbraucher innovativen Mobilitätsangeboten positiv gegenüberstehen – vor allem dann, wenn ein möglichst umfassendes Angebot von Leistungen beinhaltet ist. So sind ÖPNV-Kund*innen zunehmend bereit einen Aufschlag zu zahlen, wenn dafür zusätzlichen Leistungen, z. B. von Car- und Bike-Sharing, enthalten sind (VCD 2022).

Ein Berlin Billet „Mindful Miles" muss also sowohl alle Mobilitätsgebühren (Steuer, Anwohnerparken, Maut, ÖPNV, Sharing-Basisleistungen) als auch Angebote umfassen, inklusive einer motivierenden Option zum Sammeln von Meilen, die letztlich Einfluss auf das Mobilitätsverhalten haben kann.

4.5.3 Technische Aspekte – Fahrzeuge und intelligente Steuerung

Von technischer Seite sind weitere Maßnahmen vorstellbar, die sowohl Einfluss auf Umwelt- und Gesundheitsziele als auch auf die Vermeidung von Verschwendung und die Verbesserung des Verkehrsflusses haben. Dabei kann unterschieden werden zwischen technischen Faktoren den Pkw betreffend und technischen Systemen zur Lenkung und Sicherung des Verkehrsströme. Wobei gerade bei der Umsetzungsgeschwindigkeit unterschieden werden muss zwischen technischen Neuentwicklungen und dem verstärkten Einsatz von existierenden Technologien.

Maßnahme	Zeit	Methode	Strategie	Umwelt	Gesundheit	Verschwendung	Fluss
Verbrenner-verbot	langfristig	Push	Reduktion				

Abb. 4.31 Bewertung der Maßnahme „Verbrennerverbot"

Verbrenner-Verbote

Verbote sind die schärfste Form der Beeinflussung und sollen kurzfristig zur Verdrängung ungewünschter Effekte führen (Push). Verbote werden jedoch grundsätzlich kritisch gesehen, da sie für bestimmte Nutzer*innen eine wesentliche Benachteiligung darstellen. Zum einen entstehen deutlich höhere Kosten durch eine mögliche Ersatzbeschaffung und Folgekosten für ein Fahrzeug mit anderer Antriebsart. Zum anderen wird die Mobilität Einzelner stark eingeschränkt, wenn es an geeigneten Alternativen mangelt. Ein Verbot braucht also eine gewisse Vorlaufzeit, damit sich betroffene Personen darauf einstellen können.

Das von der Europäischen Union geplante Verbot von Fahrzeugen mit Verbrennungsmotor sieht vor, dass in der EU ab 2035 nur noch emissionsfreie Neuwagen zugelassen werden sollen. Neben einer Überprüfungsklausel, die alle zwei Jahre sicherstellen soll, wie weit der Entwicklungsstand der Hersteller ist, muss auch noch eine Zustimmung der einzelnen EU-Länder und des EU-Parlaments erfolgen (ADAC 2022a).

Unter der Voraussetzung, dass diese Vorgabe durch die EU umgesetzt wird, kann in Berlin darüber nachgedacht werden, den Zeitpunkt des Verbots vorzuziehen und das Verbot bereits mittelfristig (10 Jahre) umzusetzen. Ein Zeitraum, in dem sich Nutzer*innen bei einer durchschnittlichen Haltedauer von Fahrzeugen (s. Abb. 4.12) von 10 Jahren auf diese Anforderungen vorbereiten können (s. Abb. 4.31).

Limitation – Leistung, Größe und Gewicht

Wie in Abschn. „Flächen- und Gewichtsbelastung" verdeutlicht wurde, hat die Entwicklung der Pkw vor allem hinsichtlich Motorleistung und Größe eine ungünstige Entwicklung genommen, die zu einer deutlich steigenden Belastung von Umwelt und Flächen geführt hat.

Um diese Belastung zu reduzieren, muss sowohl herstellerseitig ein Umdenken stattfinden als auch eine Veränderung der Nachfrage bei Konsument*innen erreicht werden. Über finanzielle Stellhebel (s. Abschn. 4.5.2.1) kann die Nachfrage gezielt gesteuert werden und eine veränderte Nachfrage kann zu einer Modifikation des Angebots führen.

International wird der Verkleinerungsansatz vor allem in Japan seit längerem umgesetzt. Der Kei-Car-Ansatz in Japan ist ein Regelungssystem für kleine Autos, das in Japan bereits seit den 1950er-Jahren besteht. Kei-Cars sind kleine Autos mit geringem Gewicht und geringem Hubraum, die bestimmte Größen- und Leistungsbeschränkungen erfüllen müssen, um als Kei-Car zugelassen zu werden. Diese Autos werden mit günstigeren Steuersätzen und Versicherungspolicen belohnt und sind in Japan sehr beliebt. Kei-Cars sind in der Regel kompakter und sparsamer im Verbrauch und eignen sich daher insbesondere für Stadtfahrten (s. Abb. 4.32).

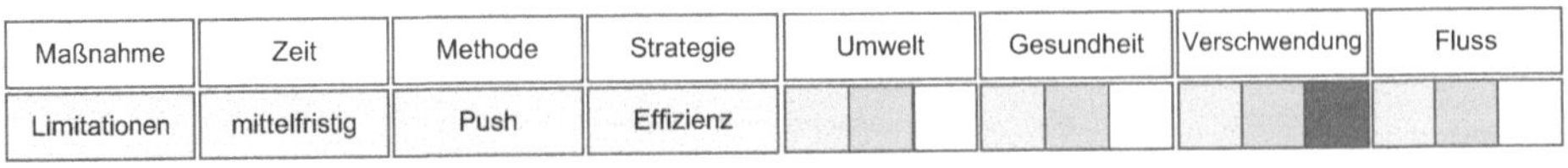

Maßnahme	Zeit	Methode	Strategie	Umwelt			Gesundheit			Verschwendung			Fluss		
Limitationen	mittelfristig	Push	Effizienz												

Abb. 4.32 Bewertung der Maßnahme „Limitationen"

Intelligente Verkehrssteuerung – bessere Übersicht

Neben der flächendeckenden Einführung eines Tempolimits 40 kann zusätzlich eine Verstetigung des Verkehrs durch z. B. grüne Wellen mit einer Angabe von Richtgeschwindigkeiten erreicht werden. Die Idealgeschwindigkeit wird je nach Verkehrsaufkommen den Verkehrsteilnehmer*innen über digitale Anzeigen vorgeschlagen, um den Verkehrsfluss konstant aufrecht zu erhalten und Staus sowie Stop-and-Go-Verkehr effektiv vorzubeugen.

Dadurch lassen sich insbesondere auf längeren Streckenabschnitten Luftschadstoffe und Lärm reduzieren, da diese mit den Beschleunigungsphasen nach Staus und Stop-and-Go-Situationen korrelieren. Durch konstante Geschwindigkeiten des Fahrzeugs ist der Ausstoß von Luftschadstoffen deutlich geringer. Daher ist es ein wesentliches Ziel, konstante Durchschnittsgeschwindigkeiten aufrecht zu erhalten.

Unterstützt werden kann dies durch ein intelligentes Verkehrsmanagementsystem, das durch ein Netz aus verschiedenen Technologien, wie Induktionsschleifen, Radar, Infrarot-Sensoren oder Videokameras, Informationen über die Anzahl und Geschwindigkeit der Fahrzeuge erfassen und an eine Verkehrsmanagementzentrale weiterleiten kann. Auf diese Weise können die Informationen ausgewertet und zur Steuerung und Regulierung des Verkehrs beitragen.

Anhand der gesammelten Verkehrsdaten und mithilfe von künstlicher Intelligenz kann das System Verkehrsprognosen erstellen und Vorhersagen darüber treffen, wie sich der Verkehr in der Zukunft entwickeln wird. Davon abhängig, können Entscheidungen getroffen und Maßnahmen ergriffen werden, um den Verkehr zu optimieren und die Verkehrsflüsse zu verbessern. Dies kann beispielsweise durch die Anpassung von Ampelphasen oder Geschwindigkeitsbeschränkungen erreicht werden.

Weiterhin ist eine schnelle Kommunikationsinfrastruktur erforderlich, die es ermöglicht, dass die verschiedenen Komponenten des Systems reibungslos miteinander kommunizieren und die erfassten Daten an die Verkehrskontrollzentrale weiterleiten können. Da es in urbanen Räumen mit komplexen Verkehrsabläufen auf schnelle Reaktionen und Entscheidungen ankommt, ist die Möglichkeit zur Echtzeitdatenverarbeitung von großer Bedeutung (s. Abb. 4.33).

Technische Unterstützungssysteme – Sicherheit durch Assistenten

Neben den Technologien, die zur Steuerung des Verkehrsflusses beitragen, gibt es weitere Systeme, die vor allem die Sicherheit, aber auch die Wahrung des Flusses im Verkehr beeinflussen. Dabei werden Systeme im Pkw und Systeme der Verkehrsinfrastruktur unterschieden.

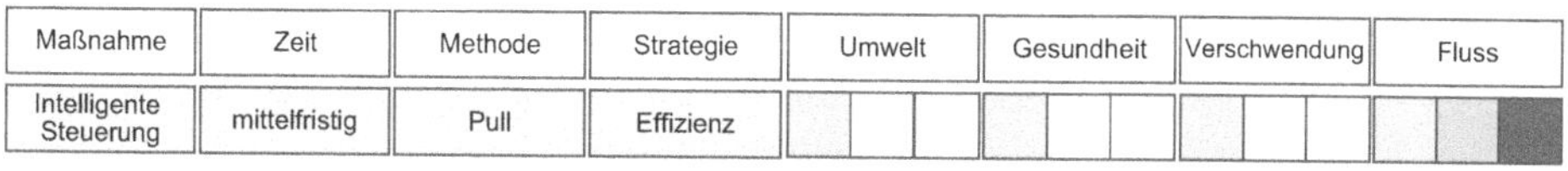

Maßnahme	Zeit	Methode	Strategie	Umwelt	Gesundheit	Verschwendung	Fluss
Intelligente Steuerung	mittelfristig	Pull	Effizienz				

Abb. 4.33 Bewertung der Maßnahme „Intelligente Verkehrssteuerung"

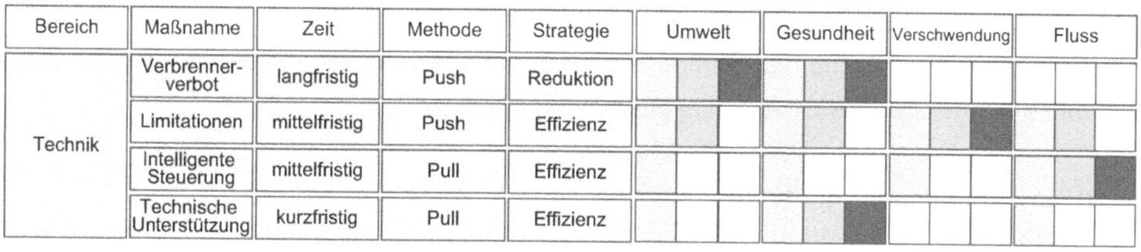

Bereich	Maßnahme	Zeit	Methode	Strategie	Umwelt	Gesundheit	Verschwendung	Fluss
Technik	Verbrenner-verbot	langfristig	Push	Reduktion				
	Limitationen	mittelfristig	Push	Effizienz				
	Intelligente Steuerung	mittelfristig	Pull	Effizienz				
	Technische Unterstützung	kurzfristig	Pull	Effizienz				

Abb. 4.34 Maßnahmenmatrix „Technik"

Fahrzeugseitig sind das u. a.:

- Totwinkelassistenten zur Beobachtung des Umfelds. Dafür sind Sensoren, Kameras oder Radartechnologie im Fahrzeug erforderlich, um vor möglichen Hindernissen zu warnen.
- Verkehrszeichenerkennungssysteme zur Erfassung von Verkehrszeichen für die Warnung vor Geschwindigkeitsüberschreitungen
- Abstandswarnsysteme, die vor zu geringen Abständen warnen
- Spurhalteassistenten, die verwendet werden, um das Fahrzeug auf der richtigen Fahrspur zu halten und den Fahrer bei Verlassen der Fahrspur zu warnen
- Notbremsassistenten zur Verbesserung der Bremsleistung in Gefahrensituationen
- Intelligente Geschwindigkeitsregelungssysteme zur automatischen Anpassung der Geschwindigkeit des Fahrzeugs an die Verkehrsbedingungen

Die größte Gefahr für Fahrradfahrer*innen geht von an Kreuzungen abbiegendem Verkehr aus (Brockmann 2019). Zur Vermeidung oder Reduktion von Unfällen kann eine bauliche Trennung des MIV und des Radverkehrs beitragen, was jedoch mit erheblichen Kosten und zeitintensiven Planungsverfahren verbunden ist. Darüber hinaus können so unübersichtliche Kreuzungen entstehen und ein Übersehen im Dunkeln nicht verhindert werden.

Eine mögliche Alternative stellt die technische Erfassung der Fahrradfahrer*innen dar. Dabei können verschiedene Systeme, wie Seitenradar, Verkehrskameras oder Überkopfdetektoren, zum Einsatz kommen, um zu erkennen, ob sich Fahrradfahrer*innen dem Ampelübergang nähern (Zagel und Loidl 2020, S. 56). Ein optisches Signal, z. B. an einer Anzeige an der Kreuzung, warnt, ähnlich einem Toten-Winkel-Assistenten, den abbiegenden Verkehr vor sich nähernden Fahrradfahrer*innen (Cardarelli 2012, S. 1087). Ein wesentlicher Vorteil dieser Technologie ist, dass sie nicht im Pkw implementiert werden muss, und somit auf absehbare Zeit nur auf neue und teure Fahrzeuge beschränkt ist, sondern der gesamte MIV kollektiv davon profitiert (s. Abb. 4.34).

4.5.4   Infrastrukturelle Faktoren

Wesentliche Bausteine für ein umfassendes Mobilitätskonzept sind der Ausbau und die Weiterentwicklung der Infrastruktur. Zudem kann der Ausbau der Ladeinfrastruktur ein entscheidender Baustein zur Durchsetzung der Elektromobilität sein. Darüber hinaus spielt der zügige Ausbau der Infrastruktur für die Mikromobilität – und hier vor allem für den Fahrradverkehr – eine wesentliche Rolle. Zusätzlich muss über eine intelligente Vernetzung der Infrastrukturknoten nachgedacht werden.

E-Infrastruktur – zuverlässiger Laden

Der Ausbau der Infrastruktur für Ladestationen für Elektrofahrzeuge ist ein wichtiger Schritt, um die Verbreitung von Elektrofahrzeugen zu fördern und zu erleichtern. Durch den Ausbau der Ladestationen wird es für Elektrofahrzeugbesitzer*innen einfacher, ihr Fahrzeug unterwegs aufzuladen und somit längere Strecken zurücklegen zu können.

Für den Ausbau der Infrastruktur gibt es verschiedene Optionen: die Einrichtung von öffentlichen Ladestationen und die Installation an bestehenden Tankstellen sowie an Wohngebäuden. Der Ausbau der Ladestationen ist jedoch mit Kosten verbunden. Für einen schnellen Fortschritt ist ein privates, privatwirtschaftliches und politisches Engagement zwingend erforderlich, das durch Förderungen gezielt unterstützt werden kann.

Über den verstärkten, geförderten Ausbau der Ladeinfrastruktur wird ein zusätzlicher Anreiz geschaffen, auf Elektrofahrzeuge umzusteigen. Wenn gleichzeitig – über eine modifizierte Kfz-Steuer – ein Wandel zu kleineren Fahrzeugen erreicht wird, dann hat dies zusätzliche Koppeleffekte auf die Flächenbelastung und den Verkehrsfluss (s. Abb. 4.35).

Infrastruktur Mikromobilität – Förderung des Fahrradverkehrs

Vorrangiges Ziel muss es sein, die emissionsfreien Alternativen zum Pkw weiter zu fördern und deren Nutzung auszubauen. Die Planung und der Bau eines Fahrradwegnetzes ohne gefährliche Schnittpunkte mit anderen Verkehrswegen kann ein wesentlicher Schritt hin zu einer innovativen Mobilitätsregion sein. Zudem sollten diese Fahrradwegnetze bis nach Brandenburg erweitert und an dortige ÖPNV-Knotenpunkte angebunden werden.

Derzeit nutzen, trotz aller bisher bereits unternommenen Bemühungen, lediglich rund 20 % der Verkehrsteilnehmer*innen in Berlin das Fahrrad als Fortbewegungsmittel (s. Abschn. 2.3.2.2). Gegen die alltägliche Nutzung des Fahrrads als Verkehrsmittel sprechen vor allem:

- Sicherheitsrisiken
- Stress während der Fahrt

Maßnahme	Zeit	Methode	Strategie	Umwelt	Gesundheit	Verschwendung	Fluss
E-Infrastruktur	kurzfristig	Pull	Effizienz				

Abb. 4.35 Bewertung der Maßnahme „E-Infrastruktur"

- Länge der Strecke
- Wetter

Die Sicherheitsgefühl wird vor allem durch die Unfallgefahr im Straßenverkehr und die häufig angespannte Situation mit anderen Verkehrsteilnehmerin*innen beeinflusst. Berlin verzeichnet mit 14,3 Unfällen pro Mio. Einwohner*innen deutlich mehr Radunfälle als zum Beispiel Kopenhagen mit 0,7 pro Mio. Einwohner*innen, was vor allem auf die hohe Sicherheit der Fahrradwege zurückzuführen ist (Kodukula et al. 2018, S. 4). Darüber hinaus ist der Diebstahl am Abstellplatz eine weitere Belastung.

Berlin hat bereits erste Schritte in Richtung einer verbesserten Infrastruktur für den Fahrradverkehr unternommen. Im Rahmen des Radverkehrsplans soll der Fahrradverkehr durch bauliche Vorkehrungen vor dem motorisierten Straßenverkehr geschützt und von Fußwegen getrennt werden. Dazu zählt auch die Entwicklung und der Bau von 100 km Radschnellverbindungen, die bis 2030 entstehen sollen. Zehn neue Verbindungen werden mit 3–4 m Breite in jede Fahrtrichtung mithilfe von Lichtsignalanlagenpriorisierung und Vorfahrtsrechten eine bevorzugte und schnelle Mobilität mit dem Rad ermöglichen.

Städte wie Kopenhagen zeigen, dass Radschnellverbindungen baulich möglich sind und erfolgreich genutzt werden. Rund 40 % der Bevölkerung nutzen regelmäßig die rund 1000 km Fahrradwege, von denen 200 km Radschnellverbindungen sind (Köhne 2019). Studien bestätigen, dass die Akzeptanz des Fahrrads deutlich erhöht wird, wenn Radschnellwege zur Arbeit oder Bildungsstätte führen (Borgstedt et al. 2018).

Durch die separate Spurführung auf den Radschnellwegen soll vor allem ein besseres Sicherheitsgefühl erzeugt werden. Darüber hinaus sollen bis 2025 jährlich etwa 8000 Fahrradstellplätze an ÖPNV-Knotenpunkten und weitere 8000 Fahrradstellplätze im öffentlichen Raum errichtet werden und damit die Sicherheit der abgestellten Fahrräder verbessern (SenUVK 2021, S. 5 f.).

Eine bessere Vernetzung (s. Abschn. 4.5.4.4) der Verkehrsmittel – zum Beispiel an diesen ÖPNV-Knoten – kann die rein mit dem Fahrrad zurückzulegenden Abschnitte reduzieren. Die Hauptstrecke könnte dann mit dem witterungsunabhängigen ÖPNV zurückgelegt werden. Das Fahrrad dient dann als reiner Zubringer für den ÖPNV. Hieraus würde eine erhebliche Minimierung der Feinstaub- und Lärmbelastung resultieren. Der verstärkte Umstieg vom Pkw auf das Fahrrad hätte zunächst eine Reduktion des MIV zur Folge, infolgedessen wiederum positive Effekte in Hinblick auf CO_2-, Feinstaub- und Lärmemissionen zu erwarten sind (s. Abb. 4.36).

Maßnahme	Zeit	Methode	Strategie	Umwelt	Gesundheit	Verschwendung	Fluss
Infrastruktur Mikromobilität	mittelfristig	Pull	Vernetzung				

Abb. 4.36 Bewertung der Maßnahme „Infrastruktur Mikromobilität"

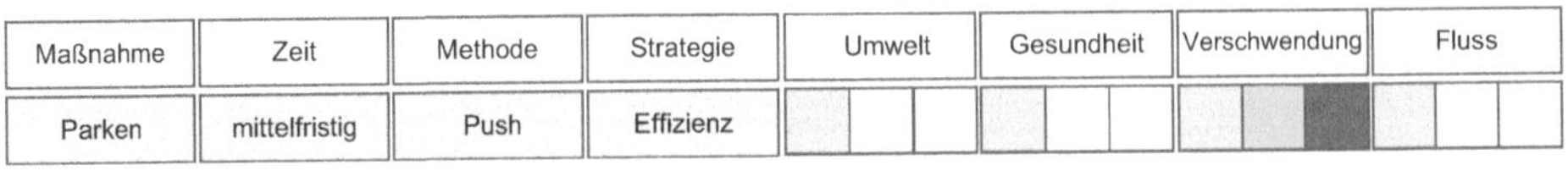

Maßnahme	Zeit	Methode	Strategie	Umwelt	Gesundheit	Verschwendung	Fluss
Parken	mittelfristig	Push	Effizienz				

Abb. 4.37 Bewertung der Maßnahme „Parken"

Parken

Neben neuen Parkkonzepten (s. Abschn. 4.5.2.5) müssen auch neue Flächen geschaffen werden, die entsprechend genutzt werden können. Dazu zählen zusätzliche Flächen an Verkehrsknotenpunkten und den Randgebieten der Stadt (s. 4.5.4.4), die einen reibungslosen Park & Ride Verkehr ermöglichen. Ferner muss beim Neubau von Büro- und Wohngebäuden eine Stellplatzpflicht geschaffen werden, um die Flächenbelastung der Anliegerstraßen durch parkende Pkw so frei wie möglich zu halten. Diese neu geschaffenen Flächen könnten zudem eine Nutzungsklausel ausschließlich für Fahrzeuge der Klassen „Mini" und „Midi" (s. Abschn. 4.5.2.1) beinhalten. Dafür müssen vor allem die Ausführungsvorschriften zu § 50 der Bauordnung für Berlin (BauO Bln) über Stellplätze für Kraftfahrzeuge erweitert und ergänzt werden. Diese sehen bisher nur eine Stellplatzpflicht für schwer Gehbehinderte und Behinderte im Rollstuhl und Abstellmöglichkeiten für Fahrräder vor. Das ist nicht ausreichend (s. Abb. 4.37).

Hubs entwickeln – Mobilität vernetzen

Mobilitäts-Hubs sind Knotenpunkte, an denen verschiedene Verkehrsmittel wie Busse, Bahnen, Fahrräder und Autos zusammenkommen und die Nutzer leicht von einem Verkehrsmittel zum anderen wechseln können. Sie dienen dazu, den Personenverkehr zu vereinfachen und zu verbessern und tragen dazu bei, den urbanen Verkehr zu entlasten und die Umweltbelastung zu reduzieren. Um die intermodale Nutzung zu fördern, müssen die effiziente Auswahl und Kombination unterschiedlicher Verkehrsmittel im Vordergrund stehen. Die Berücksichtigung unterschiedlicher Arten und Bedürfnisse von Mobilität ist dabei eine große Herausforderung.

In Zukunft werden Mobilitäts-Hubs an Bedeutung gewinnen, da sich die Mobilitätsbedürfnisse der Menschen verändern und die Nachfrage nach umweltfreundlicheren Verkehrsmitteln zunimmt. Dieser Nachfragezuwachs muss u. a. dadurch erzeugt werden, dass diese Umsteigeknoten an Attraktivität gewinnen. Sie können so zu einem wichtigen Bestandteil von Smart Cities werden, in denen eine intelligente Verkehrsinfrastruktur (s. Abschn. 4.5.3.3) dazu beiträgt, den Verkehrsfluss zu optimieren und die Lebensqualität der Bürger*innen zu verbessern. Darüber hinaus können sie auch eine wichtige Rolle bei der verstärkten Integration von Ladestellen für elektrische Fahrzeuge und als Abhol- und Bringpunkte für autonome Fahrzeuge dienen.

Wesentliche Herausforderungen beim Aufbau dieser Hubs sind die Identifikation der idealen Standorte im urbanen Raum und deren Anzahl. Nur darüber lässt sich ein effizientes Mobilitätsnetzwerk aufbauen. Neben dem Einsatz einer geeigneten Methode zur Standortplanung ist vor allem die Identifikation geeigneter Standortfaktoren und deren Bewertung von zentraler Bedeutung.

Zu diesen Faktoren zählt u. a. die gute Erreichbarkeit des Hubs über möglichst kurze Wege zur Mobilitätsstation – was eine höhere Anzahl zusätzlicher dezentraler Mobilitätsstationen je Bezirk notwendig macht. Darüber hinaus sind den möglichen Nutzer*innen Abstellmöglichkeiten sowohl für den Pkw (50 %) als auch das Fahrrad (42 %) wichtig – es sind also Flächen für Bike and Ride (B+R) und Park and Ride (P+R) Parkplätze einzuplanen (Kosok 2016, S. 14 f.). Die Herausforderung ist daher nicht nur die Koordination verschiedener Mobilitätsangebote, sondern auch die gemeinsame, oft konkurrierende Nutzung begrenzter Flächen durch verschiedene Mobilitätsteilnehmer, wie das Fahren und Parken von Autos, Fahrrädern und Fußgängern.

Für die Identifikation der richtigen Anzahl an Mobilitäts-Hubs wäre die maximale Erreichbarkeit in Minuten per Fahrrad zum Beispiel eine mögliche Kennzahl. Daraus würde sich dann – auf die betrachtete Fläche bezogen – eine notwendige Anzahl an Hubs ergeben. So kann zum Beispiel festgelegt werden, dass ein Mobilitäts-Hub binnen 5, 10 oder 15 min per Fahrrad erreichbar sein muss. Für das ausgewählte Beispiel (s. Abb. 4.38 und 4.39) würde das bedeuten, dass sich der Radius mit jeder Minute weniger Fahrzeit gleichzeitig verringert und damit weniger Personen den Mobilitätshub erreichen. Je kürzer die Anforderungen an die Erreichbarkeit, desto mehr Hubs sind erforderlich. Nutzer*innen präferieren kurze Wege – was in diesem Zusammenhang für einen dezentralen Aufbau auch in einzelnen Wohngebieten spricht (VCD 2021).

Aufgrund der zunehmenden Anzahl von Pendlerbewegungen (s. Abschn. „Demografische Entwicklung") ist die Verbesserung der Erreichbarkeit zwischen Berlin und Brandenburg eine weitere Herausforderung, die mittels Vernetzung verschiedener Hubs beantwortet werden kann. Für die Annahme solcher Hubs sind u. a. eine gute Erreichbarkeit der Ziele (84 %), eine hohe Flexibilität (74 %) und die Zuverlässigkeit der Verkehrsangebote (73 %) von Bedeutung (VCD 2021).

Autofreie Quartierzentren

Wie bereits im Abschn. 4.5.1.3 erwähnt, können im Rahmen eines „Konzepts der Einfachheit" autofreie Bezirke in Erwägung gezogen werden, die vor allem die bisher verkehrsberuhigten Zonen ablösen können – aus verkehrsberuhigt wird autofrei.

In Barcelona werden seit den 90er-Jahren sogenannte „Superblocks" entwickelt (ADFC 2020, S. 6). Diese Bereiche dürfen nur von Anwohner*innen und dem benötigten Lieferverkehr befahren werden – bei einem strikten Tempolimit von 10 km/h (Roberts 2019).

Erreichbar in Minuten	Einwohner*innen die den Hub erreichen		
	Hub 1	Hub 2	Hub 3
5	32.565	12.376	25.305
10	132.261	103.094	103.094
15	284.975	264.832	264.832

Abb. 4.38 Erreichbarkeit der Hubs in Minuten nach Personenanzahl

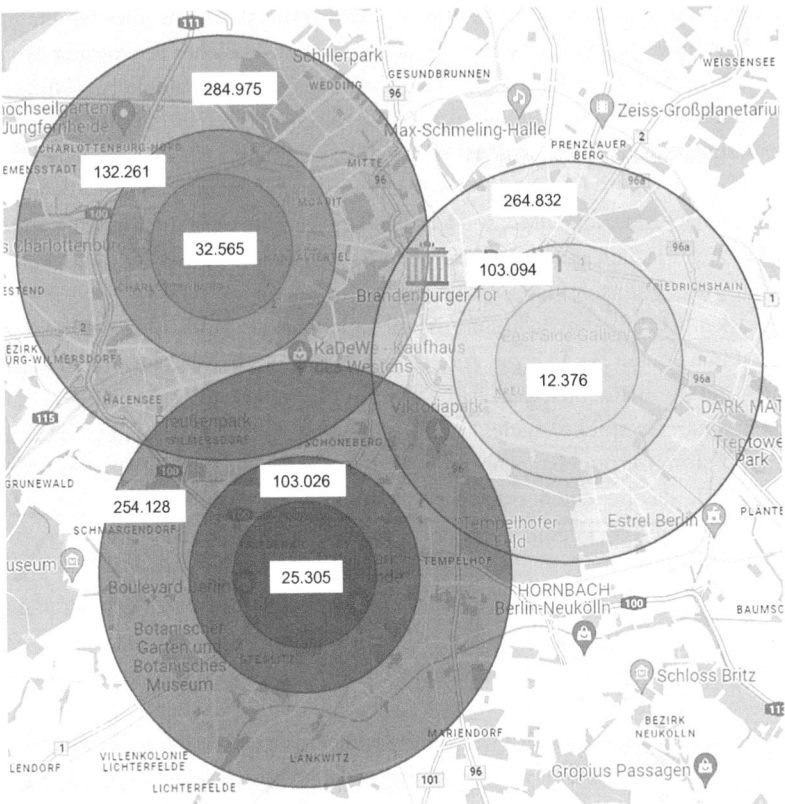

Abb. 4.39 Isochrone der Hubs nach Minuten und Personen (Eigene Darstellung in Anlehnung an Teschendorf et al. 2022, S. 814)

Mitunter können diese Bereiche nur über eine Straße erreicht und durchquert werden, die lediglich vom ÖPNV benutzt werden darf. Der Großteil aller Parkplätze, Straßen und die Kreuzungen innerhalb des Blocks werden in Begegnungsorte umgewandelt (ADFC 2020, S. 6). Fahrradfahrer*innen können sich im Gegensatz zum motorisierten Verkehr frei in alle Richtungen bewegen.

Die konsequente Umsetzung bzw. Weiterentwicklung solcher Bereiche zu autofreien Bezirken oder Quartieren kann in Berlin dabei zunächst fokussiert werden auf ausgewählte, sensible Bereiche wie Kitas, Schulen und Altersheime. Ausgehend von diesen Arealen können anschließend – nach sorgfältiger Prüfung und Auswahl – weitere Bereiche identifiziert, umgesetzt und zur Schaffung von Lebensräumen entwickelt werden. Von besonderer Bedeutung ist dabei die mögliche Anbindung an das ÖPNV-Netz und die einfache Erreichbarkeit durch eine verstärkte Netzwerkbildung (s. Abschn. 4.5.4.4).

Die Umsetzung autofreier Bereiche hat positive Effekte auf die Luftqualität, die Lärmverschmutzung und die Verringerung des MIV. So hat sich in Barcelona in diesen Gebieten die Stickoxidbelastung um 30 % und die Feinstaubbelastung (PM10) um 4 % reduziert. Darüber hinaus wurde die Fläche für Fußgänger um 80 % vergrößert und die Fläche für den MIV um 48 % reduziert (Ajuntament de Barcelona 2021) (s. Abb. 4.40).

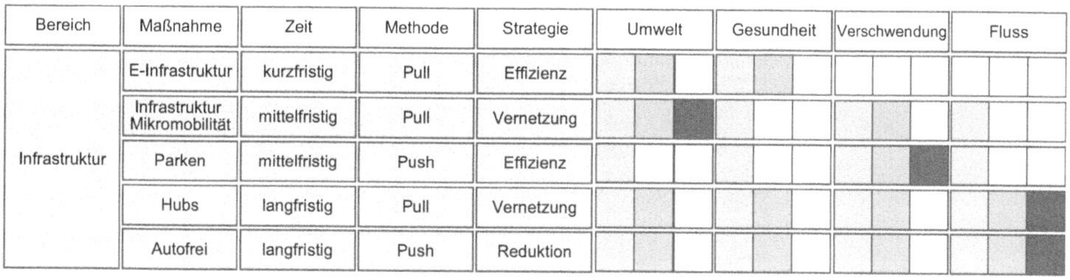

Bereich	Maßnahme	Zeit	Methode	Strategie	Umwelt	Gesundheit	Verschwendung	Fluss
Infrastruktur	E-Infrastruktur	kurzfristig	Pull	Effizienz				
	Infrastruktur Mikromobilität	mittelfristig	Pull	Vernetzung				
	Parken	mittelfristig	Push	Effizienz				
	Hubs	langfristig	Pull	Vernetzung				
	Autofrei	langfristig	Push	Reduktion				

Abb. 4.40 Maßnahmenmatrix Infrastruktur

4.6 Erfolgsfaktoren bei der Umsetzung

In Summe ergibt sich ein Maßnahmenmix aus den Bereichen Infrastruktur, Technik, Organisation und Finanzen, der bei der Auswahl und Kombination der richtigen Maßnahmen zu einem deutlichen Komfortgewinn, einer Verbesserung der Umweltsituation und auch zu mehr Sicherheit im Verkehr führen kann. Dabei wirken die einzelnen Faktoren auch zwischen den Ebenen, verstärken diese und können einen sinnvollen Mix aus Verdrängung (Push) und Überzeugung (Pull) ergeben (s. Abb. 4.41).

Aus der groben Vorabbewertung lassen sich erste Schwerpunkte erkennen, welche Maßnahmen – auch in Kombination miteinander – die besten Effekte erzielen. Vorrangig geht es dabei zunächst um den Fokus der Zielerreichung: eine Mindful Mobility, in der die Verkehrsteilnehmer*innen untereinander Rücksicht nehmen und gemeinsam das Interesse verfolgen, die Umwelt und die Gesundheit Aller zu schützen.

Erreicht wird dies über den Grundsatz der Vermeidung von Verschwendung. Im Kontext der Mobilität bedeutet dies eine Reduktion der Flächeninanspruchnahme durch eine Limitation der Fahrzeuggrößen im urbanen Raum. Die gewünschte Nachfragesteigerung nach kleineren Fahrzeugen kann dazu führen, dass die Hersteller umdenken und vermehrt kleine Fahrzeuge anbieten. Auch bei der Produktion eines Pkw bedeutet eine geringere Größe weniger Ressourcenverbrauch an Roh-, Hilfs- und Betriebsstoffen zu deren Herstellung.

Darüber hinaus verbraucht ein kleineres, leichteres Fahrzeug weniger Energie – egal welche Quelle zur Energieerzeugung genutzt wird.

4.6.1 Zeitliche Einordnung der Maßnahmen

Der Ausgangspunkt zur Reduktion von Verschwendung führt zu einer Kette von Folgereaktionen, die zudem Kombinationseffekte (s. Abschn. 4.6.2) erzeugen können. Zu den Maßnahmen mit den größten Effekten zählen:

- Beleben des ursprünglichen Sharing Gedanken (Fahrgemeinschaften)
- Umsetzung eines Homeoffice-Gesetzes

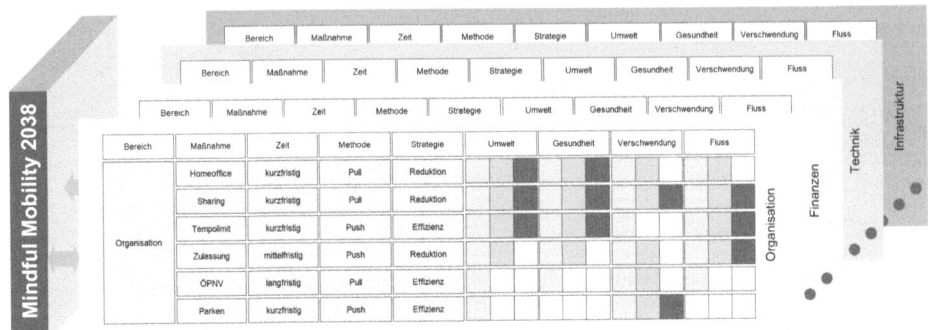

Abb. 4.41 Kombination der Maßnahmen für eine Mindful Mobility

- Einführung eines flächendeckenden Tempos 40
- Schaffung autofreier Bereiche oder Bezirke
- Ausbau von Mobilitätshubs
- Limitation der Fahrzeuggrößen
- Modifikation der Kfz-Steuer
- Einführung eines Berlin Billets

Im Gegensatz zum klassischen Sharing-Geschäftsmodell geht es beim ursprünglichen Gedanken eher darum, vorhandene Ressourcen, vor allem den Pkw, gemeinschaftlich zu nutzen, um so die Anzahl der benötigten Fahrzeuge in der Stadt zu reduzieren. Hierfür ist es erforderlich, den schon lange existierenden Gedanken von **Fahrgemeinschaften** wiederzubeleben. Dies kann auf verschiedenen Wegen erfolgen:

- Einsatz von IT-Tools: Plattformen und Apps können dabei helfen, private Fahrgemeinschaften unkompliziert zu organisieren und zu vermitteln.
- Schaffung von Anreizen: Fahrgemeinschaften können durch spezifische Angebote oder Anreize gefördert werden. Dazu zählen spezielle Parkplatzangebote oder Fahrgemeinschaftsfahrspuren, die nur von Fahrzeugen mit mindestens 2 Insass*innen genutzt werden dürfen. Solche Spuren gibt es zum Beispiel in den USA und Norwegen. Wichtige Voraussetzung ist eine regelmäßige Kontrolle der korrekten Nutzung – bei sonst erheblichen Geldstrafen.
- Unterstützung durch Arbeitgeber: Arbeitgeber können dazu beitragen, dass ihre Mitarbeiter*innen Fahrgemeinschaften bilden, indem sie beispielsweise Fahrgemeinschafts-Parkplätze bereitstellen oder finanzielle Anreize für die Nutzung von Fahrgemeinschaften anbieten.
- Aufklärung und Information: Einwohner*innen müssen darüber informiert werden, welche Vorteile Fahrgemeinschaften (Fahrspuren, Parkplätze) für den Einzelnen und die Gemeinschaft bieten. Durch Aufklärungskampagnen und Informationsveranstaltungen kann das Interesse an Fahrgemeinschaften geweckt werden.

Zweiter wesentlicher Ansatz ist die Umsetzung einer gesetzlichen **Homeoffice**-Regelung. Die Corona-Pandemie hat gezeigt, dass reduzierte Arbeitswege zu einem teils deutlichen Verkehrsrückgang führen. Daher ist es sinnvoll, eine gesetzliche Regelung zu finden, die Homeoffice ähnlich wie in den Niederlanden als Rechtsanspruch verankert. Eine Regelung, in der sich Arbeitnehmer und Arbeitgeber über eine Homeoffice-Vereinbarung einig sein müssen, ist nicht ausreichend.

Ein flächendeckend einheitliches **Tempo 40** ist eine deutliche Vereinfachung des bestehenden Systems und verbessert den Verkehrsfluss erheblich. Die hierfür erforderlichen Regelungen für ein Tempolimit werden in Deutschland im Straßenverkehrsgesetz (StVG) festgelegt. Das StVG legt die zulässigen Höchstgeschwindigkeiten für die verschiedenen Arten von Straßen fest und regelt auch, wann und unter welchen Bedingungen ein Tempolimit eingeführt werden darf. Für eine Festlegung auf ein generelles Tempo 40, müssen also zunächst die entsprechenden Vorschriften im StVG angepasst werden.

Für alle regulatorischen Maßnahmen die Grenzwerte setzen, muss eine konsequente Überwachung realisiert werden. Neben der Überprüfung der Anzahl der Insassen im Pkw bei der Nutzung der Fahrgemeinschaftsspuren zählt auch eine ausgeweitete, permanente Geschwindigkeitskontrolle zu den wesentlichen Maßnahmen. Insbesondere auf längeren Streckenabschnitten kann die sogenannte Section-Control zum Einsatz kommen – sie misst die Geschwindigkeit eines Fahrzeugs nicht ausschließlich an einer bestimmten Stelle, sondern berechnet die Durchschnittsgeschwindigkeit zwischen zwei Messpunkten (ADAC 2022b). Diese Verfahren wurde in Niedersachsen von Dezember 2018 bis Dezember 2020 in einem Pilotprojekt auf einem etwa 2,2 km langen Abschnitt der Bundesstraße 6 getestet. Trotz eines Tempolimits von 100 km/h lag die mittlere Geschwindigkeit zuvor bei 105 km/h – während des Pilotprojekts sank sie auf 95 km/h. Gleichzeitig stiegt die Anzahl der Autofahrer*innen, die sich an die Höchstgeschwindigkeit hielten, um 40 %. Zudem wurden während der Projektlaufzeit auf dem Abschnitt – zuvor eine Unfallhäufungsstrecke mit vier Verkehrstoten zwischen 2014 und 2017 – keine Verkehrsunfälle registriert. Nach einer abschließenden juristischen Klärung befindet sich die Abschnittskontrolle an der B 6 seit Januar 2021 im Regelbetrieb (ADAC 2022b). Eine flächendeckende Überwachung kann also wesentlich zur Verkehrssicherheit beitragen und sollte Bestandteil eines neuen Mobilitätskonzepts sein.

Zu den wesentlichen Vorteilen **autofreier Quartiere** zählen:

- eine erhöhte Sicherheit durch Reduktion der Verkehrsunfälle
- mehr Platz für Fußgänger*innen und Fahrradfahrer*innen und ein verringerter CO_2-Ausstoß
- eine verbesserte Lebensqualität durch weniger Lärm

Damit diese Quartiere effizient an den Verkehr angebunden sind, müssen **Netzwerke** geschaffen werden, die verschiedene Knoten (Mobilitäts-Hubs, autofreie Quartiere) ideal miteinander verbinden und so eine Erreichbarkeit eines **Mobilitätshubs** mit einem kurzen Wegeaufwand von max. 10 min zu Fuß bzw. 5 Min. per Fahrrad gewährleisten (s. Abb. 4.42).

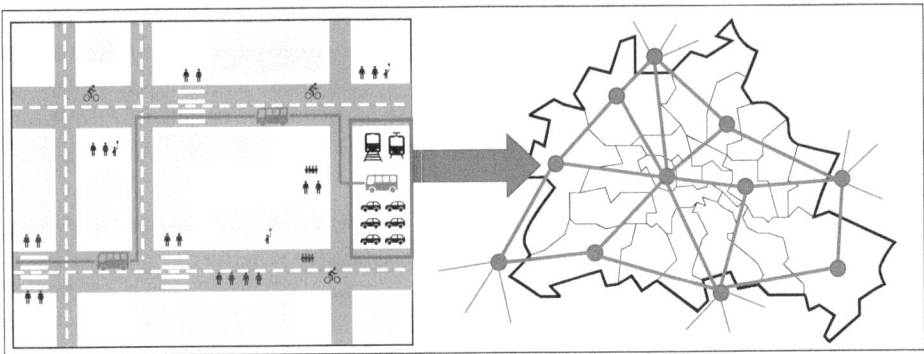

Abb. 4.42 Netzwerk von Mobilitätshubs mit Anbindung an autofreie Quartiere

Über eine **Größenreduktion (Limitation)** des Pkw kann die Fläche zusätzlich entlastet werden. Dabei kann sich eine Gebührenstaffelung (Steuer, Parken, Maut) zukünftig an Daten wie Breite, Länge, Gewicht und Motorleistung orientieren. Je größer, schwerer und leistungsstärker, desto teurer dessen Besitz und Nutzung. Bei den vorgeschlagenen Größen in „Mini", „Midi" und „Maxi" (s. Abb. 4.22) können jederzeit weitere Variationen hinzugefügt oder im Verlauf der Zeit auch entfernt werden. Derartige technische Neuentwicklungen und Veränderungen bei Pkw benötigen jedoch Vorlauf. Ausgehend von einem Veränderten Bedürfnis und Nachfrage muss es zu Anpassungen beim Hersteller kommen, wobei die Entwicklungszeiten berücksichtigt werden müssen. Die Wirkung von Ansätzen zur Reduktion der Fahrzeuggrößen hat daher eher mittel- bis langfristigen Charakter.

Diese grundsätzlichen Kennzahlen eines Pkw dienen auch der Neugestaltung der **Kfz-Steuer**, die im Wesentlichen dazu dient, die Belastungen des Straßenverkehrs zu finanzieren und damit zur Erhaltung und Verbesserung der Straßeninfrastruktur beizutragen.

Hierfür muss zunächst eine Änderung der Steuerbemessungsgrundlage erfolgen: Die Kfz-Steuer wird auf der Grundlage verschiedener Faktoren, wie dem Hubraum und des CO_2-Ausstoßes des Fahrzeugs bemessen. Diese Faktoren müssen auf die zukünftigen Faktoren (Länge, Breite, Gewicht, Leistung) umgestellt werden. Darauf aufbauend müssen weitere Elemente angepasst werden:

- Anpassung des Steuersatzes: Anhebung, Absenkung oder Abschaffung für bestimmte Fahrzeugkategorien
- Anpassung der Steuerbefreiungen: Bisherige Fahrzeugkategorien, die von der Kfz-Steuer befreit sind (Fahrzeuge für behinderte Menschen und Rettungsfahrzeuge) können um Pkw der Kategorie „Mini" erweitert werden
- Anpassung der Steuerpflicht: Ausdehnung der Steuerpflicht auf alle Kraftfahrzeuge oder Beschränkung der Steuerpflicht auf bestimmte Fahrzeugkategorien

Um die Kfz-Steuer zu ändern, sind also entsprechende Anpassungen im Steuerrecht erforderlich. Es ist wichtig, dass diese Anpassungen sorgfältig geplant und durchdacht werden, um sicherzustellen, dass sie den Bedürfnissen und Anforderungen der Verkehrsteilnehmer gerecht werden sowie eine gezielte Steuerung der gewünschten Entwicklung unterstützen und ermöglichen.

Neben der Steuer, die vor allem den Besitz eines Fahrzeugs bepreist, können weitere Gebühren auch die Nutzung steuern bzw. limitieren. Dazu gehören unter anderem die Maut (Nutzung) und Gebühren für das Anwohnerparken (Besitz). Um den Wert der Flächennutzung zu verdeutlichen, müssen die Parkgebühren deutlich angehoben und zusätzlich eine City-Maut eingeführt werden. Die daraus resultierenden Mehreinnahmen müssen für Investitionen in den kontinuierlichen Umbau der Mobilitätsinfrastruktur genutzt werden. Dazu zählen auch die Modernisierung, Erweiterung und der Betrieb des ÖPNV. Im Ergebnis muss der ÖPNV eine kostenlose Dienstleistung für alle Bewohner*innen der Stadt sein – finanziert aus den Möglichkeiten der Kfz-Steuer, des Anwohnerparkens und der City-Maut.

Das gesamte Leistungs-Spektrum muss in einem Paket gebündelt werden – dem **Berlin Billet**. Das Billet umfasst folgende Gebühren und Leistungen:

- Kfz-Steuer neu/gestaffelt nach Pkw-Klassen (Mini, Midi, Maxi) + Motorleistung
  Ausnahmen: kein Pkw-Besitz, Pkw der Größe „Mini" und Pkw mit rein elektrischem Antrieb (diese Ausnahme kann nach einer gewissen Zeit gestrichen werden)
- City-Maut/gestaffelt nach Pkw-Klassen (Mini, Midi, Maxi) + Motorleistung
  Ausnahmen: kein Pkw-Besitz, Pkw der Größe „Mini" und Pkw mit rein elektrischem Antrieb (diese Ausnahme kann nach einer gewissen Zeit gestrichen werden)
- Anwohner-Parken/gestaffelt nach Pkw-Klassen (Mini, Midi, Maxi)
  Ausnahmen: kein Pkw-Besitz, Nachweis eines eigenen Stellplatzes auf nicht-öffentlicher Fläche
- ÖPNV-Ticket: kostenlos für das gesamte Stadtgebiet (derzeit die Stufen A/B/C)
- Grundleistungen Sharing-Anbieter (Grundgebühr Miete)
- Mindful Miles: Meilen sammeln per ÖPNV und Fahrrad, um darüber Prämien oder weitere Bonusleistungen (Zusatzleistungen Sharing-Anbieter wie Freikilometer, Taxi) zu erhalten

Diese ausgewählten Maßnahmen versprechen deutliche Effekte und beinhalten ein ausgewogenes Verhältnis aus Anreizen (Pull) und vorgegeben Einschränkungen (Push) und kommen auch zu unterschiedlichen Phasen der Entwicklung hin zur Mindful Mobility 2038 zum Einsatz (s. Abb. 4.43).

4.6.2 Kombinationseffekte

Durch den Einsatz ausgewählter Maßnahmen – egal ob gleichzeitig oder zeitversetzt – können Kombinationseffekte entstehen, die eine größere Gesamtwirkung erzielen als ihre Einzelwirkungen. Dabei treten zwei wesentliche Effekte auf:

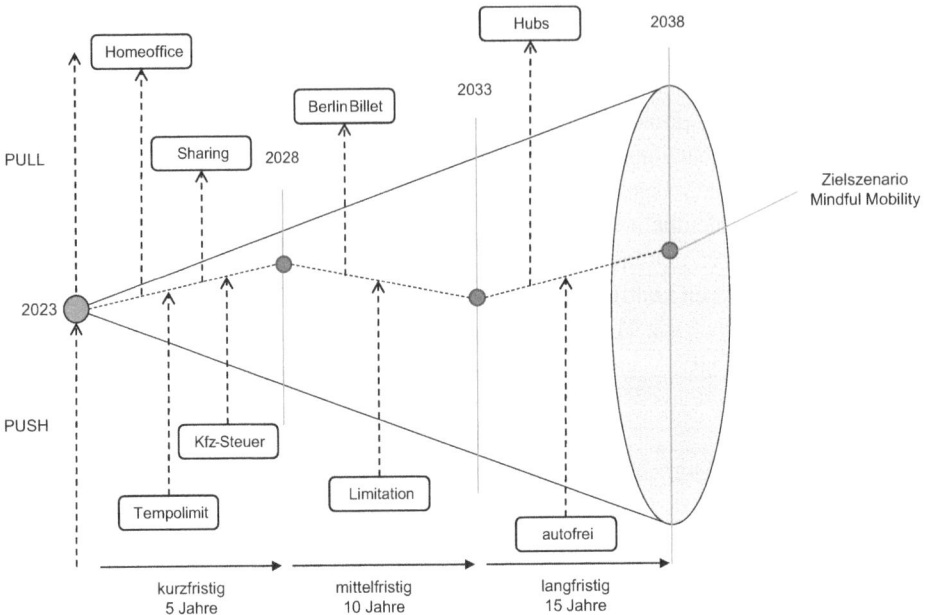

Abb. 4.43 Push- und Pull-Maßnahmen im Verlauf der Zeit

Synergetische Wirkung Wenn eine Maßnahme die Wirkung einer anderen Maßnahme verstärkt, kann von einer „synergistischen Wirkung" gesprochen werden. Diese tritt ein, wenn die Wirkung von zwei oder mehr Maßnahmen zusammengenommen größer ist als die Summe ihrer Einzelwirkungen. In der Betriebswirtschaftslehre kann die synergistische Wirkung beispielsweise dann auftreten, wenn zwei Unternehmen zusammengeführt werden und ihre Kräfte bündeln. In diesem Fall können sich die Unternehmen gegenseitig unterstützen und von den Synergien profitieren, die durch die Zusammenarbeit entstehen. Im Sinne der „Mindful Mobility" können Maßnahmen wie die Begrenzung der Fahrzeuggrößen und die Einführung einer einheitlichen Geschwindigkeit die Wirkung auf die Belastung der Stadt gemeinsam deutlich verstärken.

Hebelwirkung Der zweite Effekt, der eintreten kann, ist die Hebelwirkung. Das heißt, dass mit einer bestimmten Kraft (Maßnahme) an einem Punkt eine größere Kraft (Wirkung einer anderen Maßnahme) ausgeübt werden kann. Diese Hebel können zum Beispiel Anreizhebel sein, um das Verhalten von Nutzer*innen zu beeinflussen. Dazu können zum Beispiel Prämiensysteme (kostenloser ÖPNV, steuerliche Entlastungen für Pkw der Kategorie „Mini") eingesetzt werden, bei denen die Nutzer*innen für ein rücksichtsvolles, bedachtes Verhalten im Rahmen ihrer Mobilität belohnt werden. Diese Anreizhebel können dazu beitragen, dass Einwohner*innen bewusster Alternativen wählen, um weitere Prämien zu erhalten.

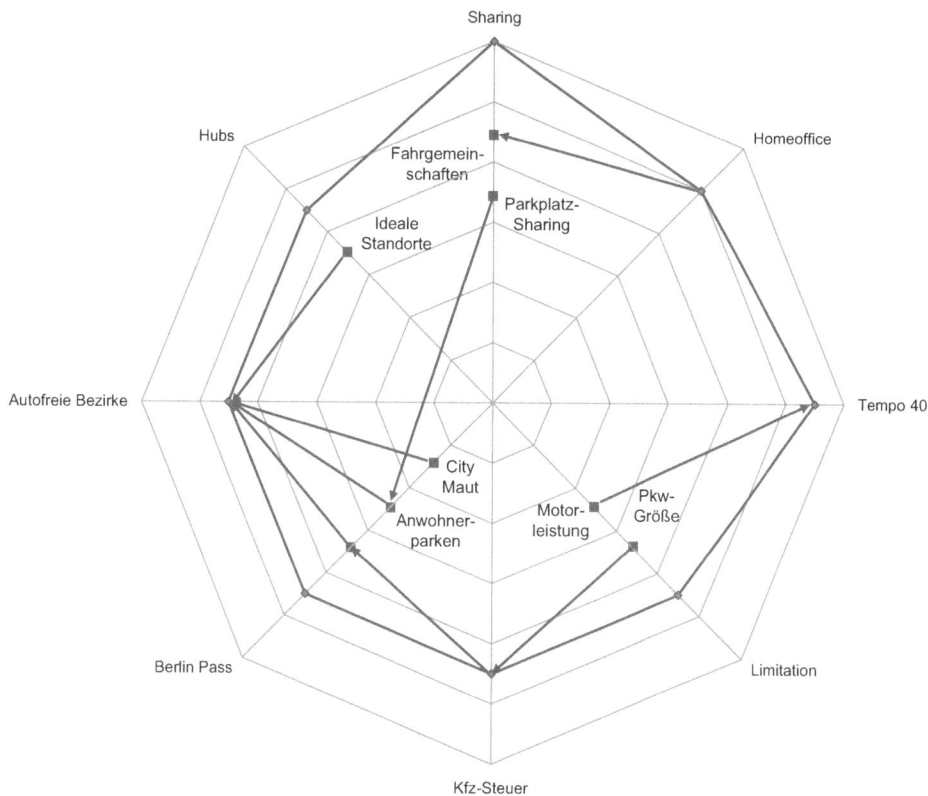

Abb. 4.44 Mögliche Kombinationseffekte einzelner Maßnahmen

Beide Wirkungen sind wichtige Faktoren, die insbesondere dann berücksichtigt werden sollten, wenn Maßnahmen oder Strategien entwickelt werden, um ein bestimmtes Ziel zu erreichen. Durch die Berücksichtigung von Synergien und Hebeln können die Erfolgschancen verbessert und auch die Umsetzung einer „Mindful Mobility" beschleunigt werden (s. Abb. 4.44).

4.6.3   Projektgestaltung

Organisatorisch ist ein solches Planungsprojekt in drei Phasen eingeteilt: Vorbereitung und Analyse, Potenzialermittlung sowie Umsetzung (s. Abb. 4.45). Neben der richtigen Auswahl der geeigneten Maßnahmen und deren zeitlicher Einordnung (in Phase 2), gibt es weitere wichtige Rahmenbedingungen, die für eine erfolgreiche Realisierung berücksichtigt werden müssen.

In der ersten Phase (**Vorbereitung und Analyse**) sind vor allem wichtig:

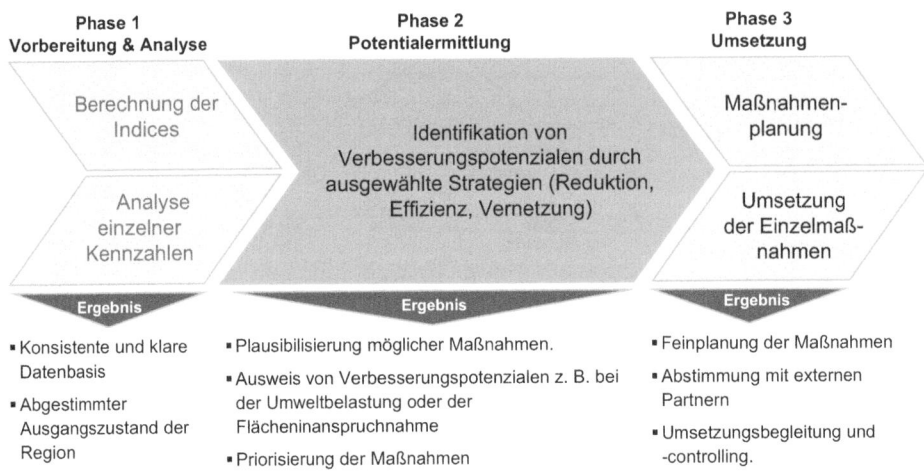

Abb. 4.45 Projektphasen Mindful Mobility

- Festlegen der Ziele und Erfolgskriterien: Die vorgegebenen Indices und deren Ausprägungen müssen eindeutig berechnet werden, damit klar ist, von welchem Startpunkt aus welche Ziele erreicht werden sollen und können. Diese Festlegung ist letztlich auch zur Messung des Konzepterfolgs von großer Bedeutung.
- Festlegen des Zeitplans: Erstellen eines Plans zur Anordnung der möglichen Maßnahmen in einem kurz-, mittel- und langfristigen Horizont. Jeder zeitliche Abschnitt stellt gleichzeitig einen Meilenstein des Konzepts dar.

In der zweiten Phase (**Potenzialermittlung**) ist wesentliches Ziel die zu den Ausgangswerten aus Phase 1 passenden Maßnahmen auszuwählen und in den festgelegten Zeitplan einzusortieren, um das Ziel im vorgegebenen Zeitrahmen zu erreichen.

In der dritten Phase (**Umsetzung**) sind von besonderer Bedeutung:

- Kommunikation und Zusammenarbeit: Die Identifikation und Einbindung aller Beteiligten (Politik, Betreiber des ÖPNV, private Unternehmen mit Transportdienstleistungen) ist von zentraler Bedeutung für den Erfolg des Konzepts. Es muss sichergestellt sein, dass alle Beteiligten über die jeweiligen Lösungen und den aktuellen Stand informiert sind. Die Aufgabenverteilung (z. B. für juristische Vorprüfungen) muss klar verteilt sein. Für die Umsetzung von Vorschlägen werden zudem Personen bzw. Personengruppen benötigt, die in der Lage sind, diese Maßnahmen durchzusetzen. Mit Hilfe von Experten aus Wissenschaft oder Politik können entsprechende Strukturen aufgebaut und durch die Bereitstellung wissenschaftlicher Grundlagen die notwendigen Rahmenbedingungen geschaffen werden. Zum anderen ist die Einbringung der Bevölkerung eine Möglichkeit durch einen demokratischen Ansatz den politischen Diskurs auf eine nachhaltige Mobilität zu lenken und somit die regierenden Organe zu einer Umstrukturierung zu bewegen. Zuletzt können noch wirtschaftliche Akteure eine neue Art von Mobilität entwickeln. Durch den Aufbau von neuen Geschäftsmodellen und Märkten können innovative Produkte und Dienstleistungen in diesem Bereich geschaffen werden. Hierzu können sich Automobilhersteller mehr auf kollektive Transportmöglichkeiten und kleinere Fahrzeuge konzentrieren und die Produktion von Fahrzeugen für Einzelpersonen oder mit großen Abmessungen aus dem Programm nehmen (Holden et al. 2020, S. 3 f.).

- Durchführung von Pilotprojekten oder Testläufen: Beides dient zur Validierung der ermittelten Potenziale. Erfolgreiche Pilotprojekte können auch zur Visualisierung und Information für die Bürger*innen sinnvoll eingesetzt werden. Über mögliche Bürgerbeteiligungen bei der Planung und Einrichtung der Maßnahmen kann eine höhere Akzeptanz und Einhaltung möglicher Restriktion erreicht werden (Stadt Tübingen, 1992).
- Abschluss und Nachverfolgung: Neben der Erstellung der erforderlichen Dokumentationen und Berichte ist es auch notwendig die durchgeführten Maßnahmen zu evaluieren und ggf. Modifikationen vorzunehmen (s. Abb. 4.43).

Letztlich ist der vorhandene Wille aller Beteiligten (Politik, Unternehmen, Einwohner*innen) an einem Strang zu ziehen wesentliche Voraussetzung für das Erreichen einer Mindful Mobility.

▶ Die Identifikation geeigneter Maßnahmen setzt die genaue Kenntnis über den Status quo der betrachteten Region voraus.

▶ Die wesentlichen Maßnahmen lassen sich in organisatorische, finanzielle, technische und infrastrukturelle Dimensionen unterteilen.

▶ Maßnahmen wirken nicht allein – wichtig ist die Ausnutzung der entstehenden Zusammenhänge, um Kombinationseffekte entstehen zu lassen.

Literatur

Achtnicht M, Kesternich M, Sturm B (2018) Die „Diesel-Debatte": ökonomische Handlungs-empfehlungen an die Politik. Wirtschaftsdienst 98(8):3. https://doi.org/10.1007/s10273-018-2333-4

ADAC (2022a) https://www.adac.de/news/aus-fuer-verbrenner-ab-2035/. Zugegriffen am 15.12.2022

ADAC (2022b) https://www.adac.de/verkehr/recht/bussgeld-punkte/section-control/. Zugegriffen 20.12.2022

ADFC (2020) Allgemeiner Deutscher Fahrrad Club e. V., Innovative Radverkehrslösungen auf Deutschland übertragen. InnoRAD Factsheet 4/6, 2020. https://www.adfc.de/artikel/fuer-mehr-lebensqualitaet-die-superblocks-in-barcelona, S 1–9. Zugegriffen am 13.12.2022

Agora (2019) Agora Verkehrswende, Parkraummanagement lohnt sich! Leitfaden für Kommunikation und Verwaltungspraxis, Berlin, S 12

Ajuntament de Barcelona (2021) Amb la Superilla, el Poblenou ha guanyat més de 25.000 metres. Ajuntament de Barcelona. https://ajuntament.barcelona.cat/superilles/en/superilla/eixample. Zugegriffen am 13.12.2022

Aral (2018) Studie Tankstelle der Zukunft – Mobilitätstrends 2040, Bochum, S 10

Berlin (2022) berlin.de. https://www.berlin.de/tourismus/infos/591616-1721039-parkeninberlin. html. Zugegriffen am 15.12.2022

Borgstedt S, Hecht J, Jurczok F (2018) Fahrrad-Monitor 2017. Ergänzung. Fahrradstraßen, Fahrrad-Pendeln und Radschnellwege: Ergebnisse einer repräsentativen Online-Befragung. Version vom 13.04.2018. Heidelberg

Brockmann S (2019) Die größten Gefahren für Radler. https://www.tz.de/auto/groessten-gefahren-fuer-radler-zr-12069747.html. Zugegriffen am 21.12.2022

Cardarelli E (2012) Vision-based blind spot monitoring. In: Eskandarian (Hrsg) Handbook of intelligent vehicles. Springer, London

CoAM (2019) Center of automotive management, zitiert nach Statista

Copenhagenize (2022) Copenhagenize index. https://copenhagenizeindex.eu/about/methodology. Zugegriffen am 04.12.2022

Eliasson J (2014) KTH Royal Institute of Technology, Centre of Transport Studies Stockholm – The Stockholm congestion charges: an overview. In: transportportal, 07.2014, S 3–11. https://transportpor-tal.se/swopec/cts2014-7.pdf. Zugegriffen am 15.12.2022

Forschungsgesellschaft für Straßen- und Verkehrswesen (2017) Multi- und Intermodalität: Hinweise zur Umsetzung und Wirkung von Maßnahmen im Personenverkehr, Teilpapier 1: Definitionen, Ausgabe 2017. Forschungsgesellschaft für Straßen- und Verkehrswesen, Köln, S 2–7

Global Bicycle Cities (2022) Global bicycle cities index. https://de.luko.eu/en/advice/guide/bike-index/#methodology. Zugegriffen am 04.12.2022

Gössling S, Humpe A, Hologa R, Riach N, Freytag T (2022) Parking violations as an economic gamble for public space. Transport Policy 116:248–257

Haas H-D, Neumair S-M, Schlesinger D (2022) Definition Stadt, Gabler Wirtschaftslexikon. https://wirtschaftslexikon.gabler.de/definition/stadt-43260/version-266591. Zugegriffen am 04.12.2022

Hautzinger H, Fichert F, Fuchs M, Stock W (2011) Institut für angewandte Verkehrs- und Tourismusforschung e. V. (IVT): Eignung einer City-Maut als Instrument der Verkehrs- und Umweltpolitik in der Freien und Hansestadt Hamburg: Schlussbericht zur Grundsatzstudie, S 60–71. https://www.ham-burg.de/contentblob/2929662/41878fd9da0dd98c60665cb00eec53ba/data/city-maut.pdf. Zugegriffen am 13.12.2022

Holden E, Banister D, Gössling S, Gilpin G, Linnerud K (2020) Grand Narratives for sustainable mobility: a conceptual review. Energy Research & Social Science 65:1–10. Elsevier

Hunger D, Fiedler F, Hunger M, Becker UJ, Richter F (2007) Verbesserung der Umweltqualität in Kommunen durch geschwindigkeitsbeeinflussende Maßnahmen auf Hautverkehrsstraßen – Abschlussbericht und Anlagenband. Umweltbundesamt. Bundesministerium für Umwelt, Naturschutz, Bau und Reaktorsicherheit, Dessau

KBA (2022) Kraftfahrtbundesamt. https://www.kba.de/DE/Statistik/Nachrichten/2022/Statistik/fz_4_2021.html. Zugegriffen am 13.12.2022

Kodukula S, Rudolph F, Jansen U, Amon E (2018) Living. Moving. Breathing. Wuppertal Institute, Wuppertal, S 4

Köhne G (2019) https://www.deutschlandfunk.de/kopenhagen-ehrgeiziges-fahrradparadies-100. html. Zugegriffen am 18.12.2022

Kopatz M (2016) Wie viel Mobilität ist genug? Suffizienz im Mobilitätsalltag und als verkehrspolitische Strategie. https://epub.wupperinst.org/frontdoor/deliver/index/docId/6300/file/6300_Kopatz.pdf, S. 8 – 10. Zugegriffen am 25.06.2023

Kosok P (2016) VCD Befragung. Multimodal unterwegs in Deutschlands Städten. Hg. v. Verkehrsclub Deutschland (VCD). https://www.vcd.org/fileadmin/user_upload/Redaktion/Themen/Multimodalitaet/VCD-Befragung_Multimodal_unterwegs_in_Deutschlads_Grossstaedten.pdf. Zu-gegriffen am 18.12.2022

Kunkel C, Witzenberger B (2020) Süddeutsche Zeitung. https://www.sueddeutsche.de/auto/verkehr-stau-corona-1.4857721. Zugegriffen am 13.12.2020

Leihs D, Siegl T, Hartmann M (2014) City Maut – Nutzen und Technologien von Systemen zum Steuern der Zufahrt in Zonen. Springer Vieweg, Wiesbaden

Leßmann C, Steinkraus A, Frondel M, Stuchtey MR, Braun M, Hamacher T, Lenz B, Krajzewicz D, Liedtke G, Winkler C, Pittel K (2019) Zukunft der Mobilität: Welche Optionen sind tragfähig? ifo Schnelldienst, Bd. 72, Nr. 12, S 3–24. https://www.econstor.eu/bitstream/10419/206891/1/ifo-sd-2019-12-p03-24.pdf. Zugegriffen am 13.12.2022

Mitusch K (2020) Staugebühr in London. Fis Forschungsinformationssystem. https://www.for-schungsinformationssystem.de/servlet/is/387339/. Zugegriffen am 15.12.2022

Onto (2019) What is Ultra-Low Emission Zone? Onto. https://on.to/blog/everything-you-need-know-about-ultra-low-emission-zone-ulez-london. Zugegriffen am 15.12.2022

Randelhoff M (2019) Verkehrstabus verhindern grundlegende verkehrspolitische Veränderungen. Zu-kunft Mobilität, 08.12.2019. https://www.zukunft-mobilitaet.net/170654/umwelt/verkehrstabus-verkehrspolitik-klimaschutz-verkehr-veraenderung-verhindern-goessling-cohen/. Zugegriffen am 15.12.2022

Roberts D (2019) Die Superblocks von Barcelona. enorm. https://enorm-magazin.de/gesellschaft/urbanisierung/superblocks-von-barcelona. Zugegriffen am 13.12.2022

Schulz W, Joisten N, Edye C (2021) Mobilität nach COVID-19: Grenzen, Chancen, Möglichkeiten, Springer Gabler, Wiesbaden, S 55–59

SenUVK (2021) Senatsverwaltung für Umwelt, Verkehr und Klimaschutz Abteilung IV – Verkehr, Rad-Verkehrsplan des Landes Berlin (Radverkehrsplan Berlin – RVP)

Spiegel (2019) https://www.spiegel.de/auto/aktuell/citymaut-deutsche-lehnen-innenstadtgebuehr-mehrheitlich-ab-a-1264962.html. Zugegriffen am 15.12.2022

Teschendorf R, Engelhardt M, Malzahn B, Husemann B, Butz C, Seeck S (2022) Sustainable urban logistics concepts – a collaborative design approach considering stakeholder perspectives. In: Changing Tides, Kersten W, Jahn C, Blecker T, Ringle C M (Hrsg) Proceedings of the Hamburg International Conference of Logistics (HICL), S. 814. ISBN 978-3-756541-95-9, September 2022

Thibault G, de Clerq M, Brandt F, Nienhaus A, Bayen A (2022) Urban mobility readiness index 2022 report, Oliver Wyman Forum, S 8

TfL (2022a) Transport for London: ULEZ LEZ comparison table. Transport for London. https://lruc.con-tent.tfl.gov.uk/ulez-lez-comparison-table.pdf. Zugegriffen am 15.12.2022

TfL (2022b) Transport for London: ultra low emission zone. Transport for London. https://tfl.gov.uk/modes/driving/ultra-low-emission-zone, Zugegriffen am 15.12.2022

TfL (2022c) Transport for London (TfL): discounts and exemptions. Transport for London (TfL). https://tfl.gov.uk/modes/driving/congestion-charge/discounts-and-exemptions. Zugegriffen am 15.12.2022

VCD (2021) Verkehrsclub Deutschland e. V., Multimodal unterwegs in Deutschlands Städten. https://www.vcd.org/artikel/multimodal-unterwegs-in-deutschlands-staedten. Zugegriffen am 18.12.2022

VCD (2022) Verkehrsclub Deutschland e. V. https://www.vcd.org/artikel/multimodal-unterwegs-in-deutschlands-staedten/. Zugegriffen am 15.12.2022

World Metro Database (2018) Streckenlänge der größten U-Bahnnetze in Deutschland nach Städten. mic-ro.com. Zugegriffen 04.12.2022, nach Statista

Zagel B, Loidl M (2020) Geo-IT in Mobilität und Verkehr: Geoinformatik als Grundlage für mo-derne Verkehrsplanung und Mobilitätsmanagement. VDE, Berlin

Zusammenfassung

5

Der wachsende Zuzug von immer mehr Menschen in städtische Gebiete erweitert und verdichtet die Räume zu großen Ballungsgebieten. Durch diese Urbanisierung genannte Entwicklung entstehen sowohl positive als auch negative Effekte für Gesellschaft, Wirtschaft und Umwelt. Dabei dehnt sich eine Stadt nicht nur in eine Richtung aus, sondern es entstehen dynamische Wanderungsbewegungen in die Stadt, ins Um- oder das Kernland oder innerhalb dieser Bereiche. Diese Effekte werden durch zahlreiche Faktoren – die weitere Menschen anziehen – zusätzlich verstärkt. Dazu zählen vor allem Arbeitsplätze, aber auch eine gute Infrastruktur, bessere medizinische Versorgung und zahlreiche Alternativen in den Bereichen Sport, Unterhaltung und Kultur. Auf der anderen Seite entstehen durch die hohe Bevölkerungsdichte enorme Belastungen für Infrastruktur, Umwelt und das Miteinander der Menschen.

Diese Entwicklung bringt ein gesteigertes Mobilitätsbedürfnis des Menschen mit sich – den Wunsch, sich jederzeit von einem Ort zu einem anderen bewegen zu können. Der Mobilitätsbedarf führt letztlich zu Personenverkehr, der in urbanen Räumen vorrangig mit dem Pkw, dem Fahrrad, mit dem öffentlichen Verkehrsmitteln oder zu Fuß bewerkstelligt wird. In urbanen Räumen kommt der Waren- und Güterverkehr hinzu, der durch die deutliche Zunahme des Online-Shopping und die daraus resultierenden Lieferverkehre ebenfalls stark angestiegen ist. Im Rahmen dieses Buches lag der Fokus auf den Herausforderungen und Lösungen des Personenverkehrs. Aufgrund der zunehmenden Verkehrsströme ist eine nachhaltige Planung und Entwicklung von besonderer Bedeutung, um die negativen Auswirkungen des Verkehrs zu minimieren und die Vorteile des Verkehrs für die Gesellschaft möglichst ideal zu gestalten.

Für die Realisierung der Leistung in einem funktionierenden Verkehrssystems sind Produktionsfaktoren erforderlich. Dazu zählen die Bereiche Boden (eine funktionierende Infrastruktur aus Verkehrs- und Parkflächen), Kapital (eine ausreichende Anzahl an Bahnhöfen, Stationen und Verkehrsmitteln) und Arbeit (Zeit der Fahrer*innen – sowohl beruflich als auch privat). Sind ausgewählte Produktionsfaktoren nicht funktionsfähig, führt das dazu, dass ein Verkehrssystem nicht mehr reibungslos funktioniert und die bekannten Symptome entstehen – Staus, Unfälle, Baustellen und allen voran Lärmbelastung sowie Luftverschmutzung.

Pkw, Lkw und andere motorisierte Fahrzeuge emittieren Schadstoffe wie Stickoxide, Feinstaub und Kohlenmonoxid, die erheblich zur Verschlechterung der Luftqualität beitragen und negative Auswirkungen auf die Gesundheit haben. In städtischen Gebieten ist diese Belastung besonders hoch, da hier die Konzentration von Fahrzeugen und die Bevölkerungsdichte am größten sind. Eine nachhaltige Verkehrsplanung, die den Einsatz von emissionsarmen Fahrzeugen und alternative Fortbewegungsmöglichkeiten fördert, kann dazu beitragen, die Luftbelastung durch Verkehr zu reduzieren, darf aber nicht alleiniger Baustein zukünftiger Konzepte sein.

Gleichzeitig müssen Lösungen für die stark zunehmenden Staus und auch die ruhenden Verkehrsmittel (Parken) gefunden werden, die vor allem aus der zunehmenden Verkehrsdichte aufgrund des wirtschaftlichen Wachstums und der Bevölkerungszunahme resultieren. Grundsätzlich besteht zwar die Möglichkeit die Verkehrsinfrastruktur auszubauen, was aber in Teilen nicht erwünscht und zudem nicht in der Geschwindigkeit und Dynamik möglich ist, in der sich Demografie und urbane Räume verändern und entwickeln. Daher ist vor allem die bessere Nutzung der vorhandenen Flächen – also ein effizienterer Umgang mit den existierenden Ressourcen – ein wesentlicher Baustein für ein erfolgreiches Konzept.

Eine besondere Herausforderung besteht dabei darin, dass privaten Nutzer*innen vor allem der in Unternehmen ausgeprägte Effizienzgedanke fehlt. Das heißt, dass der Wunsch der Individualität und die jederzeit selbst bestimmbare Ausführung des Mobilitätsbedarfs dabei nicht durch unternehmerische Ansätze wie Auslastungsverbesserung geprägt ist. Wenn Flächen jedoch überlastet sind, dann liegt es nahe, dass entweder zu viele Elemente (Fahrzeuge) im System vorhanden sind oder die Elemente zu groß und gleichzeitig schlecht ausgelastet sind. Daher muss ein ausgewogener Ansatz gefunden werden, der die positiven Effekte (Ermöglichen des Mobilitätswunsches) nicht einschränkt und gleichzeitig die negativen Auswirkungen reduziert oder sogar ganz vermeidet.

Zentrale Frage im zweiten Teil des Buchs (Kap. 3) ist, welche Ansätze aus anderen Bereichen existieren, die sich mit dem gleichmäßigen Fluss der Auslastung von Flächen und Fahrzeugen und der Effizienz von Abläufen und Prozessen beschäftigen. Kerngedanke ist dabei das Lernen von anderen Disziplinen, das Prüfen auf Ähnlichkeiten der Herausforderungen und letztlich der Transfer von Wissen und Methoden auf Fragestellungen der urbanen Mobilität.

Zahlreiche wichtige Managementkonzepte und Philosophien haben ihren Ursprung in Japan. Neben dem Zen-Buddhismus, der u. a. auf Selbstdisziplin abzielt, haben sich Ideen wie „Mindfulness" – die Achtsamkeit und bewusste Wahrnehmung im Hier und Jetzt – fest im japanischen Leben verankert und damit letztlich auch in Managementansätze übertragen. So ist „Kaizen" eine Managementphilosophie, die eine ständige Verbesserung und Optimierung von Prozessen und Produkten anregt und fördert.

Diese wesentlichen Grundgedanken finden sich auch im Toyota Produktionssystem (TPS), das von Taiichi Ohno weiterentwickelt wurde und zu einem Synonym für Effizienz, Flexibilität und Qualität geworden ist. Konzepte wie „Just-in-Time" (JiT), „Heijunka" (Fließproduktion) oder „Kanban" (Produktionsprozesssteuerung) sind hier entstanden und lassen schon auf den ersten Blick Überschneidungen mit dem Fluss des Verkehrs in Städten erkennen.

Letztlich sind diese Ideen in das Lean-Management-Konzept eingeflossen und stellten u. a. die Bedeutung von Verschwendung (japanisch „Muda") in den Vordergrund. Dabei wurden sieben verschiedene Verschwendungsarten herausgearbeitet, wovon insbesondere drei Parallelen zum Verkehr in urbanen Räumen aufweisen. Das „Warten" auf Material oder Entscheidungen verlängert die Produktionszeit. Im Verkehr steht der Stau synonym für diese unproduktive Wartezeit. Die unnötige „Bewegung" von Materialien oder Mitarbeiter*innen ist die zweite wesentliche Verschwendungsart mit Potenzial für den Verkehr und steht gleichbedeutend mit zu langen oder überflüssigen Transportstrecken. Die dritte Verschwendungsart mit Einfluss auf den Straßenverkehr ist die übermäßige „Lagerhaltung" von Materialien oder Produkten. So führt das Vorhalten von Verkehrsmitteln zu einer Überlastung der Parkflächen und verschwendet somit Platz und Geld.

Um diese Verschwendungen zu vermeiden, setzt das Lean Management auf die Schaffung einer kontinuierlichen Verbesserungskultur, effiziente und flexible Prozesse und die konsequente Umsetzung des Pull-Prinzips. Letztendlich geht es darum, Prozesse zu vereinfachen, Abläufe zu optimieren und Ressourcen effizienter zu nutzen – alles Fragestellungen mit ähnlicher Relevanz in einem Verkehrssystem.

Nach der grundsätzlichen Feststellung, dass Ähnlichkeiten und Überschneidungen in diversen Logistikansätzen existieren, wurden spezialisierte Logistik-Teilbereiche betrachtet, um weitere Ansätze für eine mögliche Anwendung und Übertragbarkeit zu überprüfen. Erste Ideen lieferten hier Methoden der Transportoptimierung vor allem zur Gestaltung neuer Strukturen. Von besonderem Interesse sind dabei die entstehenden Netzwerkstrukturen.

Die effiziente Vernetzung von Knoten, zum Beispiel durch Hub-and-Spoke-Netzwerke, ermöglicht die ideale Verbindung verschiedener Standorte und einen effizienten Einsatz der dafür notwendigen Fahrzeuge. Dabei wird über einen zentralen Knotenpunkt (der „Hub") die Verbindung zu mehreren peripheren Knotenpunkten (den „Spokes") hergestellt. Im urbanen Verkehr können öffentliche Verkehrsknotenpunkte, wie Bahnhöfe oder Bushaltestellen, als Hubs fungieren, von denen aus Verbindungen zu umliegenden Orten bestehen und wo verschiedene Verkehrsmittel miteinander verknüpft sind.

Dabei sind vor allem die Fragen zu klären, wie viele Hubs und wo diese genau in einem urbanen Raum benötigt werden. Eine erste Lösung kann der Center-of-Gravity-Ansatz liefern – eine Methode, die verwendet wird, um einen idealen Standort für eine Anlage oder eine Einrichtung zu bestimmen. Sie beruht auf der Annahme, dass der Standort, an dem die größte Anzahl von Kunden, Lieferanten oder anderen wichtigen Faktoren konzentriert ist, der geeignetste Standort ist. Entscheidend ist dabei die Auswahl der richtigen Daten, mit denen der Schwerpunkt berechnet werden soll. Das können zum Beispiel die Erreichbarkeit eines Hubs in einer vorgegebenen Zeit zu Fuß oder mit dem Fahrrad oder alternativ die Einwohner*innenzahl in der Umgebung des Hubs sein.

Letztlich müssen an den identifizierten Standorten alle relevanten Verkehrsträger miteinander verbunden werden, um eine individuelle und schnelle Auswahl durch die Nutzer*innen zu ermöglichen. Dabei müssen sowohl Parkplatzmöglichkeiten geboten werden als auch eine ausreichende Anzahl an Ladestationen für Elektrofahrzeuge sowie Informations- und Buchungssysteme für den öffentlichen Verkehr, die es den Nutzer*innen ermöglichen, ihre Reise optimal zu planen und die Wartezeiten zu reduzieren.

Neben der Strukturoptimierung des urbanen Raums spielen auch Methoden der Transportorganisation eine entscheidende Rolle. Der Milkrun – ein zentrales Konzept im Güterverkehr – kann ebenfalls als auf den Personenverkehr übertragen werden. Dabei geht es u. a. um Ansätze zu Verbesserung der Auslastung der eingesetzten Verkehrsmittel und damit um eine zu erreichende Reduktion der eingesetzten Fahrzeuge.

Vor dem Hintergrund, dass Straßeninfrastruktur nicht beliebig erweitert werden kann, müssen vorrangig Ansätze identifiziert werden, die zu einer Flächenumnutzung, d. h. mehr Lebens- als Abstell- oder Stauräume als zu einer Schaffung zusätzlicher Flächen führen. Dabei können Ansätze aus der Materialflussplanung genutzt werden, um ein anderes, besseres Verständnis der Bedeutung von Stadtflächen zu gewinnen.

Die Entlastung der Infrastruktur kann auf zweierlei Weise erfolgen: weniger Fahrzeuge im System (weniger Fahrten) oder kleinere Fahrzeuge (weniger Flächenbedarf). Während der Corona-Pandemie wurde in Zeiten des Homeoffice deutlich, dass dies enorme Auswirkungen auf den Verkehr hat. Einer der offensichtlichsten Vorteile ist die Verringerung des Verkehrsaufkommens auf den Straßen, da weniger Menschen täglich zur Arbeit pendeln müssen. Dies kann zu einer Verringerung von Staus und Verzögerungen führen und die Lebensqualität der Menschen deutlich verbessern. Die Einführung einer Homeoffice-Regelung kann also die Abhängigkeit von Pkw teilweise verringern. Schon ein Tag Homeoffice würde – bei 5 Arbeitstagen in der Woche – eine Reduktion um 20 % bei den Fahrten bedeuten. Voraussetzung hierfür ist eine zügige gesetzgeberische Initiative.

Die Schaffung einer flächendeckenden, einheitlichen Geschwindigkeit, zum Beispiel Tempo 40 (ebenfalls eine Reduktion um 20 %, bei einer Ausgangsgeschwindigkeit von 50 km/h), würde die Steuerung des Verkehrsflusses erheblich erleichtern. Unterstützt durch technische Systeme, wie eine exakte Ampelschaltung, könnte der Verkehr konstant im Fluss gehalten werden und zudem das gesamte System durch einen Wegfall zahlreicher Verkehrsschilder deutlich schlanker und einfacher gestaltet werden.

Die zweite Option – die Verkleinerung der Fahrzeuge – führt dazu, dass die vorhandenen Flächen so gut wie möglich genutzt werden. Dazu müssen Lösungen gewählt werden, die Einfluss auf die Nachfrage nach bestimmten Fahrzeugkategorien verstärken. Eine Neugestaltung der Kfz-Steuer, die sich an den wesentlichen, die Infrastruktur belastenden Faktoren orientiert – Abmessungen, Gewicht und Leistung (die mit Verbrauch und Emissionen korreliert) – kann dabei ein wesentlicher Bestandteil sein. Eine Befreiung oder Entlastung für kleine Fahrzeuge kann zu einer Verschiebung der Nachfrage führen und letztlich auch Einfluss auf die Hersteller nehmen, die auf die veränderte Nachfrage mit neuen, kleineren Fahrzeugen reagieren müssen.

Über die Umsetzung des originären Sharing-Gedankens – die gemeinschaftliche Nutzung vorhandener Ressourcen (in diesem Fall Pkw) – kann sowohl die Anzahl der Fahrzeuge reduziert als auch die Verbesserung der Auslastung des genutzten Fahrzeugs erreicht werden. Dazu zählen zum Beispiel klassische Fahrgemeinschaften, für die Anreize, wie eigene Fahrspuren oder Parkplätze, geschaffen werden müssen.

Die Bündelung aller Kosten und Leistungen in einem Angebot – dem Berlin Billet – kann zur Vereinfachung des Systems beitragen. Neben den Kosten für den Pkw-Besitz (Steuer, Anwohnerparken) und dessen Nutzung (City-Maut) sind sämtliche Leistungen des ÖPNV enthalten sowie ein Prämiensystem für die Nutzung umweltfreundlicher Verkehrsmittel bzw. die Nicht-Nutzung eines eigenen Pkw. Aus diesen Einnahmen kann das bestehende ÖPNV-Angebot ausgebaut und die Verkehrsinfrastruktur instandgehalten werden sowie technische Steuerungs- und Überwachungssysteme ausgebaut werden.

Der Ausbau und die Verbesserung der Netzwerk-Infrastruktur durch Mobilitätshubs ist ein zentraler Punkt, um die Verbindung zwischen verschiedensten Stadtbereichen zu verbessern und zu erleichtern. So kann u. a. das Umland besser angebunden und der Pendlerverkehr reduziert werden. Durch eine ideale Positionierung neuer Hubs in der Stadt und die Zusammenführung der Verkehrsmittel an diesen Punkten kann der gesamte urbane Raum besser erschlossen und die Abhängigkeit vom Pkw reduziert werden. Wenn eine gute Vernetzung im urbanen Raum realisiert ist, kann mit der Planung und Gestaltung komplett autofreier Quartiere – die über einen Hub in das Verkehrsnetz integriert werden müssen – begonnen werden (s. Abb. 5.1).

Bei der Auswahl der geeigneten Maßnahmen muss die Umsetzungs- und Wirkgeschwindigkeit berücksichtigt werden. So sind einige Maßnahmen für den kurzfristigen Einsatz geeignet (Homeoffice, Förderung Sharing), um schnelle Verbesserungen zu erzielen. Andere Ansätze haben eher strategischen und langfristigen (Kfz-Steuer, Netzwerkaufbau) Charakter, müssen aber dennoch rechtzeitig vorbereitet und geplant werden. In Summe muss ein einfaches, verständliches und schlankes System entstehen, das Rücksicht auf alle Bedürfnisse nimmt und niemanden entscheidend benachteiligt. Zu einer Region der „Mindful Mobility" gehört ein neu gestalteter, individueller Verkehr ebenso wie ein attraktiver ÖPNV oder sichere Alternativen mit dem Fahrrad.

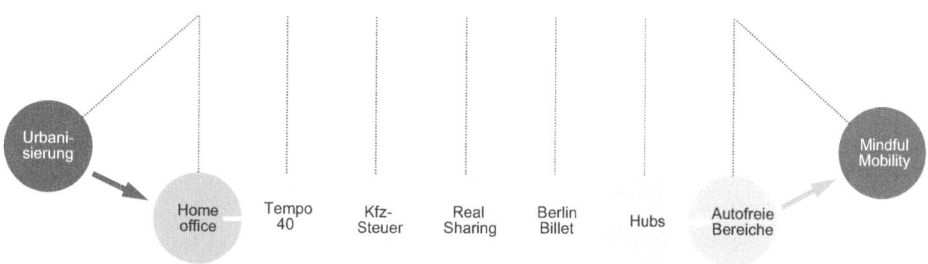

Abb. 5.1 Der Weg zur Mindful Mobility

The manufacturer's authorised representative in the EU is Springer
Nature Customer Service Centre GmbH, Europaplatz 3, 69115 Heidelberg,
Germany. If you have any concerns regarding our products, please
contact ProductSafety@springernature.com

Printed and bound by CPI Group (UK) Ltd, Croydon, CR0 4YY

28/04/2026

02098538-0019